高等职业教育电子技术技能培养规划教材

供配电技术

（第3版）

曾令琴 王磊 主编　丁燕 李小雄 副主编

Power Supply and Distribution Technology

(3rd Edition)

人民邮电出版社
北京

图书在版编目（CIP）数据

供配电技术 / 曾令琴，王磊主编. -- 3版. -- 北京：人民邮电出版社，2019.11
高等职业教育电子技术技能培养规划教材
ISBN 978-7-115-45798-1

Ⅰ. ①供… Ⅱ. ①曾… ②王… Ⅲ. ①供电系统－高等职业教育－教材②配电系统－高等职业教育－教材 Ⅳ. ①TM72

中国版本图书馆CIP数据核字(2019)第248506号

内 容 提 要

本书共9章，主要内容包括供配电技术基础知识、负荷计算和无功功率补偿、短路电流计算、变电站主要电气设备及选择、工厂供配电系统电气主接线、供配电二次回路和继电保护、高层民用建筑供电及安全技术、变电站综合自动化和工厂电气照明。本书对基本知识、基本理论、运行维护及工程实用技术进行了详尽的论述，并配有贴近工程实际的例题解析及应用举例，为满足理论和实用并重的教学要求，部分章后还设有与知识相呼应的技能训练。

本书语言描述通俗易懂，知识体系深浅适度，适合作为应用型高等院校、高职高专院校等电工电子类专业教材，也可供广播电视大学和函授学院的学生，以及其他从事供配电工作的工程技术人员学习参考。

◆ 主　　编　曾令琴　王　磊
副 主 编　丁　燕　李小雄
责任编辑　王丽美
责任印制　马振武
◆ 人民邮电出版社出版发行　　北京市丰台区成寿寺路11号
邮编　100164　　电子邮件　315@ptpress.com.cn
网址　https://www.ptpress.com.cn
北京七彩京通数码快印有限公司印刷
◆ 开本：787×1092　1/16
印张：14　　2019年11月第3版
字数：337千字　　2024年8月北京第14次印刷

定价：46.00元

读者服务热线：(010)81055256　印装质量热线：(010)81055316
反盗版热线：(010)81055315
广告经营许可证：京东市监广登字20170147号

前　言

为适应我国电力行业不断发展形势下对人才需求的变化，培养业务技术、技能水平与综合素质均较高的电力工程技术人员，我们组织编写了《供配电技术》一书。

《供配电技术》自2008年出版以来，受到很多读者的青睐。特别是2014年修订后的第2版，由于课件特色鲜明及内容选取合理，更是被全国众多职业技术院校所采用并广受读者欢迎。

《供配电技术（第2版）》出版后的这几年，我国电力配电系统的自动化水平又迈上了一个新台阶，目前正朝着综合型、智能化的方向不断发展。科技的发展必然带来新技术的应用，电力和电气技术规范、设计规范及电工产品标准随着新技术的开发应用也在不断修订和更新，为紧跟供配电技术的发展步伐，让读者更好地掌握新设备、新产品和新标准，作者对《供配电技术（第2版）》重新做了更新和调整，推出《供配电技术（第3版）》。

本书贯彻党的二十大报告中“深入实施人才强国战略。培养造就大批德才兼备的高素质人才，是国家和民族长远发展大计。功以才成，业由才广。”努力培养造就更多大师和卓越工程师、大国工匠、高技能人才。

《供配电技术（第3版）》共分9章，全书本着“淡化理论、够用为度、培养技能、重在应用”的编写理念，遵循“理论与实践一体化”的原则，分别介绍供配电技术基础知识、负荷计算和无功功率补偿、短路电流计算、变电站主要电气设备及选择、工厂供配电系统电气主接线、供配电二次回路和继电保护、高层民用建筑供电及安全技术、变电站综合自动化和工厂电气照明。本书力求达到重点突出、文字简洁、实践性强和好读易懂的效果。

本书具有以下特点。

1．以“掌握概念、强化应用、培养技能”为重点，以“精选内容、降低理论、加强基础、突出应用”为主线。在重点培养实际工作技能的同时，坚持对基本知识点的学习，在学习相关知识的过程中注重培养学生分析问题、解决问题的能力。

2．结合现场参观、实验环节和课程设计等技能训练，突出对学生综合能力及创新能力的培养。

3．为便于教师的使用及学生的学习，本书提供微课视频（用手机等移动终端扫描书中二维码，可免费观看）、课程标准、课程教学大纲、教学课件及习题答案。利用课件尽量把供配电设备及现场情景引进课堂，向学生充分展示供配电当前的主流技术和未来发展趋势，增强学生的学习兴趣和认知能力。

本书由黄河水利职业技术学院曾令琴和王磊任主编，黄河水利职业技术学院丁燕和李小雄任副主编，黄河水利职业技术学院刘金蒲、李杰参与本书编写，黄河水利职业技术学院闫曾参与本书的绘图与录入工作。全书由曾令琴和王磊统稿。

若书中出现疏漏或不妥之处，敬请读者提出宝贵意见。

编者

2023年5月

目 录

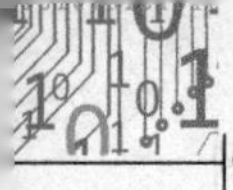

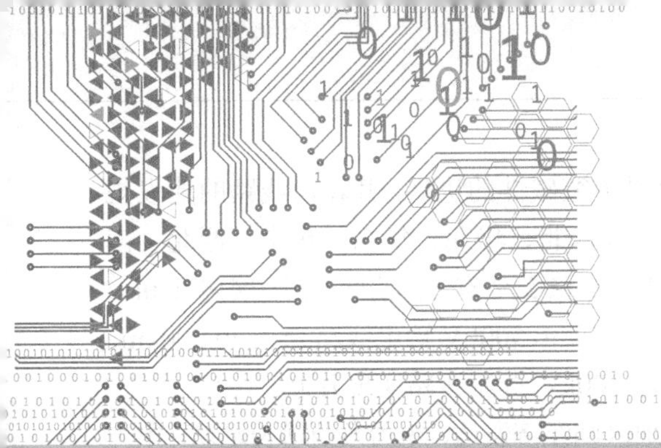

第1章 供配电技术基础知识

知识目标

通过对本章的学习，学生能够了解国内外供配电技术的发展概况及电力系统的一些基本概念、基本知识和国家对电能质量的相关指标要求，了解电力系统中性点的运行方式及各种运行方式的使用场合，深刻理解供配电技术中的“安全、可靠、优质、经济”八字方针对我国实现生产自动化和工业现代化及保障人民生活的重要意义。

能力目标

能够按照供配电技术人员的专业标准，正确辨别常见变电站（所）的类型，了解电力的供应和分配问题，掌握工厂供配电的基本原理、实际应用及运行维护等方面的基础知识和基本技能，并具有计算供电系统中发电机和变压器额定电压的能力。

素养目标

通过本章教学，塑造学生正确的世界观、人生观、价值观，引导学生树立“科技兴则民族兴，科技强则国家强，核心科技是国之重器”的坚定信念，从而积极主动地参与到我国未来数字化、智能化国家电网的建设洪流中。

当前我国经济建设飞速发展，作为先行工业的电力系统，其建设步伐异常迅猛。随着三峡水电站的建成，我国将构成以三峡为中心，连接华中、华东、川渝的大规模中部电网，并将初步形成以华北电网为中心，包括西北、东北、山东的大规模北部电网。随着龙滩水电站、小湾水电站的建成及贵州煤电基地的开发，我国南部电网进一步完善，云南外送电力的能力进一步增强，将最终形成特大规模全国统一的电网。

1.1 国内外供配电技术发展概况及电力系统的组成

1.1.1 国内外供配电技术发展概况

自从20世纪初三相交流电诞生以来，供配电技术便朝着高电压、大容量、远距离、较高自动化的目标不断发展，其在20世纪后半叶的发展尤其迅速。20世纪70年代，欧美各国对交流1 000kV级特高压输电技术进行了大量的研究开发，苏联于1985年建成了世界第一条1 150kV的工业性输电线路，日本随后在20世纪90年代初也建成了1 000kV的输

电线路。我国在近 50 多年的时间内供配电技术也取得了突破性的进展，其输电线路的建设规模和增长速度之快在世界上也是少有的。目前全国已有东北、华北、华东、华中、西北、南方、川渝 7 个跨省电网，还有山东、福建、新疆、海南、西藏 5 个省（自治区）网，网内 220kV 输电线路全长合计 120 000km，330kV 输电线路全长 7 500km，500kV 输电线路全长 20 000km。特别是华中与华东两大电网之间，葛洲坝至上海通过 500kV 直流线路实现互联。

我国大部分能源资源分布在西部地区，东部沿海地区则经济发达，电力负荷增长迅速，电力工业发展异常迅猛。2012 年，我国电网格局已经形成 6 个跨省的大型区域电网，并基本形成了完整的长距离输电电网网架。“十二五”是电力行业不平凡的 5 年，我国电力工业实现了跨越式发展。“十三五”是我国全面建成小康社会的决胜期、深化改革的攻坚期，也是电力工业加快转型发展的重要机遇期。进入“十三五”，电力工业面临供应宽松常态化、电源结构清洁化、电力系统智能化、电力发展国际化、体制机制市场化等一系列新形势、新挑战。截至 2019 年 4 月底，全国全口径发电机装机容量为 19.15 亿千瓦，我国已成为世界上第一大电力强国。

面对我国经济发展的新常态，我国电力行业持续加快转变电力发展方式，着力推进电力结构优化和产业升级，始终坚持节约优先，优先开发水电，积极有序发展新能源发电，安全高效发展核电，优化发展煤电，高效发展天然气发电，建设了连接大型能源基地与主要负荷中心的“三纵三横”特高压骨干网架和 16 项直流输电工程（其中特高压直流输电工程 14 项），形成大规模“西电东送”“北电南送”的能源配置格局，基本建成以特高压电网为骨干网架、各级电网协调发展，具有信息化、自动化、互动化特征的智能电网，形成“三华”（华北、华中、华东）、西北、东北三大同步电网，使国家电网的资源配置能力、经济运行效率、安全水平、科技水平和智能化水平得到全面提升。预计 2030 年将达到 24.7 亿千瓦。

1.1.2 电力系统

电力系统

电能是一种使用方便、清洁、易于控制和转换的优质能源，由一次性能源转换而来，电能的传输、转换和分配通过电力系统得以实现。因此，在学习供配电技术之前，首先要了解电力系统的相关知识。

电能的生产、输送、分配和消耗在同一时间完成，但不能大量存储，因此各个环节必须连接成一个整体。由发电机、升压变电站、高压输电网、降压变电站、高压配电网（高压输电线、高压配电线）和电能用户组成的发电、输电、变配电和用电的整体称为电力系统，电力系统的功能是完成电能的生产、输送和分配，如图 1.1 所示。

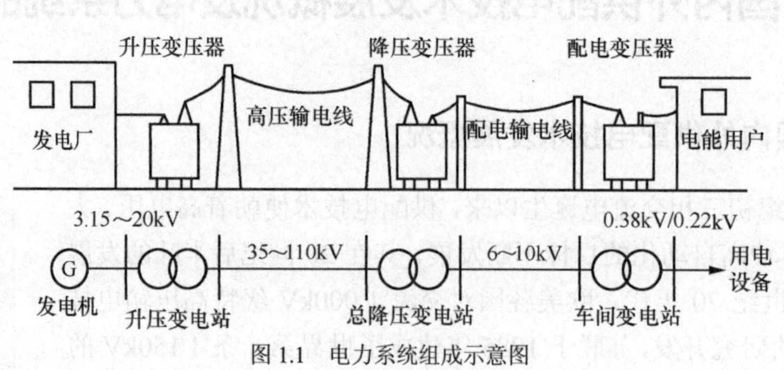

图 1.1　电力系统组成示意图

1．发电厂

发电厂将一次能源转换成电能。根据一次能源的不同，发电厂可分为火力发电厂、水力发电厂、核电站及其他类型的发电厂等。

近年来，我国发电装机规模稳步提升，建设重点继续向非化石能源发电倾斜。

火力发电厂将煤、天然气、石油的化学能转换为电能。我国火力发电厂燃料以煤炭为主，随着西气东送工程的竣工，天然气燃料的比例正在逐年扩大。火力发电的原理：燃料在锅炉中充分燃烧，使之成为一定高温、一定高压的蒸气，再把蒸气打进汽轮机的叶片上，蒸气推动汽轮机转动，带动同轴的发电机转子运转，切割定子磁场感应产生电能。

由于煤、天然气和石油是不可再生能源，且燃烧时会产生大量的 CO_2、SO_2、氮氧化物粉尘和废渣等，对环境和大气造成污染，因此，我国正努力发展超临界火力发电，逐步淘汰小火力发电机组，仅2017年，火电完成投资同比下降27.4%。

水力发电厂将水的位能转换成电能，利用水流的落差驱动水轮机旋转发电。

核电站利用原子核的核能生产电能。

无论是哪类发电厂，除了一次能源的不同，发电机的发电原理基本上相同：都是将一次能源转换成机械能，再把机械能转换成电能。显然，电能是二次能源。

2．变电站

变电站的功能是接收电能、变换电压和分配电能。变电站主要由电力变压器、配电装置和二次装置等构成。按性质和任务的不同，变电站可分为升压变电站和降压变电站两种，其中与发电机组相连的变电站为升压变电站，其余均为降压变电站。按变电站的地位和作用的不同，还可分为枢纽变电站、区域变电站和用户变电站。

3．电力线路

电力线路将发电厂、变电站和电能用户连接起来，担负输送电能和分配电能的任务。电力线路中分有供电线路和配电线路。通常将1 000kV及以上的电力线路称为特高压供电线路，330～750kV的电力线路称为超高压供电线路，66～220kV的电力线路称为高压供电线路。3～35kV的电力线路称为中压电网。35kV及以下的电力线路称为配电线路。配电线路中，将额定电压为1～35kV的电力线路称为高压配电线路，额定电压在1kV以下的电力线路称为低压配电线路。高压配电线路一般作为城市配电网骨架和大中型企业配电网，低压配电线路一般作为城市和企业的低压配电网。

除了交流输电线路外，还有直流输电线路。直流输电线路主要用于远距离输电，连接两个不同频率的电网和向大城市供电。直流输电线路有造价低、损耗小、调节控制迅速简便和稳定性好等优点，缺点是换流站造价较高。目前，直流输电线路正向特高压建设发展。

4．电能用户

电能用户也称为电力负荷，所有消耗电能的用电设备或用电单位均称为电能用户。电能用户按行业可分为工业用户、农业用户、市政商业用户和居民用户等。

与电力系统相关联的还有动力系统和电力网。由电力系统加上发电厂的动力部分及其一次能源系统的整体称为动力系统；电力网简称电网，是电力系统的一部分，是联系发电和用电设施及设备的统称。电力网主要由连接成网的高压输电线路、低压输电线路、变电站、配电站等组成，属于输送和分配电能的中间环节。

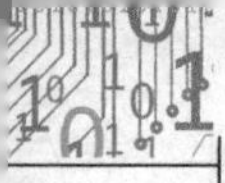

1.1.3 供配电系统

供配电系统由总降压变电站、高压配电站、配电线路、车间变电站或建筑物变电站和用电设备组成，如图 1.2 所示。

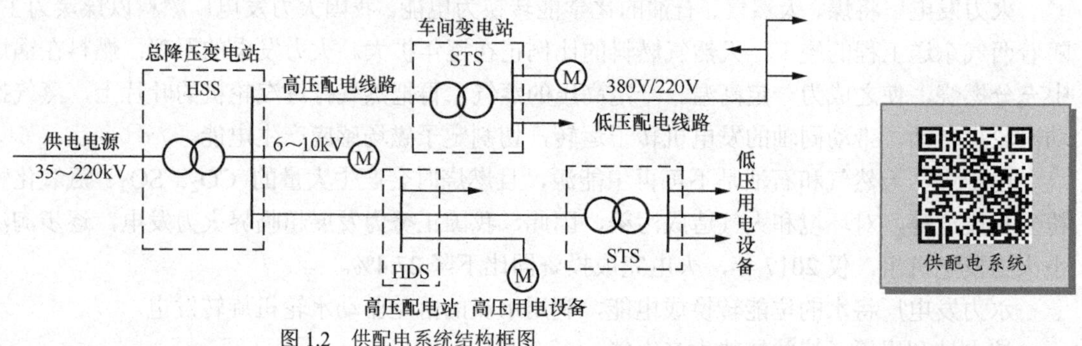

图 1.2 供配电系统结构框图

1. 总降压变电站

总降压变电站是用户电能供应的枢纽，它将 35～220kV 的外部供电电源电压降为 6～10kV 的高压配电电压，供给高压配电站、车间变电站或建筑物变电站和高压用电设备。

2. 高压配电站

高压配电站集中接收 6～10kV 电压，再分配到附近各车间变电站或建筑物变电站和高压用电设备。一般负荷分散、厂区较大的企业需设置高压配电站。

3. 配电线路

配电线路分为 6～10kV 高压配电线路和 380V/220V 低压配电线路。高压配电线路将总降压变电站与高压配电站、车间变电站或建筑物变电站和高压用电设备连接起来；低压配电线路将车间变电站或建筑物变电站的 380V/220V 电能送到各低压用电设备。

4. 车间变电站或建筑物变电站

车间变电站或建筑物变电站将 6～10kV 电压降为 380V/220V 电压，供低压用电设备使用。

用电设备按用途可分为动力用电设备、工艺用电设备、电热用电设备、试验用电设备和照明用电设备等。

应当指出，对于各个具体用户的供配电系统，其各自的组成可能不完全相同，而且相同部分的构成也可能有较大的差异。通常，大型企业设有总降压变电站，中、小型企业仅设 6～10kV 变电站，某些特别重要的企业还设有自备发电厂作为备用电源。

1.1.4 供配电的要求和课程任务

做好供配电工作，对于促进工业生产、降低产品成本、实现生产自动化和工业现代化及保障人民生活有着十分重要的意义。

对供配电的基本要求可概括为 8 个字：安全、可靠、优质、经济。

本课程的任务主要讲述 35kV 及以下供配电系统电能供应和分配的基本知识和理论，使学生掌握供配电系统的计算和设计方法，为学生今后从事供配电技术工作奠定基础。

1.2　电力系统的额定电压

电网的额定电压等级是根据国民经济发展的需要、技术经济的合理性以及电气设备的制造水平等因素，并经过全面分析论证后，由国家统一制定和颁布的。我国三相交流系统的标称电压、最高电压和电力设备（发电机、变压器）的额定电压如表 1-1 所示。

表 1-1　我国三相交流系统的标称电压、最高电压和电力设备的额定电压　单位：kV

分类	系统标称电压	系统最高电压	发电机额定电压	变压器额定电压	
				一次绕组	二次绕组
低压	0.38	—	0.4	0.22/0.38	0.23/0.4
	0.66	—	0.69	0.38/0.66	0.4/0.69
	1（1.14）	—	—	—	—
高压	3（3.3）	3.6	3.15	3，3.15	3.15，3.3
	6	7.2	6.3	6，6.3	6.3，6.6
	10	12	10.5	10，10.5	10.5，11
	—	—	13.8，15.75，18，22，24，26	13.8，15.75，18，20，22，24，26	—
	20	24	20	20	21.22
	35	40.5	—	35	38.5
	66	72.5	—	66	72.6
	110	126（123）	—	110	121
	220	252（245）	—	220	242
	330	363	—	330	363
	500	550	—	500	550
	750	800	—	750	820
	1 000	1 100	—	1 000	1 100

1. 电网（线路）的额定电压

电网（线路）的额定电压只能选用国家规定的系统标称电压，它是确定各类电气设备额定电压的基本依据。

2. 用电设备的额定电压

线路输送电力负荷时都会产生电压损失，沿线路的电压分布通常是首端高于末端。因此，沿线各用电设备的端电压将不同，线路的额定电压实际上就是线路首、末端电压的平均值。为使各用电设备的电压偏差差异不大，用电设备的额定电压与同级电网（线路）的额定电压相同。

3. 发电机的额定电压

由于用电设备的电压偏差为±5%，而线路的允许电压损失为 10%，这就要求线路首端电压为额定电压的 105%，末端电压为额定电压的 95%。因此，发电机的额定电压为线路额定电压的 105%。

4. 变压器的额定电压

变压器的一次绕组接电源，相当于用电设备。与发电机直接相连的升压变压器一次绕组的额定电压应与发电机额定电压相同。连接在线路上的降压变压器相当于用电设备，其一次绕组的额定电压应与线路的额定电压相同，如图 1.3 所示。

变压器二次绕组向负荷供电，相当于发电机。二次绕组的额定电压应比线路的额定电压高 5%，而变压器二次绕组额定电压是指空载时的电压，但在额定负荷下，变压器的电压损失为 5%。因此，为使正常运行时变压器二次绕组电压较线路的额定电压高 5%，当线路较长（或是 35kV 及以上高压线路）时，变压器二次绕组的额定电压应比相连线路的额定电压高 10%；当线路较短（直接向高、低压用电设备供电，或是 10kV 及以下线路）时，二次绕组的额定电压应比相连线路的额定电压高 5%，如图 1.3 所示。

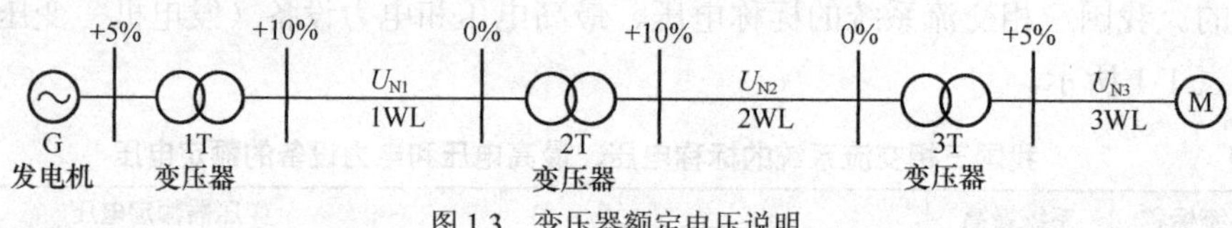

图 1.3　变压器额定电压说明

【例 1-1】　已知图 1.4 所示系统中线路的额定电压，试求发电机和变压器的额定电压。

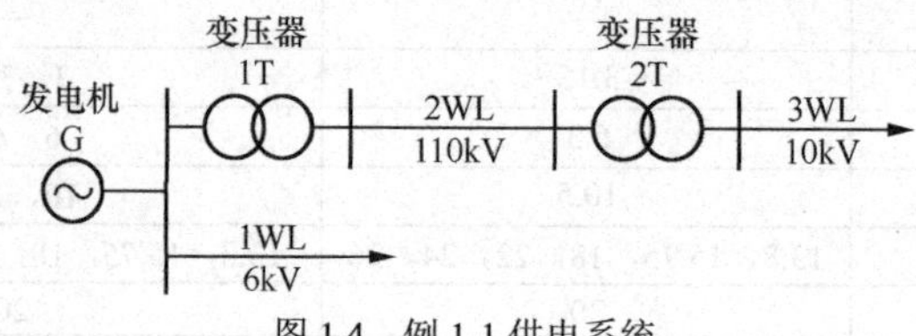

图 1.4　例 1-1 供电系统

解：发电机的额定电压为

$$U_{N.G}=1.05U_{N.1WL}=1.05\times6=6.3\ (\text{kV})$$

变压器 1T 的额定电压为

$$U_{1N.1T}=U_{N.G}=6.3\text{kV}$$

$$U_{2N.1T}=1.1\times U_{N.2WL}=1.1\times110=121\ (\text{kV})$$

因此，变压器 1T 的额定电压为 6.3kV/121kV。

变压器 2T 的额定电压为

$$U_{1N.2T}=U_{N.2WL}=110\text{kV}$$

$$U_{2N.2T}=1.05\times U_{N.3WL}=1.05\times10=10.5\ (\text{kV})$$

因此，变压器 2T 的额定电压为 110kV/10.5kV。

1.3　电力系统中性点运行方式

电力系统中性点运行方式

在电力系统的三相四线供电体系中，三相电源绕组的尾端连接点称为中性点。电力系统中性点工作方式有中性点直接接地、中性点不接地和中性点经消弧线圈接地 3 种。

1.3.1　中性点直接接地方式

中性点直接接地系统称作大接地电流系统，在这种系统中，当发生一点接地故障时，即构成了单相接地系统，会产生很大的故障相电流和零序电流。中性点直接接地，中性点上就不会积累电荷而发生电弧接地过电压现象，其各种形式的操作过电压均比中性点绝缘电网要低，如图 1.5 所示。

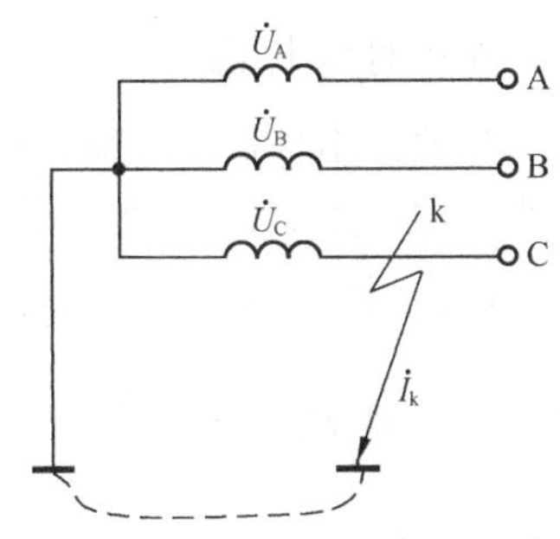

图 1.5　中性点直接接地系统单相接地

中性点直接接地系统发生单相接地短路故障时，单相短路电流非常大，特别是瞬间接地短路时，必须通过继电保护装置动作切除故障部分，再依靠重合闸恢复正常供电。我国 110kV 及以上电压等级的电力系统均属于大接地电流系统。

另外，中性点直接接地系统发生单相接地故障时，中性点对地电压仍为零，非故障相对地电压也不会发生变化。因此，380V/220V 三相四线制配电系统都采用中性点直接接地方式。

工程案例

某供电部门在维修 35kV 配电线路时，按要求必须把停电线路进行可靠接地，但是由于工人施工时忽略了这个环节，且没有进行必要的挂牌警示。当检测人员在对线路进行检验试验时，维修工人还在线路上施工，结果受电击而死亡。

1.3.2　中性点不接地方式

1．中性点不接地系统的正常运行

中性点不接地系统属于小接地系统。正常运行时，电力系统的三相导线之间及各相对地之间，沿导线全长都分布有电容，这些电容在电压作用下将有附加的电容电流通过。为了便于分析，可认为三相系统是对称的，对地电容电流可用集中于线路中央的电容来代替，相间电容可不予考虑。

设电源三相电压分别为 $\dot{U}_A$、$\dot{U}_B$、$\dot{U}_C$，且三相导线换位良好，各相对地电容相等，如图 1.6 所示。此时各相对地分布电压为相电压，三相对地电容电流分别为 $\dot{I}_{AC}$、$\dot{I}_{BC}$、$\dot{I}_{CC}$。可以认为三相系统是对称的，中性点 N 的电位应为零电位。

2．中性点不接地系统的单相接地

当中性点不接地系统由于绝缘损坏发生单相接地时，各相对地电压和电容电流将发生明显变化。下面以金属性接地故障为例进行分析。

中性点不接地系统单相接地情况如图 1.7 所示。

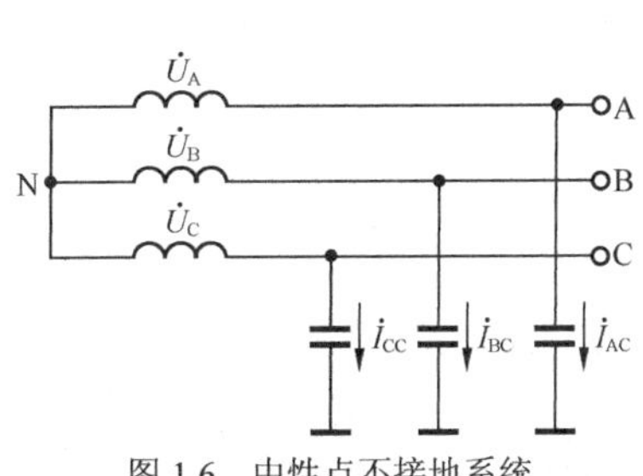

图 1.6　中性点不接地系统

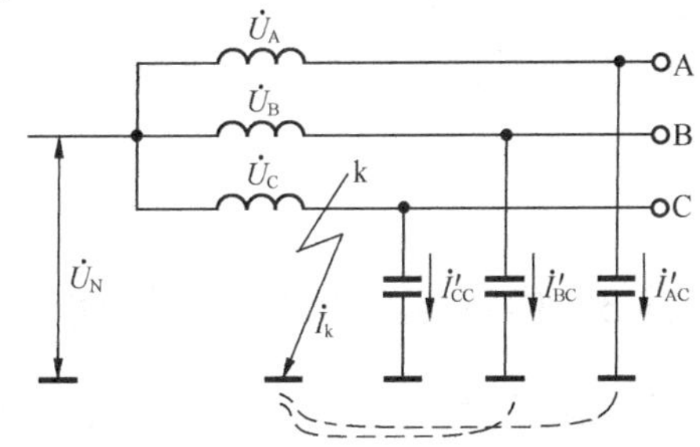

图 1.7　中性点不接地系统单相接地

金属性接地又称为完全接地。设 C 相在 k 点发生单相接地，此时 C 相对地电压为零。

中性点对地电压：

$$\dot{U}_N = -\dot{U}_C$$

B 相对地电压：

$$\dot{U}'_B = \dot{U}_B - \dot{U}_C$$

A 相对地电压：

$$\dot{U}'_{A}=\dot{U}_{A}-\dot{U}_{C}$$

显然，中性点不接地系统发生单相接地故障时，线电压不变而非故障相对地电压升高到原来相电压的 $\sqrt{3}$ 倍，即上升为线电压数值。因此，非故障相对地电压的升高，又造成对地电容电流相应增大，各相对地电容电流分别上升为 $\dot{I}'_{AC}$、$\dot{I}'_{BC}$、$\dot{I}'_{CC}$，C 相在 k 点的对地短路电流为 $\dot{I}_{k}$，而 $\dot{I}'_{CC}=0$，则

$$\dot{I}_{k}=-(\dot{I}'_{AC}+\dot{I}'_{BC})$$

$$\dot{I}'_{AC}=\frac{\dot{U}'_{A}}{X_{C}}=\frac{\sqrt{3}\dot{U}_{A}}{X_{C}}=\sqrt{3}\dot{I}_{AC}$$

$$\dot{I}_{k}=\sqrt{3}\dot{I}'_{AC}=3\dot{I}_{AC}$$

以上分析表明，单相接地时的接地点短路电流是正常运行时单相对地电容电流的 3 倍。

3．中性点不接地系统的适用范围

中性点不接地方式一直是我国配电网采用最多的一种方式。该接地方式在运行中如发生单相接地故障，其流过故障点的电流仅为电网对地的电容电流，当 35kV、10kV 电网限制在 10A 以下时，接地电流很小的瞬间，故障一般能自动消除。此时虽然非故障相对地电压升高，但系统还是对称的，故在电压互感器发热条件许可的情况下，允许带故障继续供电 2h 但不得超过 2h，为排除故障赢得了时间，相对提高了供电的可靠性，这也是中性点不接地系统的主要优点。另外，中性点不接地系统不需要任何附加设备，投资小。其应安装绝缘监视装置，以便发现单相接地故障后能迅速处理，避免单相故障长期存在，以致发展为相间短路或多点接地事故。在这种系统中，电气设备和线路的对地绝缘应按能承受线电压考虑设计，而且应安装交流绝缘监视装置。当发生单相接地故障时，可立即发出信号通知值班人员。

目前，我国中性点不接地系统的适用范围如下。

（1）电压等级在 500V 以下的三相三线制系统。

（2）3～10kV 系统，接地电流小于或等于 30A。

（3）20～35kV 系统，接地电流小于或等于 10A。

（4）与发电机有直接电气联系的 3～20kV 系统，如要求发电机带单相接地故障运行，则接地电流小于或等于 5A。

如果系统不满足上述条件，则通常采用中性点经消弧线圈或直接接地的工作方式。

1.3.3　中性点经消弧线圈接地方式

中性点经消弧线圈接地系统单相接地如图 1.8 所示。

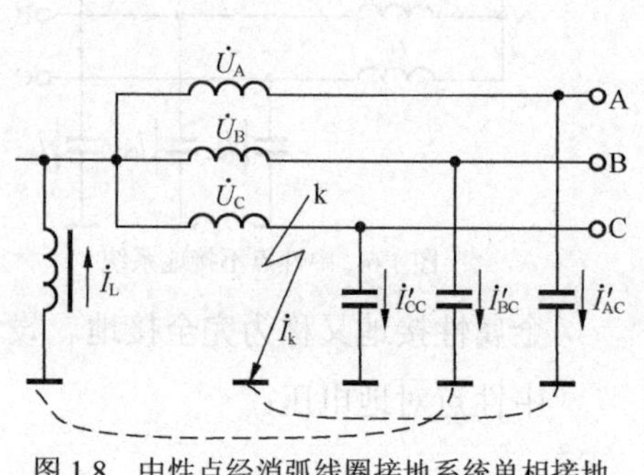

图 1.8　中性点经消弧线圈接地系统单相接地

当系统发生单相（设 C 相）接地短路故障时，C 相对地短路电流为 $\dot{I}_{k}$，流过消弧线圈的电流为 $\dot{I}_{L}$，且

$$\dot{I}_{k}+\dot{I}'_{AC}+\dot{I}'_{BC}-\dot{I}_{L}=0$$

因此，$\dot{I}_{\mathrm{k}}=\dot{I}_{\mathrm{L}}-(\dot{I}'_{\mathrm{AC}}+\dot{I}'_{\mathrm{BC}})$。由此可知，单相接地短路电流是电感电流与其他两相对地电容电流之差，选择适当大小的消弧线圈电感L，可使$\dot{I}_{\mathrm{k}}$值减小。

中性点采用经消弧线圈接地方式，就是在系统发生单相接地故障时，消弧线圈产生的电感电流补偿单相接地电容电流，以使通过接地点的电流减少，能自动灭弧。消弧线圈接地方式在技术上不仅拥有了中性点不接地系统的所有优点，而且还避免了单相故障可能发展为两相或多相故障、产生过电压损坏电气设备绝缘和烧毁电压互感器等危险。

在各级电压网络中，当发生单相接地故障，通过故障点的总的电容电流超过下列数值时，必须尽快安装消弧线圈。

（1）对3～6kV电网，故障点总电容电流超过30A。

（2）对10kV电网，故障点总电容电流超过20A。

（3）对22～66kV电网，故障点总电容电流超过10A。

变压器中性点经消弧线圈接地的电网发生单相接地故障时，故障电流也很小，所以它也属于小接地电流系统。在这种系统中，消弧线圈的作用就是用电感电流来补偿流经接地点的电容电流。

1.4 电能质量指标

电能质量指标是以频率、电压和波形来衡量的。电能质量直接影响工农业等各方面电能用户的工作质量，同时也影响电力系统自身设备的效率和安全。因此，了解和熟悉电能质量对电能用户的影响是很有必要的。

电能质量指标

1.4.1 电压质量指标

电压质量指标对保证电能质量、促进工农业生产、降低产品成本、实现生产自动化和工业现代化等方面有着十分重要的意义。电压质量指标以电压偏差、电压波动和闪变及三相电压不平衡等几方面衡量。

1．电压偏差

电压偏差以电压实际值与额定值之差ΔU对额定电压的百分比值$\Delta U\%$来表示，即

$$\Delta U\%=\frac{U-U_{\mathrm{N}}}{U_{\mathrm{N}}}\times 100\%$$

式中，U是检测点的实际电压值；U_{N}是检测点电网电压的额定值。

根据GB/T 12325—2008《电能质量 供电电压偏差》规定：在电力系统正常情况下，供电企业供到用户受电端的供电电压允许偏差为：35kV及35kV以上供电电压正、负偏差的绝对值之和不超过标称电压的10%；20kV及20kV以下三相供电电压偏差为标称电压的±7%；220V 单相供电电压偏差为标称电压的+7%、−10%。对供电点短路容量小、供电距离较长以及对供电电压偏差有特殊要求的用户，由供用电双方协商确定。

2．电压波动和闪变

（1）电压波动：电压在某一段时间内急剧变化而偏离额定值的现象，称为电压波动。

电压波动是波动负荷（如炼钢电弧炉、电弧焊机等）引起的电压快速变动。电压波动程度用电压变动和电压变动频度衡量，并规定了电压波动的限值。

电压变动以电压方均根值变动的时间特性曲线上相邻两个极值电压之差与系统标称电压比值的百分数表示，即

$$d = \frac{U_{\max} - U_{\min}}{U_{\mathrm{N}}} \times 100\%$$

电压变动频度是指单位时间内电压波动的次数。电力系统公共连接处由波动负荷产生的电压变动限值与电压变动频度和电压等级有关，可从 GB/T 12326—2008《电能质量 电压波动和闪变》中查得。

（2）电压闪变：周期性电压急剧变化引起电源光通量急剧波动而造成人的视觉感官不舒适的现象，称为电压闪变。电压闪变的程度主要用短时间闪变值和长时间闪变值来衡量，并规定了闪变的限值。

短时间闪变 P_{st} 是衡量短时间（若干分钟）内闪变强弱的一个统计值。短时间闪变值的基本记录周期为 10min。

长时间闪变值 P_{lt} 由短时间闪变 P_{st} 推算出，是反映长时间（若干小时）内闪变强弱的量值，长时间闪变值的基本记录周期是 2h。GB/T 12326—2008《电能质量 电压波动和闪变》对电压闪变值作了规定。

3. 三相电压不平衡

GB/T 15543—2008《电能质量 三相电压不平衡》有以下规定。

（1）电力系统的公共连接点电压不平衡度限值为：电网正常运行时，负序电压不平衡度不超过 2%，短时不得超过 4%。低压系统零序电压不平衡度限值暂不作规定，但各相电压必须满足 GB/T 12325—2008《电能质量 供电电压偏差》的要求。

（2）接于公共连接点的每个用户引起该点负序电压不平衡度允许值一般为 1.3%，短时不得超过 2.6%。

1.4.2 频率质量指标

目前，世界各国电网的额定频率有 50Hz 和 60Hz 两种。美国、日本等国家采用 60Hz，欧洲、亚洲等大多数国家采用 50Hz，我国采用的额定频率是 50Hz。GB/T 15945—2008《电能质量 电力系统频率偏差》规定了我国电力系统频率偏差的限值。

（1）电力系统正常运行条件下，频率偏差限值为±0.2Hz。当系统容量较小时，偏差限值可放宽到±0.5Hz。

（2）冲击负荷引起的系统频率变化为±0.2Hz，根据冲击负荷的性质和大小以及系统的条件不同，也可适当变动，但应保证近区电力网、发电机组和用户的安全、稳定运行及正常供电。

1.4.3 波形质量指标

电力系统中存在大量的非线性供用电设备，使得电压波形偏离正弦波，这种现象称为电压正弦波畸变。

波形的质量指标以谐波电压含有率、间谐波电压含有率和电压波形畸变率来衡量。我国公用电网谐波电压含有率的最大限值规定可由 GB/T 14549—1993《电能质量 公用电网谐波》查得。

1.4.4　提高电能质量的措施

1．工矿企业改善电能质量的措施

（1）就地进行无功功率补偿，及时调整无功功率补偿量。

（2）调整同步电动机的励磁电流，使其超前或滞后运行，产生超前或滞后的无功功率，以达到改善系统功率因数和调整电压偏差的目的。

（3）正确选择有载或无载调压变压器的分接头（开关），以保证设备端电压稳定。

（4）尽量使系统的三相负荷平衡，以降低电压偏差。

（5）采用电抗值最小的高低压配电线路方案。架空线路的电抗约为 0.4Ω/km；电缆线路的电抗约为 0.08Ω/km。条件许可的情况下，应尽量优先采用电缆线路供电。

2．工矿企业抑制电压波动的措施

（1）对负荷变动剧烈的大型电气设备，采用专用线路或专用变压器单独供电。

（2）减小系统阻抗。使系统电压损耗减小，从而减小负载变化时引起的电压波动。

（3）在变、配电站配电线路出口加装限流电抗器，以限制线路故障时的短路电流，减小电压波动的涉及范围。

（4）对大型感应电动机进行个别补偿，使其在整个负荷范围内保持良好的功率因数。

（5）在低压供配电系统中采用电力稳压器稳压，确保用电设备的正常运行。

目前，随着先进的电子技术、控制技术、网络技术的应用与发展，可以利用计算机实现对供配电系统的实时监控，在计算机屏幕上自动显示电压波动信息、波动幅值及频率、电压波动地点、抑制措施等。

检　测　题

一、填空题

1. 电力系统是由________、________、________和________组成的一个整体。

2. 工厂供配电系统是由________、________、________、________和________组成的。

3. ________是用户电能供应的枢纽。它将________kV 的外部供电电源电压降为________kV 高压配电电压，供给高压配电站、车间变电站或建筑物变电站和高压用电设备。

4. 电力系统的电能质量是指________、________和________的质量。

5. ________将发电厂、变电站和电能用户连接起来，完成输送电能和分配电能的任务。

6. 电能属于________次能源，煤、石油、天然气、水能、风能和太阳能属于________次能源。

7. 发电机的额定电压为线路额定电压的________%；升压变压器的一次侧额定电压与________的额定电压相同；降压变压器的一次侧额定电压应与________的额定电压相同；在较短线路或 10kV 及以下线路，变压器的二次侧额定电压较线路的电压高________%；当线路较长或 35kV 及以上高压线路时，变压器的二次侧额定电压应比相连线路的额定电压高________%。

8. 电力系统的运行状态可分为________态和________态两种；其中________态的运行参

数与时间无关，________态的运行参数与时间有关。

9. 电力系统按中性点的运行方式分为________的电力系统、________的电力系统和________的电力系统 3 种。其中________的电力系统称为大接地系统。

10. 电压在某一段时间内急剧变化而偏离额定值的现象，称为________；周期性电压急剧变化引起电源光通量急剧波动而造成人的视觉感官不舒适的现象，称为________。

二、判断正误题

1. 中性点不接地系统属于大接地系统，适用于 110kV 的系统。（ ）
2. 发电厂是电源，变电站是负荷中心，它们相距较远，因此频率不同。（ ）
3. 中性点不接地系统发生单相短路时，允许带故障继续运行 2h。（ ）
4. 总降压变电站可将 6～10kV 高压配电降为 380V/220V 的低压配电。（ ）
5. 变压器二次侧的额定电压均应比相连线路的额定电压高 5%。（ ）
6. 用电设备的额定电压均应比同级电网的额定电压大 5%。（ ）
7. 中性点直接接地的电力系统，发生单相接地时，中性点对地电压为零。（ ）

三、单项选择题

1. 车间变电站将（ ）的电压降为 380V/220V 电压。

A. 35～110kV　　B. 35～220kV
C. 6～10kV　　D. 1kV

2. 中性点不接地的电力系统发生单相接地故障时，非故障相对地电压（ ）。

A. 升高为原来的 3 倍　　B. 降低为原来的 1/3
C. 降低为原来的 1/1.732　　D. 升高为原来的 1.732 倍

3. 我国 110kV 及以上系统和 1kV 以下低压系统，采用中性点（ ）运行方式。

A. 不接地　　B. 直接接地　　C. 经消弧线圈接地　　D. 经电阻接地

4. 电力系统中，划分高压和低压的界限为（ ）。

A. 35kV　　B. 10kV　　C. 6kV　　D. 1kV

5. 下面 4 个概念中，（ ）所包含的范围最大。

A. 工厂供电系统　B. 电力系统　　C. 区域网　　D. 地方网

6. 电力系统的电能质量是指（ ）的质量。

A. 电压、频率和波形　　B. 电压、电流和功率
C. 电压、电流和频率　　D. 电压、功率和波形

四、简答题

1. 某发电厂的发电机总发电量可高达 3 000MW，所带负荷仅为 2 400MW。问：余下的 600MW 电能到哪去了？

2. 供配电系统在什么情况下应设总降压变电站？

3. 衡量电能质量的重要指标是什么？

4. 中性点不接地系统发生单相接地故障时，其故障相对地电压等于多少？此时接地点的短路电流是正常运行的单相对地电容电流的多少倍？

5. 什么是电压波动？什么是电压闪变？电压正弦波畸变是什么原因造成的？

五、分析计算题

1. 试确定图 1.9 所示供电系统中发电机 G 和变压器 1T、2T 和 3T 的额定电压。

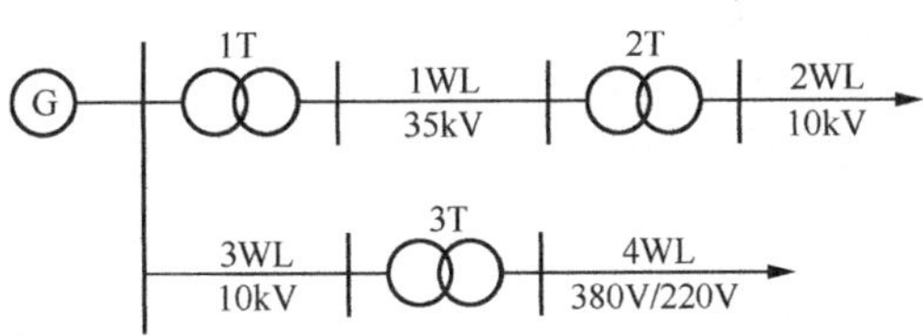

图 1.9 分析计算题 1 供电系统

2. 试确定图 1.10 所示供电系统中变压器 1T 和 2T 的额定电压。

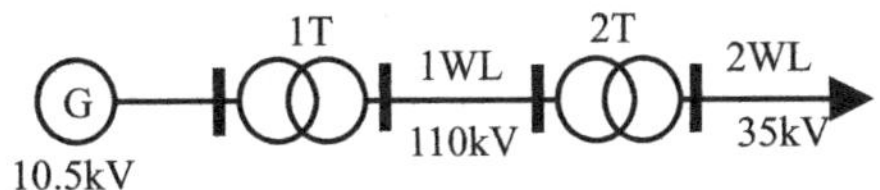

图 1.10 分析计算题 2 供电系统

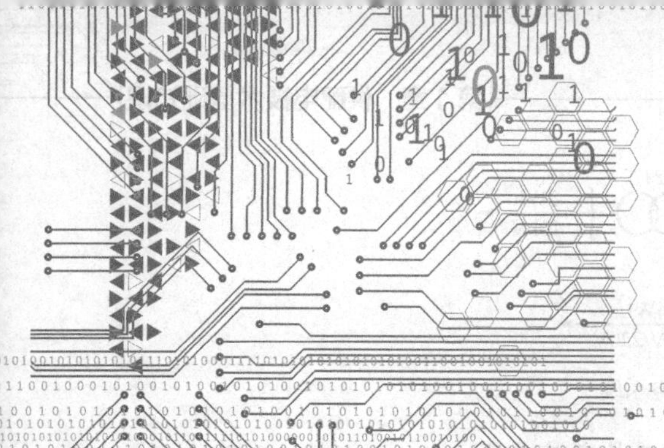

第2章 负荷计算和无功功率补偿

知识目标

通过本章教学，引导学生了解负荷计算的意义及无功功率补偿的方法，掌握计算负荷的估算法、需要系数法；了解工厂供电系统的功率损耗及电能损耗；掌握工厂功率因数提高的意义和方法；理解无功功率的补偿。

能力目标

具有应用需要系数法计算用电设备组、车间干线或多组用电设备组的负荷的能力，以及需要系数法的逐级计算能力；具有单台和多台用电设备尖峰电流的计算能力。

素养目标

引导学生深刻理解并自觉实践供配电行业的职业精神和职业规范；提高学生正确认识问题、分析问题和解决问题的能力；培养学生精益求精的大国工匠精神，激发学生科技报国的家国情怀和使命担当。

负荷计算是保证供配电系统正常运行的计算，是正确选择供配电系统中导线、电缆、开关电器、变压器等设备的基础，也是保障供配电系统安全可靠运行必不可少的环节。

供配电系统要求按计算负荷选择电气设备和导线，其除了应能够满足正常的电气运行条件，还应具备事故状态下承受因故障电流所产生的热量和电动力的能力。因此，还需考虑系统中可能出现的最大短路电流，即尖峰电流的计算。

合理的无功功率补偿可以降低供电变压器及输电线路的损耗，提高供电效率，改善供电环境。因此，选择合适的无功功率补偿装置，可最大限度地减少供配电系统损耗，提高供电质量。

本章内容是分析供配电系统和进行供电设计计算的基础，学习者应予以高度重视。

2.1 电力负荷

电力负荷是指企业耗用电能的用电设备或用电单位，有时也把用电设备或用电单位所耗用的电功率或电流大小称为电力负荷。电力负荷的工作特征和重要性各不相同，对供电的可靠性和供电的质量要求也有差异。因此，应对电力负荷进行分类，以满足负荷对供电可靠性的要求，保证供电质量，降低供电成本。

电力负荷

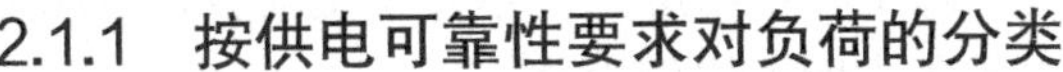

2.1.1　按供电可靠性要求对负荷的分类

我国根据对供电可靠性的要求及中断供电在政治、经济上所造成损失或影响的程度，将电力负荷划分为 3 级。

1．一级负荷

中断供电将会导致人身伤亡和在政治、经济上造成重大损失的电力负荷称为一级负荷。一级负荷中断供电时，将影响有重大政治、经济意义的用电单位正常工作。

例如，重大设备损坏、重大产品报废、用重要原料生产的产品大量报废、国民经济中重点企业的连续生产过程被打乱需要长时间才能恢复等将在经济上造成重大损失，则其负荷特性为一级负荷；重要交通枢纽、重要通信枢纽、重要宾馆、大型体育场馆、经常用于重要活动且大量人员集中的公共场所等用电单位中的重要电力负荷也为一级负荷。其中，中断供电将发生中毒、爆炸和火灾等情况的负荷，以及特别重要场所的不允许中断供电的负荷，应视为特别重要的一级负荷。

一级负荷应由双重电源供电。除此之外，还应增设应急电源，并严禁将其他负荷接入应急供电系统；一级负荷供电电源的切换时间需满足设备允许中断供电的要求；可选择独立于正常电源的发电机组、电网中有效地独立于正常电源的专用馈电线路；蓄电池或干电池作为应急电源。

2．二级负荷

中断供电将在政治、经济上造成较大损失的电力负荷称为二级负荷。二级负荷中断供电将影响重要用电单位的正常工作。

例如，主要设备损坏、大量产品报废、连续生产过程被打乱需较长时间才能恢复、重点企业大量减产等将在经济上造成较大损失，则其负荷为二级负荷；交通枢纽、通信枢纽等用电单位中的重要电力负荷为二级负荷；中断供电将造成大型影剧院、大型商场等较多人员集中的重要的公共场所秩序混乱等，其负荷特性也为二级负荷。

二级负荷宜采用两回线路供电。在负荷较小或供电条件较差的地区，二级负荷可由 6kV 及以上的专用架空一回线路供电。

3．三级负荷

不属于一级和二级负荷者均为三级负荷。

例如，非连续生产的中小型企业，停电仅影响产量或造成少量产品报废的用电设备，一般民用建筑的用电负荷等均为三级负荷。

三级负荷对供电电源没有特殊要求。

2.1.2　按企业用电设备工作制对负荷的分类

电力负荷种类繁多，用途各异，工作方式也各不相同，按其工作制可划分为 3 类。

1．连续工作制负荷

连续工作制负荷是指长时间连续工作的用电设备，其运行特点是：在恒定负荷下运行，且运行时间长到足以使之达到热平衡状态，其温度达到稳定温度。如通风机、水泵、空气压缩机、电炉、照明灯或电动发电机组等。

2．短时工作制负荷

短时工作制负荷的用电设备特点是工作时间很短，而停歇时间相当长。其运行特点是：

工作时温度达不到稳定温度，停歇时其温度可降至环境温度。如水闸用电动机、机床上的进给类辅助电动机等。短时工作制负荷在用电设备中所占比例很小。

3．反复短时工作制负荷

反复短时工作制负荷，时而工作、时而停歇，如此反复运行，而工作周期一般不超过 10min，如吊车电动机和电焊变压器等。用它们在一个工作周期里的工作时间与整个周期时间的百分比值来描述其反复短时工作的情况，这个比值称为暂载率或负荷持续率（ε），即

$$\varepsilon=\frac{t_{\mathrm{W}}}{t_{\mathrm{W}}+t_0}\times 100\%=\frac{t_{\mathrm{W}}}{T}\times 100\% \tag{2-1}$$

式中，T 为工作周期；t_{W} 为工作周期内的工作时间；t_0 为工作周期内的停歇时间。

2.2 负荷曲线

负荷曲线是表示电力负荷随时间变动情况的一种图形，反映了电力用户用电的特点和规律。在负荷曲线中通常用纵坐标表示负荷大小，横坐标表示对应负荷变动的时间。

负荷曲线及相关物理量

负荷曲线可根据需要绘制成不同的类型。

2.2.1 日负荷曲线

日负荷曲线表示负荷在一昼夜间（0～24h）的变化情况，如图 2.1 所示。

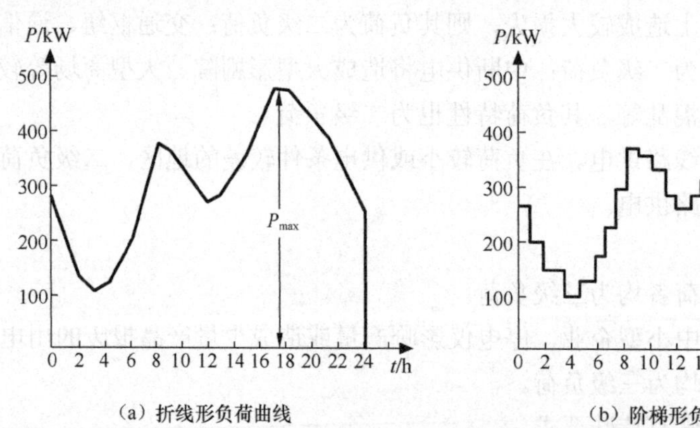

（a）折线形负荷曲线　　（b）阶梯形负荷曲线

图 2.1　日负荷曲线

日负荷曲线是按时间先后顺序绘制的，其绘制方法如下。

（1）以某个监测点为参考点，在 24h 中各个时刻记录有功功率表的读数，逐点绘制而成的折线形状的曲线，称为折线形负荷曲线，如图 2.1（a）所示。

（2）通过接在供电线路上的电能表，每隔一定的时间间隔（一般为 30min）将其读数记录下来，求出 30min 的平均功率，再依次将这些点画在坐标上，把这些点连成阶梯形负荷曲线，如图 2.1（b）所示。

为计算方便，负荷曲线多绘成阶梯形。其时间间隔取得越短，曲线越能反映负荷的实际变化情况。日负荷曲线与横坐标所包围的面积代表全天所消耗的电能。

2.2.2　年负荷曲线

年负荷曲线是按负荷的大小和累计时间绘制的，它反映了负荷全年（8 760h）的变动情况，如图 2.2（c）所示。

年负荷曲线又分为年运行负荷曲线和年持续负荷曲线，通常用年持续负荷曲线来表示年负荷曲线。年运行负荷曲线可根据全年日负荷曲线间接绘制而成；年持续负荷曲线的绘制，要借助一年中有代表性的冬季日负荷曲线和夏季日负荷曲线完成。其中夏季和冬季（为计算方便，此处将全年仅分为夏季和冬季两个季节）在全年中所占的天数视地理位置和气温情况而定。在北方，一般近似认为冬季 200 天，夏季 165 天；南方则近似认为冬季 165 天，夏季 200 天。图 2.2（c）是南方某用户的年负荷曲线，图中 P_1 在年负荷曲线上所占的时间为 $T_1=200t_1+165t_2$。

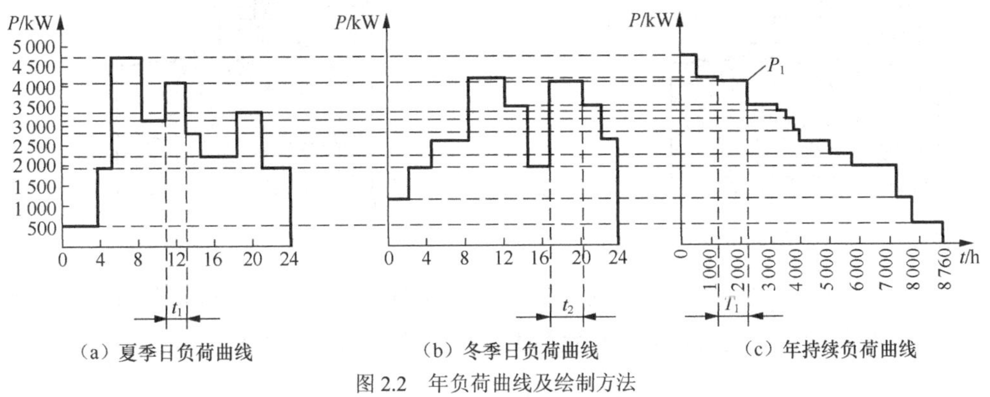

图 2.2　年负荷曲线及绘制方法

2.2.3　负荷曲线的有关物理量

对供配电设计人员来说，分析负荷曲线可以了解负荷变动的规律，获得一些对设计有用的资料；对运行人员来说，可合理地、有计划地安排用户、车间、班次或大容量设备的用电时间，降低负荷高峰，填补负荷低谷，这种“削峰填谷”的办法可使负荷曲线比较平坦，提高企业的供电能力，同时有利于企业降损节能。

1．年最大负荷和年最大负荷利用小时

年最大负荷 P_{max} 是指全年中负荷最大的工作班内（为防止偶然性，这样的工作班至少要在负荷最大的月份出现 2～3 次）30min 平均功率的最大值，因此年最大负荷有时也称为 30min 最大负荷 P_{30}，即 $P_{30}=P_{max}$。

假设企业按年最大负荷 P_{max} 持续工作，经过了 T_{max} 时间所消耗的电能，恰好等于企业全年实际所消耗的电能 W_a，即图 2.3 中虚线与两坐标轴所包围的面积等于阴影部分的面积，则 T_{max} 这个假想时间就称为年最大负荷利用小时，即

$$T_{max}=\frac{W_a}{P_{max}} \tag{2-2}$$

年最大负荷利用小时与企业类型及生产班制有较大关系，其数值可查阅有关参考资料或到相同类型的企业去调查收集。大体情况是，一班制企业 T_{max}=1 800～3 000h；两班制企业 T_{max}=3 500～4 800h；三班制企业 T_{max}=5 000～7 000h；居民用户 T_{max}=1 200～2 800h。

2．平均负荷和负荷系数

电力负荷在一定时间内消耗的功率平均值称作平均负荷。设在 t 时间内消耗的电能为

W_t，则 t 时间内的平均负荷为

$$P_{av} = \frac{W_t}{t} \tag{2-3}$$

利用负荷曲线求平均负荷的方法如图 2.4 所示。图中阴影部分为年负荷曲线所包围的面积，也就是全年电能的消耗量。另外再作一条虚线，使其与两坐标轴所包围的面积和阴影部分的面积相等，则图中 P_{av} 就是年平均负荷。

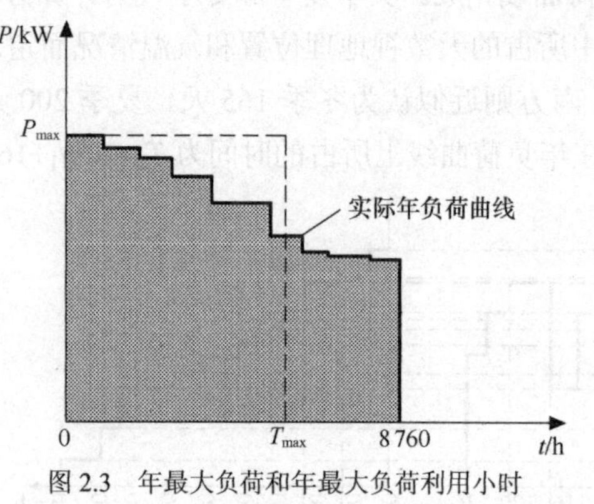

图 2.3　年最大负荷和年最大负荷利用小时

图 2.4　年平均负荷

年平均负荷 P_{av} 与最大负荷 P_{max} 的比值称为有功负荷率，也叫作有功负荷填充系数，用 K_{aL} 表示；年平均无功负荷与最大无功负荷的比值称为无功负荷率 K_{rL}，即

$$K_{aL} = \frac{P_{av}}{P_{max}}，\ K_{rL} = \frac{Q_{av}}{Q_{max}} \tag{2-4}$$

负荷率表征了负荷曲线不平坦的程度，负荷系数越接近 1，负荷曲线越平坦。所以，电力用户应尽量提高负荷系数，从而充分发挥供电设备的供电能力，提高供电效率。一般用户的 K_{aL} 为 0.7～0.75，K_{rL} 为 0.76～0.82。

对于单个用电设备或用电设备组，负荷率则表征了该设备或设备组容量的利用率，即设备的输出功率 P 和设备额定功率 P_N 的比值：

$$K_L = \frac{P}{P_N} \tag{2-5}$$

2.3　电力负荷的计算

为了使供配电系统在正常条件下可靠地运行，必须正确选择电力变压器、开关设备及导线、电缆等，这就需要对电力负荷进行计算，即确定计算负荷。

负荷计算的常识

2.3.1　设备容量及其确定

1．设备容量的定义

设备容量也称为安装容量，是计算范围内安装的所有用电设备铭牌数据上的额定容量或额定功率之和，是配电系统设计和计算的基础资料和依据。

但是，由于用电设备工作制的不同，铭牌数据上规定的额定功率往往不能直接相加作为用户的电力负荷，必须换算成统一规定工作制下的额定功率，然后才能进行负荷计算。

设备容量及其确定

经过换算的统一规定工作制下的“额定功率”称为设备容量，用 P_e 表示。

2．设备容量的确定

（1）长期工作制和短时工作制的用电设备。长期工作制和短时工作制的设备容量等于铭牌上的额定功率，即电动机轴上输出的有功功率：

$$P_e=P_N \tag{2-6}$$

（2）反复短时工作制的用电设备。反复短时工作制的用电设备，其设备容量指某负荷持续率下的额定功率换算到统一的负荷持续率下的功率，常用的换算主要有以下几种。

① 电焊机和电焊机组。

要求统一换算到 $\varepsilon=100\%$ 时的功率，即

$$P_e=\sqrt{\frac{\varepsilon_N}{\varepsilon}}P_N=\sqrt{\frac{\varepsilon_N}{100\%}}P_N=\sqrt{\varepsilon_N}S_N\cos\varphi_N \tag{2-7}$$

式中，P_N 为电焊机额定功率；S_N 为额定视在功率；ε_N 为额定负荷持续率；$\cos\varphi_N$ 是额定功率因数。

② 起重机（吊车电动机）。

要求统一换算到 $\varepsilon=25\%$时的额定功率，即

$$P_e=\sqrt{\frac{\varepsilon_N}{\varepsilon}}P_N=\sqrt{\frac{\varepsilon_N}{25\%}}P_N=2\sqrt{\varepsilon_N}P_N \tag{2-8}$$

（3）单台设备的设备容量一般取其设备铭牌上的额定容量或额定功率。

（4）不用镇流器的照明设备，其设备容量等于其额定功率。

（5）用镇流器的照明设备，其设备容量包括镇流器的功率损失，即 $P_e= K_{b1}P_N$。其中 K_{b1} 是镇流器的损耗系数，普通日光灯的损耗系数取 1.15～1.17；采用电子镇流器时取 1.1；高压钠灯和金属卤化物灯采用普通电感镇流器时取 1.14～1.16，采用节能型电感镇流器时，损耗系数取 1.09～1.1。

2.3.2 计算负荷的概念及估算法

计算负荷的概念及估算法

1．计算负荷的概念

全年中负荷最大工作班内消耗电能最大的 30min，其平均功率称为半小时最大负荷 P_{30}。通常把半小时最大负荷 P_{30} 称为“有功计算负荷”，用 P_C 表示，P_C 作为按发热条件选择电气设备的依据。除此之外，还有无功计算负荷 $Q_C=Q_{30}$，视在计算负荷 $S_C=S_{30}$，计算负荷中的电流 $I_C=I_{30}$。

计算负荷确定得是否合理，将直接影响到电气设备、导线和电缆的选择是否安全、经济、优质、可靠。

2．估算法

估算法实为指标法。在做设计任务书时或在初步设计阶段，尤其当需要进行方案比较而缺乏准确的用电负荷资料时，用估算法计算较为方便。

（1）单位产品耗电量法。

若已知某车间或企业的年产量 m 和每一产品的单位耗电量 w，则企业全年电能 $W_a=wm$。有功计算负荷：

$$P_C=\frac{W_a}{T_{max}} \tag{2-9}$$

（2）负荷密度法。

若已知车间生产面积 S（m^2）和负荷密度指标 ρ（kW/m^2），则车间平均负荷为

$$P_{av}=\rho S \tag{2-10}$$

车间负荷密度指标如表 2-1 所示。

表 2-1　车间低压负荷估算指标

车间类别	负荷密度（kW/m^2）
铸钢车间（不包括电弧炉）	0.055～0.06
焊接车间	0.04
铸铁车间	0.06
金工车间	0.1
木工车间	0.66
煤气站	0.09～0.13
锅炉房	0.15～0.2
压缩空气站	0.15～0.2

车间计算负荷为

$$P_C=\frac{P_{av}}{T_{aL}} \tag{2-11}$$

2.3.3　需要系数法

进行工程设计或施工设计时，需要对负荷进行比较准确的计算，以便正确选择电气设备、导线、电缆，计算方法有需要系数法、二项式法、利用系数法等。

利用系数法是以概率论为基础进行负荷计算的方法，计算过程较为烦琐，适合于计算机计算，目前尚未得到普遍应用；通过二项式法进行负荷计算时，既要考虑用电设备组的平均负荷，又要考虑几台最大用电设备引起的附加负荷，虽然计算较简便，但是应用起来局限性较大，通常仅适用于机械加工车间的负荷计算；需要系数法求解计算负荷，不但简单方便，计算结果较符合实际，而且长期使用已积累了各种设备的需要系数，是目前世界各国普遍采用的确定计算负荷的方法。

需要系数法普遍应用于用户和大型车间变电站的负荷计算，因此，本章主要介绍需要系数法。

1．需要系数的含义

以一组用电设备为例说明需要系数的含义。

设某组设备有几台电动机，其额定总容量为 P_e，由于该组电动机实际上不一定都同时运行，故引入一个同时系数 K_Σ；考虑到运行的电动机不一定能满负荷，因此引入一个负荷系数 K_L；因设备本身及配电线路均存在功率损耗，因此需计入用电设备的额定效率 η_N 和线路的平均效率 η_{WL}，这组电动机的有功计算负荷为

$$P_C=\frac{K_\Sigma K_L}{\eta_N\eta_{WL}}P_e \tag{2-12}$$

显然需要系数为

$$K_d = \frac{P_C}{P_e} = \frac{K_\Sigma K_L}{\eta_N \eta_{WL}} \tag{2-13}$$

实际上，需要系数 K_d 不仅与用电设备组的工作性质、设备台数、设备效率和线路损耗等因素有关，而且与操作人员的技能和生产组织等多种因素都有关，因此应尽可能地通过实际测量分析确定需要系数。一般设备台数较多时取需要系数的较小值，台数较少时取需要系数的较大值，使之尽量贴近实际。各种用电设备组的需要系数值如表 2-2 所示。

表 2-2　　用电设备组的需要系数、二项式系数及功率因数值

用电设备组名称	需要系数 K_d	二项式系数		最大容量设备台数	$\cos\varphi$	$\tan\varphi$
		b	c			
小批生产的金属冷加工机床电动机	0.16～0.2	0.14	0.4	5	0.5	1.73
大批生产的金属冷加工机床电动机	0.18～0.25	0.14	0.5	5	0.5	1.73
小批生产的金属热加工机床电动机	0.25～0.3	0.24	0.4	5	0.6	1.33
大批生产的金属热加工机床电动机	0.3～0.35	0.26	0.5	5	0.65	1.17
通风机、水泵、空气压缩机及电动发电机组电动机	0.7～0.8	0.65	0.25	5	0.8	0.75
非联锁的连续运输机械及铸造车间整砂机械	0.5～0.6	0.4	0.4	5	0.75	0.88
联锁的连续运输机械及铸造车间整砂机械	0.65～0.7	0.6	0.2	5	0.75	0.88
锅炉房和机加、机修、装配等类车间的起重机	0.1～0.15	0.06	0.2	2	0.5	1.73
铸造车间的起重机（ε=25%）	0.15～0.25	0.09	0.3	3	0.5	1.73
自动连续装料的电阻炉设备	0.75～0.8	0.7	0.3	2	0.95	0.33
实验室用的小型电阻炉、干燥箱等电热设备	0.7	0.7	0	—	1.0	0
不带无功功率补偿装置的工频感应电炉	0.8	—	—	—	0.35	2.68
不带无功功率补偿装置的高频感应电炉	0.8	—	—	—	0.6	1.33
电弧熔炉	0.9	—	—	—	0.87	0.57
点焊机、缝焊机	0.35	—	—	—	0.6	1.33
对焊机、铆钉加热机	0.35	—	—	—	0.7	1.02
自动弧焊变压器	0.5	—	—	—	0.4	2.29
单头手动弧焊变压器	0.35	—	—	—	0.35	2.68
多头手动弧焊变压器	0.4	—	—	—	0.35	2.68
单头弧焊电动发电机组	0.35	—	—	—	0.6	1.33
多头弧焊电动发电机组	0.7	—	—	—	0.75	0.88
生产厂房及办公室、阅览室、实验室照明设备	0.8～0.1	—	—	—	1.0	0
变电站、仓库照明设备	0.5～0.7	—	—	—	1.0	0
宿舍、生活区照明设备	0.6～0.8	—	—	—	1.0	0
室外照明、事故照明设备	1	—	—	—	1.0	0

需要系数值与用电设备的类别和工作状态有关，计算时一定要正确判断用电设备的类型，否则会造成错误。如机修车间的金属切削机床电动机属于小批生产的冷加工机床电动机；各类锻造设备应属热加工机床；起重机、行车或电动葫芦都属吊车等。

2. 三相用电设备组的计算负荷

$$\begin{aligned}
&\text{有功计算负荷为} \quad P_C = K_d P_e \\
&\text{无功计算负荷为} \quad Q_C = P_C \tan\varphi \\
&\text{视在计算负荷为} \quad S_C = \sqrt{P_C{}^2 + Q_C{}^2} \\
&\text{计算电流为} \quad I_C = \frac{S_C}{\sqrt{3}U_N}
\end{aligned} \tag{2-14}$$

其中，计算电流可选择导线的截面及型号。

下面结合例题说明如何按需要系数法确定三相用电设备组的计算负荷。

（1）单组用电设备组的计算负荷。

【例 2-1】 已知某机修车间的金属切削机床组，有电压为380V的电动机30台，其总的设备容量为120kW。试求其计算负荷。

解：查表2-2中的“小批生产的金属冷加工机床电动机”项，可得 K_d=0.16～0.2，这里取 K_d=0.18，$\cos\varphi$=0.5，$\tan\varphi$=1.73。根据式（2-14）可得

$$P_C = K_d P_e = 0.18 \times 120 = 21.6 \text{（kW）}$$

$$Q_C = P_C \tan\varphi = 21.6 \times 1.73 \approx 37.37 \text{（kvar）}$$ [①]

$$S_C = \sqrt{{P_C}^2 + {Q_C}^2} = \sqrt{21.6^2 + 37.37^2} \approx 43.2 \text{（kV·A）}$$

$$I_C = \frac{S_C}{\sqrt{3}U_N} \approx \frac{43.2}{1.732 \times 0.38} \approx 65.7 \text{（A）}$$

（2）干线上用电设备组的计算负荷。

确定拥有多组用电设备的干线上或车间变电站低压母线上的计算负荷时，考虑到干线上各组用电设备的最大负荷不同时出现的因素，求干线上的计算负荷时，将干线上各用电设备组用电设备的计算负荷相加后，再乘以相应最大负荷的同时系数。有功同时系数可取 $K_{\Sigma P}$=0.85～0.95，无功同时系数可取 $K_{\Sigma Q}$=0.9～0.97。

若进行计算的负荷有多种，则可将用电设备按其设备性质不同分成若干组，对每一组选用合适的需要系数，算出每组用电设备的计算负荷，然后由各组计算负荷求总的计算负荷。所以需要系数法一般用来求多台三相用电设备的计算负荷。

求车间变电站低压母线上的计算负荷时，如果是以车间用电设备进行分组，则求出各用电设备组的计算负荷，然后相加求车间低压母线计算负荷，此时同时系数取为 $K_{\Sigma P}$=0.8～0.9，$K_{\Sigma Q}$=0.85～0.95。如果是用车间干线计算负荷相加起来求出低压母线计算负荷，则同时系数取为 $K_{\Sigma P}$=0.9～0.95，$K_{\Sigma Q}$=0.9～0.97。

求干线上多组用电设备总的计算负荷时，可利用以下计算公式。

总有功计算负荷为

$$P_C = K_{\Sigma P} \sum_{i=1}^{n} P_{Ci} \tag{2-15}$$

总无功计算负荷为

$$Q_C = K_{\Sigma Q} \sum_{i=1}^{n} Q_{Ci} \tag{2-16}$$

总视在计算负荷为

$$S_C = \sqrt{{P_C}^2 + {Q_C}^2} \tag{2-17}$$

总计算电流为

① kvar 为无功功率单位，数值上等同于 kW。

$$I_C = \frac{S_C}{\sqrt{3}U_N} \tag{2-18}$$

式中，U_N 为用电设备组或干线的额定电压，单位为 kV。

【例 2-2】 某机修车间的 380V 线路上，接有金属切削机床电动机 15kW 的 1 台，7.5kW 的 2 台，4kW 的 1 台，2kW 的 8 台；另接通风机 1.2kW 的 2 台；电阻炉 2kW 的 1 台。试求计算负荷。设同时系数 $K_{\Sigma P} = K_{\Sigma Q} = 0.9$。

解： 以车间为范围，将工作性质、需要系数相近的用电设备合为一组，共分成以下 3 组。先求出各用电设备组的计算负荷。

① 冷加工电动机组。查表 2-2 可取 $K_{d1}=0.2$，$\cos\varphi_1=0.5$，$\tan\varphi_1=1.73$，因此

$$P_{C1} = K_{d1}P_{e1} = 0.2\times（15+7.5\times2+4+2\times8）= 10（kW）$$

$$Q_{C1} = P_{C1}\tan\varphi_1 = 10\times1.73 = 17.3（kvar）$$

② 通风机组。查表 2-2 可取 $K_{d2}=0.8$，$\cos\varphi_2=0.8$，$\tan\varphi_2=0.75$，因此

$$P_{C2} = K_{d2}P_{e2} = 0.8\times1.2\times2 = 1.92（kW）$$

$$Q_{C2} = P_{C2}\tan\varphi_2 = 1.92\times0.75 = 1.44（kvar）$$

③ 电阻炉。因只有一台，所以计算负荷等于设备容量，即

$$P_{C3} = P_{e3} = 2kW$$

$$Q_{C3} = 0$$

车间计算负荷为

$$P_C = K_{\Sigma P}\sum_{i=1}^{3}P_{Ci} = 0.9\times（10+1.92+2）\approx 12.53（kW）$$

$$Q_C = K_{\Sigma Q}\sum_{i=1}^{3}Q_{Ci} = 0.9\times（17.3+1.44）\approx 16.87（kvar）$$

$$S_C = \sqrt{P_C^2+Q_C^2} = \sqrt{12.53^2+16.9^2} \approx 21.04（kV\cdot A）$$

$$I_C = \frac{S_C}{\sqrt{3}U_N} \approx \frac{21.04}{1.732\times0.38} \approx 32（A）$$

在确定设备台数较少而容量差距悬殊的分支干线的计算负荷时，通常采用二项式法。

2.3.4　单相负荷的计算

在企业里，除了广泛应用的三相设备外，还有一些单相用电设备，如电焊机、电炉和照明设备等。单相设备可接于相电压或线电压，但应尽可能使三相均衡分配，以使三相负荷尽量平衡。

确定计算负荷的目的主要是为了选择线路上的设备和导线，使其在计算电流通过时不至于过热或损坏，因此在接有较多单相设备的三相线路中，不论单相设备接于相电压还是接于线电压，只要三相不平衡，就应以最大负荷相有功负荷的 3 倍作为等效三相有功负荷进行计算。具体进行单相用电设备的负荷计算时，可按照下述方法处理。

（1）如果单相设备的总容量不超过三相设备总容量的 15%，则不论单相设备如何连接，

均可作为三相平衡负荷对待。

（2）单相设备接于相电压时，在尽量使三相负荷均衡分配后，取最大负荷相所接的单相设备容量乘以 3，便可求得其等效三相设备容量。

（3）单相设备接于线电压时，其等效三相设备容量 P_e 按以下公式计算。

单台设备时

$$P_e=\sqrt{3}P_{e\varphi} \tag{2-19}$$

2～3 台设备时

$$P_e=3P_{e\varphi\max} \tag{2-20}$$

式中，$P_{e\varphi}$ 是单相设备的设备容量，单位为 kW；$P_{e\varphi\max}$ 是负荷最大的单相设备的设备容量，单位为 kW。

等效三相设备容量是从产生相同电流的观点进行考虑的。当设备为单台时，单台单相设备接于线电压产生的电流为 $P_{e\varphi}/U_N$，与等效三相设备产生的电流相同；当用电设备有 2～3 台时，则考虑的是最大一相电流，并以此求等效三相设备的容量。

（4）单相设备分别接于线电压和相电压时，首先应将接于线电压的单相设备容量换算为接于相电压的设备容量，然后分别计算各相的设备容量和计算负荷。而总的等效三相有功计算负荷就是最大有功负荷相的有功计算负荷的 3 倍。总的等效三相无功计算负荷就是最大无功负荷相的无功计算负荷的 3 倍。特别需要注意的是：最大相的有功计算负荷和最大相的无功计算负荷不一定在同一相上。

2.3.5 工厂电气照明负荷的确定

工厂电气照明负荷的确定

照明供电系统是工厂供电系统的组成部分之一，电气照明负荷也是电力负荷的一部分。良好的照明环境是保证工厂安全生产、提高劳动生产率、提高产品质量、改善职工劳动环境和保障职工身体健康的重要条件。工厂的电气照明设计，一般应根据生产的性质、厂房自然条件等因素选择合适的光源和灯具，进行合理的布置，使工作场所的照明度达到规定的要求。

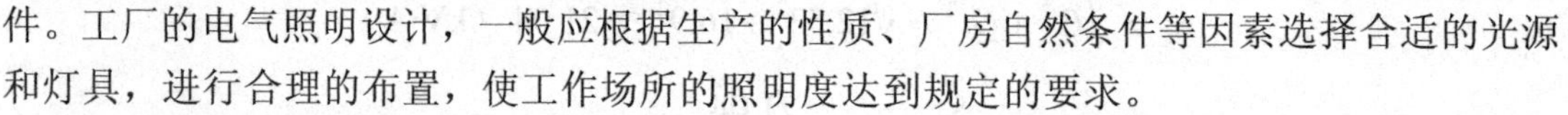

1．照明设备容量的确定

（1）白炽灯、碘钨灯等不用镇流器的照明设备，容量通常指灯头的额定功率，即 $P_e=P_N$。

（2）荧光灯、高压汞灯、金属卤化物灯等需用镇流器的照明设备，其容量包括镇流器中的功率损失，所以一般略高于灯头的额定功率，即 $P_e=1.1P_N$。

（3）照明设备的额定容量还可按建筑物的单位面积容量法估算，即

$$P_e=\omega S/1\,000 \tag{2-21}$$

式中，ω 是建筑物单位面积的照明容量，单位为 W/m^2；S 是建筑物的面积，单位是 m^2。

2．照明计算负荷的确定

照明设备通常都是单相负荷，在设计安装时应将它们均匀地分配到三相上，力求减少三相负荷不平衡。设计规范规定，如果三相电路中单相设备总容量不超过三相设备容量的 15%，且三相明显不对称时，应首先将单相设备容量换算为等效三相设备容量。换算的简单方法是，选择其中最大的一相单相设备容量乘以 3，作为等效三相设备容量，需要系数及功率因数值按表 2-3 选取，负荷计算公式采用前面所讲的需要系数法。

表 2-3 照明设备组的需要系数及功率因数

光源类别	需要系数 K_d	功率因数 $\cos\varphi$				
		白炽灯	荧光灯	高压汞灯	高压钠灯	金属卤化物灯
生产车间办公室	0.8～1	1	0.9（0.55）	0.45～0.65	0.45	0.40～0.61
变电站、仓库	0.5～0.7	1	0.9（0.55）	0.45～0.65	0.45	0.40～0.61
生活区宿舍	0.6～0.8	1	0.9（0.55）	0.45～0.65	0.45	0.40～0.61
室外	1	1	0.9（0.55）	0.45～0.65	0.45	0.40～0.61

2.3.6 全厂计算负荷的确定

全厂计算负荷的确定

1. 用需要系数法计算全厂计算负荷

在已知全厂用电设备总容量 P_e 的条件下，乘以一个工厂的需要系数 K_d 即可求得全厂的有功计算负荷，即 $P_C=K_dP_e$，其中 K_d 是全厂需要系数值。

其他计算负荷求法与前面讲的相同，全厂负荷的需要系数及功率因数如表 2-4 所示。

表 2-4 全厂负荷的需要系数及功率因数

工厂类别	需要系数	功率因数	工厂类别	需要系数	功率因数
汽轮机制造厂	0.38	0.88	石油机械制造厂	0.45	0.78
锅炉制造厂	0.27	0.73	电线电缆制造厂	0.35	0.73
柴油机制造厂	0.32	0.74	开关电器制造厂	0.35	0.75
重型机床制造厂	0.32	0.71	橡胶厂	0.5	0.72
仪器仪表制造厂	0.37	0.81	通用机械厂	0.4	0.72
电机制造厂	0.33	0.81			

【例 2-3】 已知某开关电器制造厂用电设备总容量为 4 500kW，试估算该厂的计算负荷。

解： 查表 2-4 取 K_d 为 0.35，$\cos\varphi=0.75$，则算出 $\tan\varphi=0.88$，可得

$$P_C=K_dP_e=0.35\times4\,500=1\,575\ (\text{kW})$$

$$Q_C=P_C\tan\varphi=1\,575\times0.88=1386\ (\text{kvar})$$

$$S_C=\sqrt{{P_C}^2+{Q_C}^2}=\sqrt{1\,575^2+1\,386^2}\approx2\,098\ (\text{kV·A})$$

$$I_C=\frac{S_C}{\sqrt{3}U_N}\approx\frac{2\,098}{1.732\times0.38}\approx3\,188\ (\text{A})$$

2. 用逐级推算法计算全厂的计算负荷

在确定了各用电设备组的计算负荷后，要确定车间或全厂的计算负荷，可以采用由用电设备组开始，逐级向电源方向推算的方法，在经过变压器和较长的线路时，应加上变压器和线路的损耗。

逐级推算法示意图如图 2.5 所示。

在确定全厂计算负荷时，应从用电末端开始，逐步向上推算至电源进线端。

P_{C5} 是图 2.5 所示所有出线上的计算负荷（P_{C6} 等）之和再乘上同时系数 K_Σ；由于 P_{C4} 要考虑线路 2WL 的损耗，因此 $P_{C4}=P_{C5}+\Delta P_{2WL}$；$P_{C3}$ 由 P_{C4} 等几条高压配电线路上计算负荷之和乘以一个同时系数 K_Σ 而得；P_{C2} 还要考虑变压器的损耗，因此 $P_{C2}=P_{C3}+\Delta P_{1WL}+\Delta P_1$；$P_{C1}$ 由 P_{C2} 等几条高压配电线路上计算负荷之和乘以一个同时系数 K_Σ 而得。

对中小型工厂来说，厂内高低压配电线路一般不长，其功率损耗可略去不计。

电力变压器的功率损耗，在一般的负荷计算中，可采用简化公式来近似计算，公式如下。

有功功率损耗：

$$\Delta P_{\mathrm{T}}=0.015S_{\mathrm{C}} \tag{2-22}$$

无功功率损耗：

$$\Delta Q_{\mathrm{T}}=0.06S_{\mathrm{C}} \tag{2-23}$$

式中，S_{C}为变压器二次侧的视在计算负荷，是选择变压器的基本依据。

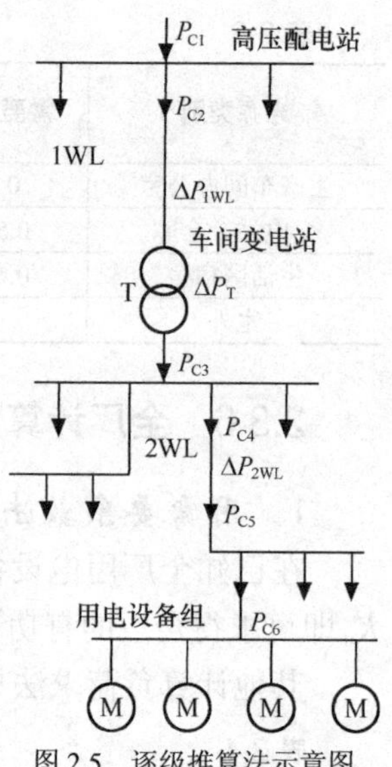

图 2.5　逐级推算法示意图

3．按年产量和年产值估算全厂的计算负荷

已知全厂的年产量A或年产值B，就可根据全厂的单位产量耗电量a或单位产值耗电量b，求出全厂的全年耗电量，即

$$W_{\mathrm{a}}=Aa=Bb \tag{2-24}$$

求出全年耗电量后，即可根据下式求出全厂的有功计算负荷：

$$P_{\mathrm{C}}=\frac{W_{\mathrm{a}}}{T_{\max}} \tag{2-25}$$

2.4 工厂供电系统的电能损耗及无功功率补偿

工厂供电系统中的线路和变压器由于常年运行，其电能损耗相当大，直接关系到供电系统的经济效益问题。供配电技术人员应了解和掌握降低供电系统电能损耗的相关知识和技能。

2.4.1 线路的电能损耗

线路上全年的电能损耗用ΔW_{a}表示，其计算公式为

$$\Delta W_{\mathrm{a}}=3I_{\mathrm{C}}^{2}R_{\mathrm{WL}}\tau \tag{2-26}$$

式中，I_{C}为通过线路的计算电流；R_{WL}为线路每相的电阻值；τ为年最大负荷损耗小时数。

在供配电系统中，因负荷随时间不断变化，其电能损耗计算困难，故通常利用年最大负荷损耗小时数τ来近似计算线路和变压器的有功电能损耗。τ的物理含义：线路或变压器以最大计算电流I_{C}流过τ时间后所产生的电能损耗，恰与全年流过实际变化的电流时所产生的电能损耗相等。可见，τ是一个假想时间，与年最大负荷利用小时$T_{\max}$有一定的关系。不同功率因数下的τ与$T_{\max}$的关系如图2.6所示，即

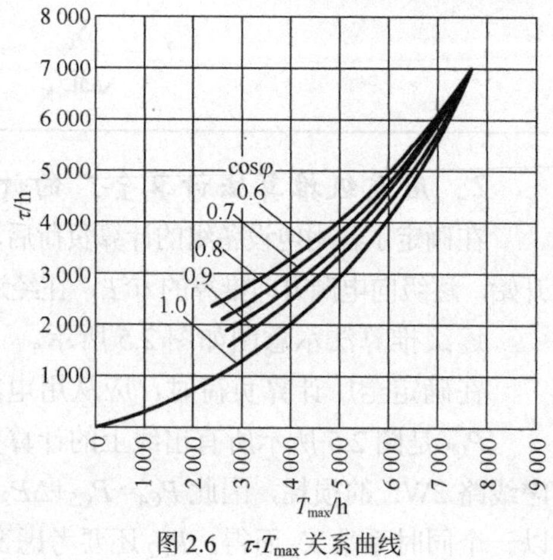

图 2.6　τ-$T_{\max}$关系曲线

$$\tau=\frac{T_{\max}^{2}}{8\,760} \tag{2-27}$$

当 $\cos\varphi=1$，且线路电压不变时，全年的电能损耗为

$$\Delta W_{a}=3I_{C}^{2}R_{WL}\frac{T_{max}^{2}}{8\,760} \tag{2-28}$$

2.4.2　变压器的电能损耗

变压器的电能损耗包括铁损耗和铜损耗。

1．由铁损耗引起的电能损耗

$$\Delta W_{a1}=\Delta P_{Fe}\times 8\,760\approx\Delta P_{0}\times 8\,760 \tag{2-29}$$

式（2-29）表明：只要外施电压和频率不变，变压器上引起的铁损耗也固定不变，且ΔP_{Fe}近似等于空载损耗ΔP_0。显然，变压器的铁损耗与负荷无关，因此也称为不变损耗。

2．由铜损耗引起的电能损耗

$$\Delta W_{a2}=\Delta P_{Cu}\beta^{2}\tau\approx\Delta P_{k}\beta^{2}\tau \tag{2-30}$$

由式（2-30）可知，由变压器铜损耗引起的电能损耗，与负荷电流的平方成正比（$P=I^2R$），与变压器负荷率β的平方成正比，且ΔP_{Cu}近似等于短路损耗 ΔP_k。可见，变压器的铜损耗与负荷有关，因此也称为可变损耗。

变压器全年的电能损耗为

$$\Delta W_{a}=\Delta W_{a1}+\Delta W_{a2}\approx\Delta P_{0}\times 8\,760+\Delta P_{k}\beta^{2}\tau \tag{2-31}$$

2.4.3　工厂的功率因数和无功功率补偿

1．工厂的功率因数

（1）瞬时功率因数。瞬时功率因数可由功率因数表直接查表得出，也可间接测量，即根据功率表、电流表和电压表的读数按下式求出：

$$\cos\varphi=\frac{P}{\sqrt{3}UI} \tag{2-32}$$

工厂的功率因数和无功补偿

式中，P 为三相总有功功率，单位为 kW；I 为线电流，单位为 A；U 为线电压，单位为 V。

瞬时功率因数用来了解和分析工厂在生产过程中无功功率的变化情况，以便采取适当的补偿措施。

（2）平均功率因数。平均功率因数又称为加权平均功率因数，按下式计算：

$$\cos\varphi=\frac{W_{p}}{\sqrt{W_{p}^{2}+W_{q}^{2}}}=\frac{1}{\sqrt{1+(\frac{W_{q}}{W_{p}})^{2}}} \tag{2-33}$$

式中，W_p 为某一时间内消耗的有功电能，由有功电能表读取；W_q 为某一时间内消耗的无功电能，由无功电能表读取。我国电业部门每月向工业用户收取的电费，规定要按月平均功率因数的高低来调整。

（3）最大负荷时的功率因数。最大负荷时的功率因数指在年最大负荷时的功率因数，可按下式计算：

$$\cos\varphi=\frac{P_{C}}{S_{C}} \tag{2-34}$$

2．功率因数对供配电系统的影响

所有具有电感特性的用电设备都需要从供配电系统中吸收无功功率，从而降低功率因数。功率因数太低会给供配电系统带来以下不良影响。

（1）电能损耗增加。当输送功率和电压一定时，由 $P=\sqrt{3}UI\cos\varphi$ 可知，功率因数越低，线路上电流越大，因此在输电线上产生的电能损耗 $\Delta P=I^2R_1$ 增加。

（2）电压损失增大。线路上电流增大，必然也造成线路压降的增大，而线路压降增大，又会造成用户端电压降低，从而影响供电质量。

（3）供电设备利用率降低。无功电流增加后，供电设备的温升会超过规定范围。为控制设备温升，工作电流也将受到控制，在功率因数降低后，不得不降低输送的有功功率 P 来控制电流的值，这样必然会降低供电设备的供电能力。

由于功率因数在供配电系统中影响很大，所以要求电力用户功率因数必须至少保证一定的值，不能太低，太低就必须进行补偿。《评价企业合理用电技术导则》（GB/T 3485—1998）中规定:“企业在提高自然功率因数的基础上,应在负荷侧合理装置集中与就地无功补偿设备,在企业最大负荷时的功率因数应不低于 0.9。”为鼓励提高功率因数，供电部门规定，凡功率因数低于规定值时，将予以罚款；相反，功率因数高于规定值时，将得到奖励，即采用“高奖低罚”的原则。这里所指的功率因数，是最大负荷时的功率因数。

3．电力电容器

电力电容器在交流电路中，其电流始终超前电压 90°，发出容性无功功率，并具有聚集电荷而存储电场能量的基本性能，因此电力系统中常利用电力电容器进行无功补偿。

（1）电力电容器在电力系统中的作用。在供配电系统中，电力电容器具有多种用途。首先，补偿电力系统中的无功功率，从而大量节约电力，这种电容器称为移相电容器。其次，电容器还可以用来补偿长距离输电线路本身的电感损失，提高输电线路输送电力的容量。

电力系统的负荷（如感应电动机、电焊机、感应电炉等）除了在交流电能的发、输、用过程中，用来转换成光能、热能和机械能消耗的有功功率外，还要用于与磁场交换的电路“吸收”的无功功率。这里所说的有功功率是指消耗掉的平衡功率；无功功率则指波动的交换功率。在电力系统中，无功功率用于建立磁场的能量，这部分能量给有功功率的转换创造了条件。

由于电力系统中许多设备不仅要消耗有功功率，设备本身的电感损失也要消耗无功功率，故使系统的功率因数降低。如果把能“发出”无功电力的电力电容器并接在负荷或供电设备上运行，那么，负荷或供电设备要“吸收”的无功电力正好由电容器“发出”的无功电力供给，从而起到无功补偿作用，这也是电力电容器在电力系统中的主要作用。在电力线路两端并联移相电容器，线路上就可避免无功电力的输送，以达到减少线路能量损耗、减小线路电压降，提高系统有功功率的目的，因此，移相电容器是提高电力系统功率因数的一种重要电力设备。

（2）电力电容器部分型号表示。电力电容器部分型号表示如表 2-5 所示。

表 2-5　　电力电容器部分型号表示

第一位字母	含　义	第二位字母	含　义	第三位字母	含　义
B	标准	D	充氮单相	F	复合介质
Y	移相用			W	户外式
C	串联用	Y	油浸	S	水冷
J	均压			T	可调

续表

第一位字母	含　义	第二位字母	含　义	第三位字母	含　义
O	耦合	L	氯化联苯浸渍	C	冲击放电
L	滤波用			B	薄膜
M	脉冲用			D	一般接地
F	防护用			R	电容式
R	电热				

【例 2-4】 试述 CY0.6-10-1 型串联电容器的型号含义。

解： 查表 2-5 可知，C 表示串联用电容，Y 表示油浸式。另外，0.6 表示额定电压为 0.6kV，10 表示标称容量为 10kvar，1 表示单相。

4．无功功率补偿

工厂中的电气设备绝大多数都是感性的，因此功率因数偏低。若要充分发挥设备潜力，改善设备运行性能，就必须考虑用人工补偿方法提高工厂的功率因数。通过提高功率因数进行无功功率补偿的方法有以下几种。

（1）提高自然功率因数。功率因数不满足要求时，首先应提高自然功率因数。自然功率因数是指未装设任何补偿装置的实际功率因数。提高自然功率因数，就是不添加任何补偿设备，采用科学措施减少用电设备的无功功率的需要量，使供配电系统总功率因数提高。它不需增加设备，因而是改善功率因数的最理想、最经济的方法。提高自然功率因数的途径如下。

① 合理选择电动机的规格、型号。笼型电动机的功率因数比绕线型电动机的功率因数高，开启式和封闭式的电动机比密闭式的电动机功率因数高。在满足工艺要求的情况下，尽量选用功率因数高的电动机。

由于异步电动机的功率因数和效率在 70%至满载运行时较高，在额定负荷时功率因数为 0.85～0.9，而在空载或轻载运行时的功率因数和效率都较低，空载时功率因数只有 0.2～0.3，所以要避免电动机的容量选择过大，从而造成空载或轻载。一般选择电动机的额定容量为拖动负载的 1.3 倍左右。

异步电动机要向电网吸收无功功率，而同步电动机则可向电网送出无功功率，所以对负荷率不大于 0.7 及最大负荷不大于 90%的绕线型异步电动机，必要时可使其同步化，从而提高功率因数。

② 防止电动机空载运行。如果由于工艺要求，电动机在运行中必然要出现空载情况，则必须采取相应的措施。如装设空载自停装置或降压运行（如将电动机的定子绕组由三角形接线改为星形接线，或由自耦变压器、电抗器或调压器实现降压）等。

③ 保证电动机的检修质量。电动机的定子与转子之间的气隙增大或定子线圈减少都会使励磁电流增加，从而增加向电网吸收的无功功率而使功率因数降低，因此检修时要严格保证电动机的结构参数和性能参数。

④ 合理选择变压器的容量。变压器轻载时功率因数会降低，但满载时有功功率损耗会增加。因此选择变压器的容量时要从经济运行和改善功率因数两方面来考虑，一般选择电力变压器在负荷率为 0.7 左右运行比较经济。

⑤ 交流接触器的节电运行。用户中存在着大量的电磁开关（交流接触器），其线圈是感

性负载，消耗无功功率。由于交流接触器的数量较多，运行时间长，故其所消耗的无功功率不能忽略。可以用大功率晶闸管取代交流接触器，这样可大量减少电网的无功功率负担。晶闸管开关不需要无功功率，开关速度远比交流接触器快，且还具有无噪声、无火花和拖动可靠性强等优点。

如果不想用大功率晶闸管代替交流接触器，可将交流接触器改为直流运行或使其无电压运行（即在交流接触器合闸后用机械锁扣装置自行锁扣，此时线圈断电，不再消耗电能）。

（2）人工补偿法。用户的功率因数仅仅靠提高自然功率因数一般是不能满足要求的，还必须进行人工补偿。人工补偿的方法有以下几种。

① 并联电容器。即采用并联电力电容器的方法来补偿无功功率，从而提高功率因数。这种方法具有以下优点。

- 有功功率损耗小，为 0.25%～0.5%。
- 无旋转部分，运行维护方便。
- 按系统需要，可增加或减少安装容量和改变安装地点。
- 个别电容器损坏不影响整个装置运行。

人工补偿法是目前用户、企业内广泛采用的一种补偿装置。

用电容器改善功率因数，可以获得经济效益。但如果电容性负荷过大会引起电压升高，带来不良影响。所以在用电容器进行无功功率补偿时，应适当选择电容器的安装容量。在变电站 6～10kV 高压母线上进行人工补偿时，一般采用固定补偿，即补偿电容器不随负荷变化投入或切除，其补偿容量按下式计算：

$$Q_{C.C}=P_{av}(\tan\varphi_{av1}-\tan\varphi_{av2}) \tag{2-35}$$

式中，$Q_{C.C}$ 为补偿容量；P_{av} 为平均有功负荷；$\tan\varphi_{av1}$ 为补偿前平均功率因数角的正切值；$\tan\varphi_{av2}$ 为补偿后平均功率因数角的正切值； $\tan\varphi_{av1}-\tan\varphi_{av2}$ 称为补偿率。

在变电站 0.38kV 母线上进行补偿时，都采用自动补偿，即根据 $\cos\varphi$ 测量值，按功率因数设定值，自动投入或切除电容器。确定了并联电容器的容量后，根据产品目录就可以选择并联电容器的型号规格，并确定并联电容器的数量。如果计算出并联电容器的数值在某一型号下不是整数，应取相近偏大的整数；如果是单相电容器，还应取为 3 的倍数，以便三相均衡分配。实际工程中，都选用成套电容器补偿柜（屏）。

当然，该补偿方法也存在缺点，如只能有级调节，而不能随无功功率变化进行平滑的自动调节；当通风不良及运行温度过高时易发生漏油、鼓胀、爆炸等故障。

② 同步电动机补偿。即在满足生产工艺的要求下，选用同步电动机，通过改变励磁电流来调节和改善供配电系统的功率因数。过去，由于同步电动机的励磁机是同轴的直流电动机，其价格高，维修麻烦，所以同步电动机应用不广。随着半导体变流技术的发展，如今的励磁装置已比较成熟，因此采用同步电动机补偿是一种比较经济实用的方法。

同步电动机与异步电动机相比，有以下优点。

- 当电网频率稳定时，它的转速稳定。
- 转矩仅和电压的一次方成正比，电压波动时，转矩波动比异步电动机小。
- 便于制造低速电动机，可直接和生产机械连接，减少损耗。
- 铁心损耗小，同步电动机效率比异步电动机效率高。

③ 动态无功功率补偿。在现代工业生产中，有一些容量很大的冲击性负荷（如炼钢电炉、

黄磷电炉、轧钢机等）会使电网电压严重波动，功率因数恶化。一般并联电容器的自动切换装置响应太慢无法满足要求，因此必须采用大容量、高速的动态无功功率补偿装置，如晶闸管开关快速切换电容器、晶闸管励磁的快速响应式同步补偿机等。

目前已投入到工业运行的静止动态无功功率补偿装置有可控饱和电抗器式静补装置、自饱和电抗器式静补装置、晶闸管控制电抗器式静补装置、晶闸管开关电容器式静补装置、强迫换流逆变式静补装置及高阻抗变压器式静补装置等。

【例 2-5】 已知某工厂的有功计算负荷为 650kW，无功计算负荷为 800kvar。为使工厂的功率因数不低于 0.9，现要在工厂变电站低压侧装设并联电容器组进行无功功率补偿，则需装设多少补偿容量的并联电容器？假设补偿前工厂变电站主变压器的容量选择为 1 250kV，则补偿后工厂变电站主变压器的容量有何变化？

解： ① 补偿前的变压器容量为

$$S_{C(2)} = \sqrt{650^2 + 800^2} \approx 1\,031 \text{（kvar）}$$

变电站二次侧的功率因数为

$$\cos\varphi_{(2)} = P_{C(2)} / S_{C(2)} = 650/1\,031 \approx 0.63$$

② 按相关规定，补偿后变电站高压侧的功率因数不应低于 0.9，即 $\cos\varphi_{(2)} \geqslant 0.9$。考虑到变压器的无功功率损耗远大于有功功率损耗，所以低压侧补偿后的功率因数应略高于 0.9，这里取 0.92。因此，在低压侧需要装设的并联电容器容量为

$$Q_{C.C} = 650 \times [\tan(\arccos 0.63) - \tan(\arccos 0.92)] \approx 524 \text{（kvar）}$$

取 530kvar。

③ 变电站低压侧的视在计算负荷为

$$S'_{C(2)} = \sqrt{650^2 + (800-530)^2} \approx 704 \text{（kV·A）}$$

补偿后重新选择变压器的容量为 800kV·A。

④ 补偿后变压器的功率损耗为

$$\Delta P_T = 0.015 S'_{C(2)} = 0.015 \times 704 \approx 10.6 \text{（kW）}$$

$$\Delta Q_T = 0.06 S'_{C(2)} = 0.06 \times 704 \approx 42.2 \text{（kvar）}$$

变电站高压侧的计算负荷为

$$P'_{C(1)} = 650 + 10.6 \approx 661 \text{（kW）}$$

$$Q'_{C(1)} = 800 - 530 + 42.2 \approx 312 \text{（kvar）}$$

$$S'_{C(1)} = \sqrt{661^2 + 312^2} \approx 731 \text{（kV·A）}$$

补偿后的功率因数为

$$\cos\varphi' = 661/731 \approx 0.904 > 0.9$$

⑤ 无功功率补偿前后进行比较，得

$$S'_N - S_N = 1\,250 - 800 = 450 \text{（kV·A）}$$

即补偿后主变压器的容量减少了 450kV·A。由此可以看出，在变电站低压侧装设了无功功率

补偿装置后，低压侧总的视在功率减小，变电站主变压器的容量也减小，功率因数得到提高。

2.5 尖峰电流的计算

工程案例

某钢铁厂在 10kV 高压真空断路器配电柜中，安装有氧化锌避雷器。该配电柜的主要作用是投、切 10kV 电力变压器。但是，在一次维修过程中，由于操作工人不懂得该避雷器在此配电柜中的作用，检修完成后并没有把避雷器重新安装好。当真空断路器进行切断空载变压器的过程中，系统出现了尖峰电流，造成变压器相间短路，导致变压器爆炸事故的发生。

尖峰电流 I_{pk} 是指单台或多台用电设备持续 1～2s 的短时最大负荷电流。尖峰电流通常是由于电动机起动、电压波动等引起的。其与计算电流不同，计算电流是指半小时最大电流，而尖峰电流则比计算电流大得多。

尖峰电流的计算

计算尖峰电流的目的是选择熔断器、整定低压断路器和继电保护装置，计算电压波动及检验电动机自起动条件等。

2.5.1 单台用电设备尖峰电流的计算

单台用电设备的尖峰电流就是其起动电流，因此

$$I_{pk} = K_{st} I_N \tag{2-36}$$

式中，I_N 为用电设备的额定电流；K_{st} 为用电设备的起动电流倍数（可查样本或铭牌，笼型电动机一般为 5～7，绕线型电动机一般为 2～3，直流电动机一般为 1.7，电焊变压器一般为 3 或稍大）。

2.5.2 多台用电设备尖峰电流的计算

多台用电设备的线路上，其尖峰电流应按下式计算：

$$I_{pk} = K_{\Sigma} \sum_{i=1}^{n-1} I_{Ni} + I_{st\max} \tag{2-37}$$

或者

$$I_{pk} = I_C + (I_{st} - I_N)_{\max} \tag{2-38}$$

式（2-37）中，$\sum_{i=1}^{n-1} I_{Ni}$ 是将起动电流与额定电流之差为最大的那台设备除外的其他（n–1）台设备的额定电流之和；$I_{st\max}$ 为用电设备组中起动电流与额定电流之差为最大的那台设备的起动电流；K_{Σ}为上述（n–1）台设备的同时系数，其值按台数多少选取，一般为 0.7～1。式（2-38）中，$(I_{st}-I_N)_{\max}$ 为用电设备组中起动电流与额定电流之差为最大的那台设备的起动电流与额定电流之差；I_C 为全部设备投入运行时线路的计算电流。

【例 2-6】 有一条 380V 的配电干线，给 3 台电动机供电，已知 I_{N1} =5A，I_{N2} =4A，I_{N3} =10A，I_{st1} =35A，I_{st2} =16A，K_{st3} =3，求该配电线路的尖峰电流。

解： 各台电动机的起动电流与额定电流之差为

$$I_{st1}-I_{N1}=35-5=30\text{（A）}$$

$$I_{st2}-I_{N2}=16-4=12\text{（A）}$$

$$I_{st3}-I_{N3}=K_{st3}\cdot I_{N3}-I_{N3}=3\times10-10=20\text{（A）}$$

可见，$(I_{st}-I_N)_{max}$=30A，因此选择 $I_{st\,max}$=35A，取 K_Σ=0.9，该线路的尖峰电流为

$$\begin{aligned}I_{pk}&=K_\Sigma(I_{N2}+I_{N3})+I_{st\,max}\\&=0.9\times(4+10)+35\\&=47.6(A)\end{aligned}$$

检　测　题

一、填空题

1. 起重机械在计算额定容量时，暂载率应统一换算到 ε=________时的额定功率。

2. 在进行工程设计和施工设计时，对负荷进行比较准确的计算方法有________法、________法和________法。世界各国目前普遍采用的方法是________法。

3. 按对供电可靠性要求，负荷可分为________、________和________ 3 级；按工作制，负荷又可分为________、________和________ 3 类。

4. ________负荷曲线是按时间的先后顺序绘制的；________负荷曲线是按负荷的大小和累计时间绘制的。

5. 全年中负荷最大的工作班内 30min 平均功率的最大值称________负荷，________负荷是指电力负荷在一年内消耗的功率平均值。

6. 长期工作制的用电设备容量 P_e=________；短时工作制的用电设备容量 P_e=________；电焊机和电焊机组的设备容量 P_e=________；起重机的设备容量 P_e=________。

7. 变压器的电能损耗包括________损耗和________损耗，其中的________损耗称为不变损耗，而________损耗因与负荷有关，称为可变损耗。

8. 需要系数法普遍应用于________的负荷计算；二项式法仅适用于________的负荷计算；利用系数法计算过程较为烦琐，适合于________进行负荷计算。

9. 企业补偿功率因数广泛采用________的人工补偿方法。

10. 由于电动机起动或电压波动等原因引起的、比计算电流大得多的电流称为________电流，计算该电流的目的是选择________，整定________和计算电压波动及检验电动机自起动条件等。

二、判断正误题

1. 年最大负荷利用小时越小，表示负荷运行得越平稳。（　　）

2. 国家标准规定：在企业最大负荷时的功率因数应不低于 0.9。（　　）

3. 单相设备容量换算为等效的三相设备容量时，单相设备容量乘以 3 即可。（　　）

4. 设备的总容量就是计算负荷。（　　）

5. 对负荷进行计算的方法只有需要系数法、利用系数法和二项式法。（　　）

6. 尖峰电流是指单台或多台用电设备持续 3～5s 的短时最大负荷电流。（　　）

三、单项选择题

1. 如果中断供电将在政治、经济上造成较大损失的是（　　）。

A. 一级负荷　　B. 二级负荷　　C. 三级负荷　　D. 四级负荷

2. 某厂的年最大负荷为 1 752kW，年最大负荷利用小时为 4 000h，则年平均负荷为（　　）。

A. 800kW　　B. 19 200kW　　C. 1 752kW　　D. 1 010.87kW

3. 某工厂全年用电量为：有功电能为 600 万千瓦·时，无功电能为 748 万千瓦·时，则该厂的平均功率因数约为（　　）。

A. 0.782　　B. 0.625　　C. 0.564　　D. 0.448

4. 变压器的功率损耗可分为（　　）两部分。

A. 有功损耗和无功损耗　　B. 电阻损耗和电抗损耗

C. 铁损耗和铜损耗　　D. 以上都不对

5. 设备持续率表征了（　　）设备的工作特性。

A. 长期工作制　　B. 短时工作制　　C. 反复短时工作制　　D. 连续工作制

6. 尖峰电流是指持续时间为（　　）的短时最大负荷电流。

A. 10～15s　　B. 5～10s　　C. 2～5s　　D. 1～2s

四、简答题

1. 电力负荷按工作制的不同可分为几类？各类负荷的暂载率如何？

2. 何谓年最大负荷利用小时？年最大负荷和平均负荷有什么不同？

3. 试述需要系数的意义。

4. 电力变压器的电能损耗包括哪些？其中哪个与负荷无关？哪个与负荷有关？

5. 平均功率因数和最大负荷时功率因数有何不同？

6. 何谓尖峰电流？尖峰电流的计算在工程中起什么作用？

五、分析计算题

1. 有一个大批量生产的机械加工车间，拥有 380V 金属切削机床 50 台，总容量为 650kW，试确定此车间的计算负荷。

2. 某车间设有小批量生产冷加工机床电动机 40 台，总容量 152kW，其中较大容量的电动机有 10kW 的 1 台，7kW 的 2 台，4.5kW 的 5 台，2.8kW 的 10 台；卫生用通风机 6 台（共 6kW）。试用需要系数法求车间的计算负荷。

3. 有一条 380V 的三相输电线路，供电给表 2-6 所示的 4 台电动机，试计算这条输电线路的尖峰电流。

表 2-6　　电动机参数表

参数	电动机			
	M1	M2	M3	M4
额定电流 I_N（A）	5.8	5	35.8	27.6
起动电流 I_{st}（A）	40.6	35	197	193.2

4. 某企业 10kV 母线上的有功计算负荷为 2 400kW，平均功率因数为 0.67，如果要使平均功率因数提高到 0.9，在 10kV 母线上固定补偿，则若采用 BWM10.5-40-1 型电容器，需装设多少个？（设 K_{aL}=0.75）

第 3 章 短路电流计算

知识目标

通过本章教学，希望学习者能够了解短路故障的原因、短路故障的种类及短路故障的危害；理解无限大功率电力系统（或电源）的概念；了解短路电流计算的方法，掌握短路电流计算中的标幺制；熟悉短路电流效应对设备造成的危害。

能力目标

具有对三相短路电流、两相短路电流及单相短路电流计算的基本技能。

素养目标

通过本章教学，培养学生“安全生产、责任重于泰山”的职业素养，弘扬“劳动光荣、技能宝贵、创造伟大”的时代风尚，明确“技术是开启电力能源新世界大门的钥匙”，不断塑造学生正确的世界观、人生观和价值观。

电力系统在运行中相与相之间、相与地之间或相与中性线之间发生非正常短路连接时流过的电流称为短路电流。计算短路电流是为了修正由于故障或连接错误而在电路中造成短路时所产生的过电流。

在中性点非直接接地的电力网络中，短路故障主要是各种相间短路。发生短路时，由于电源供电回路阻抗的减小以及突然短路时的暂态过程，使短路回路中的电流大大增加，其可能超过回路的额定电流许多倍。例如，在发电机端发生短路时，流过发电机的短路电流最大瞬时值可达发电机额定电流的 10～15 倍；在大容量的电力系统中，短路电流可高达数万安培。

短路电流往往会有电弧产生，它不仅能烧坏故障元件本身，也可能烧坏周围设备和伤害周围人员。巨大的短路电流通过导体时，一方面会使导体严重发热，造成导体由于过热绝缘损坏甚至熔化；另一方面，巨大的短路电流还将产生很大的电动力作用于导体，使导体变形或损坏。短路发生时，系统电压大幅度降低，特别是靠近短路点处的电压降低很多，从而导致部分用户或全部用户的供电遭到破坏；网络电压的降低，则使供电设备的正常工作受到干扰，可能导致工厂的产品报废或设备损坏等。短路故障严重时，甚至会破坏各发电厂并联运行的稳定性，使整个系统解列。

3.1 短路概述

3.1.1 短路故障的原因

短路故障是指运行中的电力系统或工厂供配电系统的相与相或者相与地之间发生的金属性非正常连接。短路产生的原因主要是系统中带电部分的电气绝缘出现破坏，其直接原因一般是过电压、雷击、绝缘材料的老化以及运行人员的误操作和施工机械的破坏，或鸟害、鼠害。

短路概述

以运行人员带负荷分断隔离开关为例，由于隔离开关起隔离和分断小电流的作用，无灭弧装置或只有简单的灭弧装置，因此它不能分断大电流。如果运行人员带大电流分断隔离开关，就会使强大的电流在隔离开关的断口形成电弧，由于隔离开关无法熄灭电弧，因此很容易形成“飞弧”，造成隔离开关的相与相或者相与地之间出现短路，导致人身和设备的安全事故。

3.1.2 短路故障的种类

在电力系统中，短路故障对电力系统的危害最大，按照短路情况的不同，短路类型可分为 4 种，各种短路的符号、性质和特点如表 3-1 所示。

表 3-1　　短路种类、表示符号、性质及特点

短路名称	表示符号	示意图	短路性质	特点
单相接地短路	$K^{(1)}$	A B C	不对称短路	短路电流仅在故障相中流过，故障相电压下降，非故障相电压会升高
两相短路	$K^{(2)}$	A B C N	不对称短路	短路回路中流过很大的短路电流，电压和电流的对称性被破坏
两相接地短路	$K^{(1.1)}$	A B C	不对称短路	短路回路中流过很大的短路电流，故障相电压为零
三相短路	$K^{(3)}$	A B C	对称短路	三相电路中都流过很大的短路电流，短路时电压和电流保持对称，短路点电压为零

三相交流系统的短路种类主要有表 3-1 所示的单相接地短路、两相短路、两相接地短路和三相短路 4 种。其中，单相接地短路是指供配电系统中任一相经大地与中性点或与中线发生的短路，用 $K^{(1)}$表示；两相短路是指三相供配电系统中任意两相导体间的短路，用 $K^{(2)}$表示；三相短路是指供配电系统三相导体间的短路，用 $K^{(3)}$表示；两相接地短路是指中性点不接地

系统中任意两相发生单相接地而产生的短路，用 $K^{(1.1)}$表示。

当线路设备发生三相短路时，由于短路的三相阻抗相等，因此，三相电流和电压仍是对称的，所以三相短路又称为对称短路。其他类型的短路不仅相电流、相电压大小不同，而且各相之间的相位角也不相等，这些类型的短路统称为不对称短路。

电力系统中，发生单相短路的可能性最大，而发生三相短路的可能性最小，但通常三相短路电流最大，造成的危害也最严重。因此常以三相短路时的短路电流热效应和电动力效应来校验电气设备。

3.1.3 短路故障的危害

电力系统发生短路时，由于短路回路的阻抗很小，因此产生的短路电流比正常电流大数十倍，短路电流可能高达数万安培甚至数十万安培。同时系统电压降低，离短路点越近，电压降低越大，三相短路时，短路点的电压可能降到零。

短路故障造成的严重危害如下。

（1）短路产生很大的热量，导体温度升高，将绝缘损坏。

（2）短路产生巨大的电动力，使电气设备受到机械损坏。

（3）短路使系统电压严重降低，电气设备正常工作遭到破坏。例如，异步电动机的转矩与外加电压的平方成正比，当电压降低时，其转矩降低使转速减慢，造成电动机过热甚至被烧坏。

（4）短路造成停电，给国民经济带来损失，给人民生活带来不便。

（5）严重的短路将影响电力系统运行的稳定性，使并联运行的同步发电机失去同步，严重的可能造成系统瓦解，甚至崩溃。

（6）单相短路产生的不平衡磁场，对附近的通信线路和弱电设备产生严重的电磁干扰，影响其正常工作。

由此可见，短路产生的后果极为严重，在供配电系统的设计和运行中应采取有效措施，设法消除可能引起短路的一切因素，使系统安全可靠地运行。同时，为了减轻短路的严重后果和防止故障扩大，还需要计算短路电流，以便正确地选择和校验各种电气设备，计算和整定保护短路的继电保护装置，以及选择限制短路电流的电气设备等。

工程案例

2019 年 6 月 11 日 6 时 4 分许，云南大理市大理镇银苍社区叶榆路北端十七幢 4 号房屋发生火灾，造成 6 人死亡，烧损房屋装修、家具家电、车辆及设备等物品，直接经济损失达 349244.66 元。经查证，造成火灾事故的原因是大理市建华旅游信息咨询服务部内南墙中柱处货架底部旁的锂电池在充电过程中发生短路，引燃周围可燃物起火，蔓延成灾并产生大量有毒有害烟气致人死亡。

3.2 无限大功率电源供电系统三相短路电流的计算

3.2.1 无限大功率电源的概念

三相短路是电力系统最严重的短路故障，三相短路的分析计算又是其他短路分析计算的基础。短路时电力系统中发生的电磁暂态变化过程很复杂，为了在研究电力系统暂态过程时简化分析和计算，常常把实际供电电源假设成理想恒压源。假想的理想恒压源具有以下特点：内部阻抗为零，功率无限大，当外部有扰动发生时，电源不受其影响仍能保持端电压和频率恒定。具有上述特点的恒压源又称为“无限大功率电源”。可以想象，当电源内阻抗为零、功率为无限大时，外电路发生短路时引起的功率变化量与电源的容量相比均可忽略不计，使系统中的有功功率和无功功率总保持平衡，因而电源的电压和频率始终不变。

无限大功率电源的概念

显然，无限大功率电源在工程实际当中是不存在的。但当许多个有限容量的发电机并联运行，或电源距短路点的电气距离很远时，可将其等值电源近似看作无限大功率电源。实际电源能否看作无限大功率电源，取决于等值电源的内阻抗与短路回路总阻抗的相对大小，或通过电源与短路点间电抗的标幺值（标幺值是相对单位制的一种，是电力系统分析和工程计算中常用的数值标记方法，表示各物理量及参数的相对值）来判断。若等值电源的内阻抗小于短路回路总阻抗的10%，或电抗在以电源额定容量作基准容量时的标幺值大于3，则均可把该电源视为无限大功率电源。

引入无限大功率电源的概念后，在分析电力系统三相短路的暂态过程时，就可以忽略电源内部的暂态过程，使分析和计算简单化，从而推导出工程上适用的短路电流计算公式。实际上，用无限大功率电源代替实际的等值电源计算出的短路电流偏于安全。

3.2.2 短路计算的方法

短路计算的方法

短路计算的方法有 3 种：欧姆法（又称有名值法）、标幺制法（又称相对单位制法）和短路容量法。

当供配电系统中某处发生短路时，其中一部分阻抗被短接，网络阻抗发生变化，所以在进行短路电流计算时，应先对各电气设备的参数进行计算。如果计算中各种电气设备的电阻和电抗及其他电气参数用有名值（欧姆）表示，称为欧姆法；如果计算中各种电气设备的电阻和电抗及其他电气参数用相对值表示，称为标幺制法；如果各种电气设备的电阻和电抗及其他电气参数用短路容量表示，则称为短路容量法。

在低压系统中，短路电流计算通常用欧姆法；而在高压系统中，通常采用标幺制法或短路容量法计算。这是由于高压系统中存在多级变压器耦合，如果用有名值法，当短路点不同时，同一元件所表现的阻抗值就不同，则必须将不同电压等级中各元件的阻抗值按变压器的变比归算到同一电压等级，使短路计算的工作量增加。

3.2.3 标幺制

标幺制

用相对值表示元件的物理量，称为标幺制。

任一物理量的有名值与基准值的比值称为标幺值，标幺值无单位，即

$$标幺值=\frac{物理量的有名值（MV\cdot A，kV，kA，\Omega）}{物理量的基准值（MV\cdot A，kV，kA，\Omega）} \tag{3-1}$$

标幺制中，容量、电压、电流、阻抗的标幺值分别为

$$S^*=\frac{S}{S_d}，\ U^*=\frac{U}{U_d}，\ I^*=\frac{I}{I_d}，\ Z^*=\frac{Z}{Z_d} \tag{3-2}$$

基准容量 S_d、基准电压 U_d、基准电流 I_d 和基准阻抗 Z_d 均应遵守功率方程 $S_d=\sqrt{3}U_d I_d$ 和

电压方程$U_d=\sqrt{3}I_dZ_d$。因此，4 个基准值中只有两个是独立的，通常选基准容量和基准电压，基准电流和基准阻抗可用式（3-3）求得：

$$I_d=\frac{S_d}{\sqrt{3}U_d}，\quad Z_d=\frac{U_d^{\ 2}}{S_d} \tag{3-3}$$

短路电流计算采用的标幺制法属于近似计算法。

一般来讲，标幺制中的基准值可任意选取，但为了计算方便，通常取 100MV·A 为基准容量，即 S_d=100MV·A，取各级平均额定电压 U_{av} 为基准电压，常用系统的额定电压和基准值如表 3-2 所示。

表 3-2　常用系统的额定电压和基准值（S_d=100MV·A）

额定电压（kV）	0.38	6	10	35	110	220	500
基准电压（kV）	0.4	6.3	10.5	37	115	230	525
基准电流（kA）	144.30	9.16	5.50	1.56	0.50	0.25	0.11

基准容量从一个电压等级换算到另一个电压等级时，其数值不变；而基准电压从一个电压等级换算到另一个电压等级时，其数值就是另一个电压等级的基准电压。下面以多级电压的供电系统为例加以说明。

多级电压供电系统示意图如图 3.1 所示。

图 3.1　多级电压供电系统示意图

假设短路发生在 4WL，选基准容量为 S_d，各级基准电压分别为 $U_{d1}=U_{av1}$，$U_{d2}=U_{av2}$，$U_{d3}=U_{av3}$，$U_{d4}=U_{av4}$，则线路 1WL 的电抗 X_{1WL} 归算到短路点所在电压等级的电抗 X'_{1WL} 为

$$X'_{1WL}=X_{1WL}\left(\frac{U_{av2}}{U_{av1}}\right)^2\left(\frac{U_{av3}}{U_{av2}}\right)^2\left(\frac{U_{av4}}{U_{av3}}\right)^2$$

1WL 的电抗标幺值为

$$X^*_{1WL}=\frac{X'_{1WL}}{Z_d}=X'_{1WL}\frac{S_d}{U_{d4}^{\ 2}}=X_{1WL}\left(\frac{U_{av2}}{U_{av1}}\right)^2\left(\frac{U_{av3}}{U_{av2}}\right)^2\left(\frac{U_{av4}}{U_{av3}}\right)^2\frac{S_d}{U_{av4}^{\ 2}}=X_{1WL}\frac{S_d}{U_{av1}^{\ 2}}$$

即

$$X^*_{1WL}=X_{1WL}\frac{S_d}{U_{d1}^{\ 2}}$$

以上分析表明，用基准容量和元件所在电压等级的基准电压计算的电抗标幺值，和将元件的电抗换算到短路点所在的电压等级，再用基准容量和短路点所在电压等级的基准电压计算的电抗标幺值相同，即变压器的变比标幺值等于 1，从而避免了多级电压系统中电抗的换算。

短路回路元件的阻抗标幺值

可见，短路回路总电抗的标幺值可直接由各元件的电抗标幺值相加而得，因而采用标幺制法计算短路电流具有计算简单、结果清晰的优点。

3.2.4　短路回路元件的阻抗标幺值

下面分别讲述供电系统中各主要元件的电抗标幺值计算（取 S_d= 100MV·A）。

1. 线路的电阻标幺值和电抗标幺值

线路给出的参数是长度 l（km）、单位长度的电阻 R_0 和电抗 X_0（Ω/km）。其电阻标幺值和电抗标幺值分别为

$$R_{\mathrm{WL}}^{*}=\frac{R_{\mathrm{WL}}}{Z_{\mathrm{d}}}=R_0 l\frac{S_{\mathrm{d}}}{U_{\mathrm{d}}^{2}} \tag{3-4}$$

$$X_{\mathrm{WL}}^{*}=\frac{X_{\mathrm{WL}}}{Z_{\mathrm{d}}}=X_0 l\frac{S_{\mathrm{d}}}{U_{\mathrm{d}}^{2}} \tag{3-5}$$

线路的电阻 R_0 和电抗 X_0 可采用表 3-3 所列的平均值。

表 3-3　电力线路单位长度的电抗平均值（S_d=100MV·A）

线路名称	X_0（Ω/km）
35～220kV 架空线路	0.4
3～10kV 架空线路	0.38
380V/220V 架空线路	0.36
35kV 电缆线路	0.12
3～10kV 电缆线路	0.08
1kV 以下电缆线路	0.06

2. 变压器的电抗标幺值

变压器给出的参数是额定容量 S_N（MV·A）和短路电压百分数 $U_K\%$，由于变压器绕组的电阻 R_T 较电抗 X_T 小得多，故在变压器绕组电阻上的压降可忽略不计，其电抗标幺值为

$$X_{\mathrm{T}}^{*}=\frac{U_{\mathrm{K}}\%}{100}\bullet\frac{S_{\mathrm{d}}}{S_{\mathrm{N}}} \tag{3-6}$$

3. 电抗器的电抗标幺值

电抗器给出的参数是电抗器的额定电压 $U_{N.L}$、额定电流 $I_{N.L}$ 和电抗百分数 $X_L\%$，其电抗标幺值为

$$X_{\mathrm{L}}^{*}=\frac{X_{\mathrm{L}}\%}{100}\bullet\frac{U_{\mathrm{N.L}}}{\sqrt{3}I_{\mathrm{N.L}}}\bullet\frac{S_{\mathrm{d}}}{U_{\mathrm{d}}^{2}} \tag{3-7}$$

4. 电力系统的电抗标幺值

电力系统的电抗相对很小，一般不予考虑，看作无限大功率电源系统。但如果供电部门提供电力系统的电抗参数，则可使短路电流计算更为精确。

（1）若已知电力系统电抗有名值 X_S，则系统电抗标幺值为

$$X_{\mathrm{S}}^{*}=X_{\mathrm{S}}\bullet\frac{S_{\mathrm{d}}}{U_{\mathrm{d}}^{2}} \tag{3-8}$$

（2）已知电力系统出口断路器的断流容量 S_{OC}，将系统变电站高压馈线出口断路器的断流容量看作系统短路容量来估算系统电抗，即

$$X_{\mathrm{S}}^{*}=\frac{S_{\mathrm{d}}}{S_{\mathrm{OC}}} \tag{3-9}$$

（3）已知电力系统出口处的短路容量 S_K，系统的电抗标幺值为

$$X_{\mathrm{S}}^{*}=\frac{S_{\mathrm{d}}}{S_{\mathrm{K}}} \tag{3-10}$$

5. 短路回路的总阻抗标幺值

短路回路的总阻抗标幺值由短路回路总电阻标幺值和总电抗标幺值决定，即

$$Z_K^* = \sqrt{R_K^{*2} + X_K^{*2}} \tag{3-11}$$

当 $R_K^* < \frac{1}{3}X_K^*$ 时，可忽略电阻，$Z_K^* \approx X_K^*$。通常高压系统的短路计算中，由于总电抗远大于总电阻，故只计电抗而忽略电阻；在计算低压系统短路时需计电阻。

3.2.5　三相短路电流的计算

三相短路电流的计算

无限大功率电源供电系统发生三相短路时，短路电流的周期分量幅值和有效值保持不变，短路电流的有关物理量均与短路电流周期分量有关。因此，只要算出短路电流周期分量的有效值，其他各短路相关量则较易求得。

1．三相短路电流周期分量有效值

无限大功率电源供电系统发生三相短路时，短路电流的周期分量有效值保持不变，在短路电流计算中，通常用 I_K 表示周期分量有效值，简称短路电流，即

$$I_K = \frac{U_{av}}{\sqrt{3}Z_K} = \frac{S_d}{\sqrt{3}U_d} \cdot \frac{1}{Z_K^*} \tag{3-12}$$

由于 $I_d = S_d / \sqrt{3}U_d$，$I_K = S_d / I_K^* I_d$，因此式（3-12）可改写为

$$I_K = \frac{I_d}{Z_K^*} = I_d I_K^* \tag{3-13}$$

2．次暂态短路电流

次暂态短路电流是短路电流周期分量在短路后第一个周期的有效值，用 I'' 表示。在无限大功率电源系统中，短路电流周期分量不衰减，即 $I''=I_K$。

3．冲击短路电流

冲击短路电流和冲击短路电流有效值分别为

$$i_{sh} = \sqrt{2}K_{sh}I_K \tag{3-14}$$

$$I_{sh} = \sqrt{1+2(K_{sh}-1)^2}I_K \tag{3-15}$$

高压系统中，一般取

$$i_{sh} = 2.55I_K，\quad I_{sh} = 1.51I_K \tag{3-16}$$

低压系统中，一般取

$$i_{sh} = 1.84I_K，\quad I_{sh} = 1.09I_K \tag{3-17}$$

4．稳态短路电流有效值

稳态短路电流有效值是指短路电流非周期分量衰减完后的短路电流有效值，用 I_∞ 表示。在无限大功率电源系统中，$I_\infty=I_K$。

5．三相短路容量

三相短路容量的计算式为

$$S_K = \sqrt{3}U_{av}I_K = \sqrt{3}U_d\frac{I_d}{Z_K^*} = S_d I_K^* = S_d S_K^* = \frac{S_d}{Z_K^*} \tag{3-18}$$

在短路电流具体计算时，首先应根据短路计算要求画出短路电流计算系统图，该系统图应包括所有与短路计算有关的元件，并标出各元件的参数和短路点。

其次，画出计算短路电流的等效电路图，每个元件用一个阻抗表示，电源用一个小圆圈表示，并标出短路点，同时标出元件的序号和阻抗值，一般分子标序号，分母标阻抗值。

然后，选取基准容量和基准电压，计算各元件的阻抗标幺值，再将等效电路化简，求出短路回路总阻抗的标幺值。化简时电路的各种化简方法都可以使用，如串联、并联、星形-三角形变换等。

最后，按照公式，由短路回路总阻抗标幺值计算短路电流标幺值，再计算短路电流、冲击电流和三相短路容量等。

【例 3-1】 某工厂供电系统短路电流计算如图 3.2 所示，其总降压变电站 10kV 母线上的 K_1 点和车间变电站 380V 母线上的 K_2 点发生三相短路，试求短路电流和短路容量。

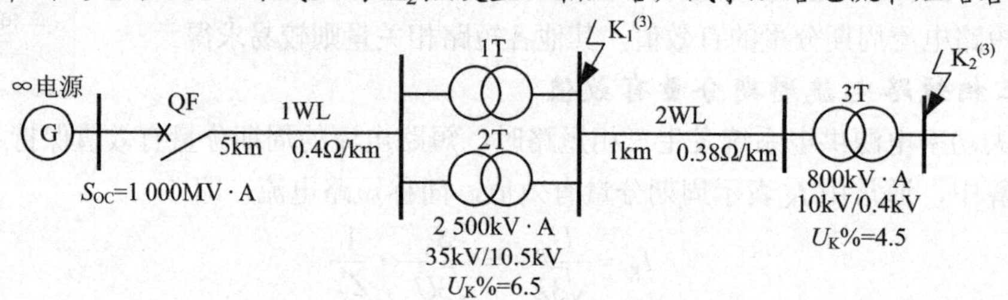

图 3.2　例 3-1 的工厂供电系统短路电流计算

解：（1）确定基准值。

S_d = 100MV·A，U_{d1} = 37kV，U_{d2} = 10.5kV，U_{d3} = 0.4kV，相应基准电流为

$$I_{d1}=\frac{S_d}{\sqrt{3}U_{d1}}=\frac{100}{1.732\times 37}\approx 1.56\ \text{（kA）}$$

$$I_{d2}=\frac{S_d}{\sqrt{3}U_{d2}}=\frac{100}{1.732\times 10.5}\approx 5.5\ \text{（kA）}$$

$$I_{d3}=\frac{S_d}{\sqrt{3}U_{d3}}=\frac{100}{1.732\times 0.4}\approx 144.3\ \text{（kA）}$$

（2）计算短路回路各元件电抗标幺值。

① 系统电抗标幺值

$$X_1^*=\frac{S_d}{S_{OC}}=\frac{100}{1\ 000}=0.1$$

② 线路 1WL 的电抗标幺值

$$X_2^*=X_2 l_1\frac{S_d}{U_{d1}^2}=0.4\times 5\times\frac{100}{37^2}\approx 0.146$$

③ 变压器 1T、2T、3T 的电抗标幺值

$$X_3^*=X_4^*=\frac{U_K\%}{100}\cdot\frac{S_d}{S_N}=\frac{6.5}{100}\cdot\frac{100}{2.5}=2.6$$

$$X_6^*=\frac{U_K\%}{100}\cdot\frac{S_d}{S_N}=\frac{4.5}{100}\cdot\frac{100}{0.8}=5.625$$

④ 线路 2WL 的电抗标幺值

$$X_5^*=X_5 l_2\frac{S_d}{U_{d2}^2}=0.38\times 1\times\frac{100}{10.5^2}\approx 0.345$$

（3）根据求得的各元件电抗标幺值，绘出短路电流计算等效电路图，如图 3.3 所示。

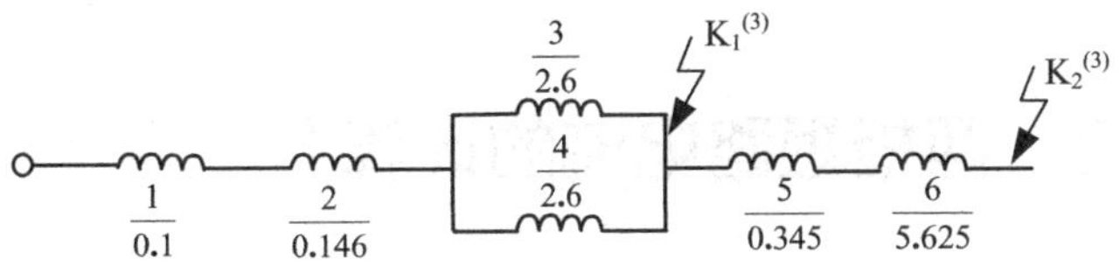

图 3.3　例 3-1 短路电流计算的等效电路图

（4）计算 K_1 点的短路总电抗标幺值及三相短路电流和短路容量。

① 总电抗标幺值

$$X_{K1}^* = X_1^* + X_2^* + \frac{X_3^*}{2} = 0.1 + 0.146 + \frac{2.6}{2} = 1.546$$

② 三相短路电流周期分量有效值

$$I_{K1} = \frac{I_{d2}}{X_{K1}^*} = \frac{5.50}{1.546} \approx 3.56 \text{（kA）}$$

③其他三相短路电流

$$I''_{K1} = I_{K1} = 3.56\text{kA}$$

$$i_{sh.K1} = 2.55 I_{K1} = 2.55 \times 3.56 = 9.078 \text{（kA）}$$

$$I_{sh.K1} = 1.51 I_{K1} = 1.51 \times 3.56 \approx 5.38 \text{（kA）}$$

④ 三相短路容量

$$S_{K1} = \frac{S_d}{X_{K1}^*} = \frac{100}{1.546} \approx 64.7 \text{（MV·A）}$$

（5）求 K_2 点的短路总电抗标幺值及三相短路电流和短路容量。

① 总电抗标幺值

$$X_{K2}^* = X_{K1}^* + X_5^* + X_6^* = 1.546 + 0.345 + 5.625 = 7.516$$

② 三相短路电流周期分量有效值

$$I_{K2} = \frac{I_{d3}}{X_{K2}^*} = \frac{144.3}{7.516} \approx 19.2 \text{（kA）}$$

③ 其他三相短路电流

$$I''_{K2} = I_{K2} = 19.2\text{kA}$$

$$i_{sh.K2} = 1.84 I_{K2} = 1.84 \times 19.2 \approx 35.33 \text{（kA）}$$

$$I_{sh.K2} = 1.09 I_{K2} = 1.09 \times 19.2 \approx 20.93 \text{（kA）}$$

④ 三相短路容量

$$S_{K2} = \frac{S_d}{X_{K2}^*} = \frac{100}{7.516} \approx 13.3 \text{（MV·A）}$$

在工程设计说明书中，往往只列短路计算表，如表 3-4 所示。

表 3-4　　例 3-1 的短路计算表

短路计算点	三相短路电流（kA）					三相短路容量（MV·A）
	I_K	I''_K	I_∞	i_{sh}	I_{sh}	S_K
K_1	3.56	3.56	3.56	9.078	5.38	64.7
K_2	19.2	19.2	19.2	35.33	20.93	13.3

3.3 两相短路电流的计算

在图 3.4 所示的无限大容量系统发生两相短路时，其短路电流可由式（3-19）求得：

$$I_K^{(2)} = \frac{U_{av}}{2Z_K} = \frac{U_d}{2Z_K} \tag{3-19}$$

式中，U_d 为短路点的平均额定电压；Z_K 为短路回路一相总阻抗。

其他两相短路电流 $I''^{(2)}$、$I_\infty^{(2)}$、$i_{sh}^{(2)}$ 和 $I_{sh}^{(2)}$ 等，都可以按前面介绍的三相短路的对应短路电流的公式进行计算。

两相短路电流与三相短路电流的关系，可由 $I_K^{(2)} = \frac{\sqrt{3}}{2} I_K^{(3)}$ 得出，两相短路电流较三相短路电流小。

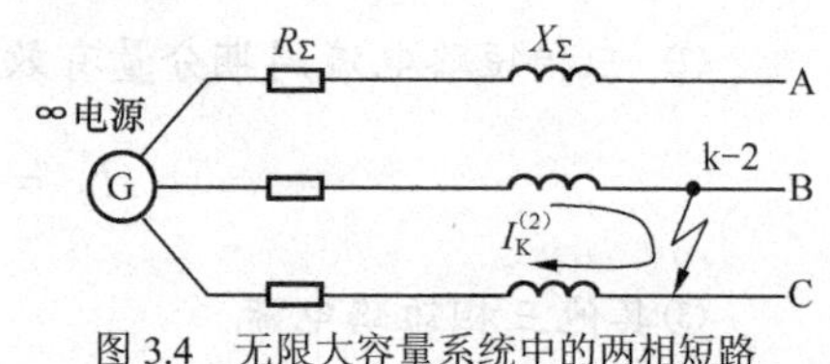

图 3.4 无限大容量系统中的两相短路

3.4 单相短路电流的计算

在中性点接地电流系统中或三相四线制系统中发生单相短路时，根据对称分量法可求得其单相短路电流为

$$I_K^{(1)} = \frac{U_{av}}{\sqrt{3}Z_{\varphi\text{-}0}} = \frac{U_d}{\sqrt{3}Z_{\varphi\text{-}0}} \tag{3-20}$$

式中，U_{av} 为短路点所在电压等级的平均额定电压；U_d 为短路点所在电压等级的基准电压；$Z_{\varphi\text{-}0}$ 为单相短路回路相线与大地或中线的阻抗，通常可按式（3-21）求得：

$$Z_{\varphi\text{-}0} = \sqrt{(R_\varphi + R_0)^2 + (X_\varphi + X_0)^2} \tag{3-21}$$

式中，R_φ 和 X_φ 分别为单相短路回路的相电阻和相电抗；R_0 和 X_0 分别为变压器中性点与大地或中线回路的电阻和电抗。

在远离发电机的用户变电站低压侧发生单相短路时，正序阻抗 $Z_{1\Sigma}$ 约等于负序阻抗 $Z_{2\Sigma}$，因此可得单相短路电流：

$$I_K^{(1)} = \frac{3U_\varphi}{2Z_{1\Sigma} + Z_{0\Sigma}} \tag{3-22}$$

式中，U_φ 为电源相电压有效值；$Z_{0\Sigma}$ 为零序阻抗。

而三相短路时，三相短路电流为

$$I_K^{(3)} = \frac{U_\varphi}{Z_{1\Sigma}} \tag{3-23}$$

比较式（3-22）和式（3-23）可得：在无限大容量系统中或远离发电机处短路时，两相短路电流和单相短路电流均较三相短路电流小，因此用于选择电气设备和导体的短路稳定度校验的短路电流应采用三相短路电流；两相短路电流主要用于相间短路保护的灵敏度检验；单相短路电流主要用于单相短路保护的整定及单相短路热稳定度校验。

3.5 短路电流的效应

供配电系统出现短路故障后，短路电流非常大。强大的短路电流通过导体或电气设备，会产生很大的电动力和很高的温度，称为短路电流的电动力效应和热效应。

为了正确选择电气设备，保证在短路故障发生时电气设备能承受这两种效应的作用，满足动、热稳定要求，必须用短路电流的电动力效应及热效应对电气设备进行校验。

3.5.1 短路电流的电动力效应

导体通过电流时相互间电磁产生的力称为电动力。正常工作时由于电流不太大，电动力很小，但当短路故障发生时，在短路后半个周期（0.01s）会出现最大短路电流即短路冲击电流，特别是短路冲击电流流过瞬间，导体上的电动力将达到几千至几万牛顿，可能造成电气设备的机械损伤。

三相导体在同一平面平行布置时，中间相受到的电动力最大，最大电动力 F_m 正比于冲击电流的平方。

对供配电系统中的硬导体和电气设备都要求校验其在短路电流下的动稳定性。

1．对一般电器

对一般电器，要求电器的极限通过电流（动稳定电流）的峰值 i_{max} 大于或等于最大短路电流峰值 i_{sh}，即

$$i_{max} \geqslant i_{sh} \tag{3-24}$$

2．对绝缘子

对绝缘子，要求绝缘子的最大抗弯允许载荷 F_{al} 大于或等于最大计算载荷 F_C，即

$$F_{al} \geqslant F_C \tag{3-25}$$

3.5.2 短路电流的热效应

供配电系统正常运行时，额定电流在导体中发热产生的热量一方面被导体吸收，并使导体温度升高，另一方面通过各种方式传入周围介质中。当产生的热量等于向介质散失的热量时，导体达到热平衡状态，其温度维持不变。

供配电系统中出现短路故障时，由于短路电流很大，发热量很大，时间又极短，因此热量来不及散入周围介质中去，可认为全部热量都用来升高导体的温度，即短路发热是一个绝热过程。

导体达到的最高温度 T_m 与导体短路前的温度 T、短路电流的大小以及通过短路电流的时间有关，常用导体和电缆的最高允许温度如表 3-5 所示。

表 3-5 常用导体和电缆的最高允许温度

导体的材料和种类		最高允许温度（℃）正常时	最高允许温度（℃）短路时
硬导体	铜	70	300
	铜（镀锡）	85	200
	铝	70	200
	钢	70	300
油浸纸绝缘电缆：铜芯 10kV		60	250
铝芯 10kV		60	200
交联聚乙烯绝缘电缆：铜芯		80	230
铝芯		80	200

计算出导体最高温度 T_m 后，将 T_m 与表 3-5 所规定的导体最高允许温度进行比较，若不超过规定值，则认为满足热稳定要求。

对成套电气设备，因导体材料及截面均已确定，故达到极限温度所需的热量只与电流及通过的时间有关。因此，设备的热稳定校验可按式（3-26）进行：

$$I_t^2 t \geqslant I_\infty^2 t_{ima} \tag{3-26}$$

式中，$I_t^2 t$ 表示产品样本提供的产品热稳定参数；I_∞ 是短路稳态电流；t_{ima} 是短路电流作用假想时间。

对导体和电缆，通常用式（3-27）计算导体的热稳定最小截面：

$$S_{min} = I_\infty \sqrt{\frac{t_{ima}}{C}} \tag{3-27}$$

式中，C 是导体的热稳定系数。如果导体和电缆的选择截面大于或等于 S_{min}，即热稳定合格。

检 测 题

一、填空题

1. 当无限大功率电源供电系统发生三相短路时，短路电流的周期分量 I_K 的________值和________值保持不变。因此，只要算出 I_K 的________值，短路其他各量则较易求得。

2. 高压系统发生三相短路时，短路冲击电流有效值 I_{sh}=________I_K；低压系统发生三相短路时，短路冲击电流有效值 I_{sh}=________I_K。

3. 短路计算的方法有________法、________法和________法 3 种。在低压系统中，短路电流计算通常用________法；在高压系统中，通常采用________法或________法。

4. 供配电系统的短路种类有________短路、________短路、________短路和________短路 4 种。

5. 标幺制中，物理量的________值和物理量的________值之比，称为标幺值，标幺值的单位是________。

6. 无限大功率电源系统短路计算时，通常取基准容量 S_d 的数值为________V·A，基准电压等于________电压。

7. 供配电系统发生三相短路时，从电源到短路点的系统电压________，严重时短路点的电压可降为________值。

8. 短路发生时，导体通过电流时相互间电磁作用产生的力称为________力，特别是________流过瞬间，产生的________力很大，可能造成________损伤。

9. 短路电流在很短时间内产生的很大热量全部用来使导体________升高，不向周围介质散热，说明短路发热过程是一个________过程。

10. 无限大功率电源是指________保持恒定、________和________的理想恒压源。

二、判断正误题

1. 两相短路发生时，必有短路电流流入接地极中。（　）
2. 三相短路发生时，短路点的电压可能降到零，从而造成严重危害。（　）
3. 无限大功率电源是一个端电压恒定、内部阻抗较大和功率无限大的电源。（　）
4. 无限大功率电源供电系统三相短路时，短路电流周期分量的幅值随之骤变。（　）

5. 标幺值是有名值和基准值的比值，单位是 Ω/km。（　　）

6. 三相短路和两相短路属于对称短路，单相短路和两相接地短路属于不对称短路。（　　）

三、单项选择题

1. 下列（　　）不是造成短路的原因。

A. 不同电位的导电部分之间的低阻性连接　B. 电气设备载流导体的绝缘损坏

C. 运行人员不遵守操作规程发生的误操作　D. 鸟兽跨接在裸露的相线之间

2. 下列说法不正确的是（　　）。

A. 短路时电压骤降　B. 短路时产生巨大的电动力

C. 短路会影响电力系统运行的稳定性　D. 三相短路将产生较强的不平衡交变磁场

3. 属于对称短路的是（　　）。

A. 单相接地短路　B. 两相短路　C. 三相短路　D. 两相接地短路

4. 无限大功率电源的特点是（　　）。

A. 功率为无限大　B. 端电压保持恒定

C. 内部阻抗为零　D. 以上都对

5. 工程设计中，基准容量 S_d 通常取（　　）。

A. 100kV·A　B. 100MV·A　C. 1 000kV·A　D. 1 000MV·A

6. 无限大容量系统中发生短路时，短路发热假想时间 t_{ima} 一般可近似等于（　　）。

A. 短路持续时间 t_K　B. t_K+0.05s

C. 保护动作时间　D. 保护动作时间加 0.05s

7. 短路计算的基准电压等于（　　）。

A. 额定电压　B. 平均额定电压　C. 冲击电压　D. 短路电压

8. 高压系统发生三相短路时，冲击电流有效值通常为三相短路电流有效值的（　　）。

A. 2.55　B. 1.84　C. 1.51　D. 1.09

四、简答题

1. 电力系统发生短路时，哪类短路的概率最大？哪类短路的概率最小？哪类短路电流最大，造成的危害最严重？

2. 什么情况下，供配电系统可将电源看作无限大功率电源供电系统？

3. 何谓标幺制？标幺制中，如何选取基准值？

4. 什么叫短路电流的电动力？什么是短路电流的热效应？

五、分析计算题

某工厂供电系统如图 3.5 所示。已知电力系统出口断路器为 SN10-10Ⅱ型。试用标幺制法计算图 3.5 所示供电系统中 K_1 点和低压 380V 母线上 K_2 点的三相短路电流和短路容量。

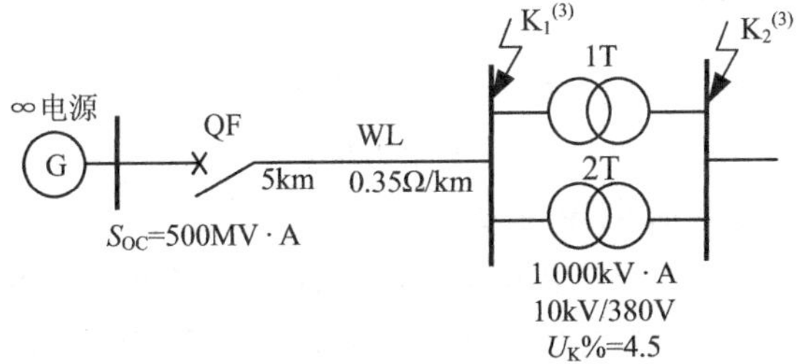

图 3.5　分析计算题供电系统图

第4章 变电站主要电气设备及选择

知识目标

通过对本章学习，希望学习者能够真正了解到各种高、低压一次设备的分类和用途；掌握电力变压器，各种高、低压开关设备，高、低压熔断器，电流互感器，电压互感器等的结构组成和功能及选择原则；了解成套变电站的布置要求。

能力目标

培养学生具有对变电站的高、低压设备进行正确选择的能力，具有对小型成套变电站合理布置的能力。

素养目标

培养学生良好的工程职业道德、较强的社会责任感和较好的人文科学素养，掌握扎实的工程基础知识和本专业的基本理论知识，引导和培养学生运用所学科学理论知识分析和解决工程实际问题的能力。

变电站是供配电系统的重要组成部分，工厂变电站是工厂供配电系统的枢纽。变电站位置的确定、主要电气设备的功能和选择，是供配电设计和运行人员必备的基础知识，也是变电站设计的重要环节。

本章将从供配电电压的选择开始，介绍变电站的作用及位置的确定原则，然后重点介绍工厂变电站常用的高、低压电气设备的功能和结构特点及其选择原则，最后介绍成套变电站的布置要求和基本结构。

4.1 电压的选择

4.1.1 供电电压的确定

供电电压是指供配电系统从电力系统获取的电源电压。一个变电站究竟采用哪一级供电电压，主要取决于以下3个方面的因素。

电压的选择

1. 电力部门所能提供的电源电压

例如某中小型企业，欲采用10kV供电电压，但附近只有35kV电源线路，若取远处10kV供电电压，就会增大投资，这时可考虑采用35kV供电电压。

2．企业负荷大小及距离电源线路远近

每级供电电压都有各自合理的供电容量和供电距离，当负荷较大时，相应的供电距离就会减小，如果企业距离供电电源较远，为了减少能量损耗，通常采用较高的供电电压。各级电压电力线路结构对应的合理输送功率和输送距离见表 4-1。

表 4-1　各级电压电力线路结构对应的合理输送功率和输送距离

线路电压（kV）	线路结构	输送功率（kW）	输送距离（km）
0.22	架空线	≤50	≤0.15
0.22	电缆线	≤100	≤0.2
0.38	架空线	≤100	≤0.25
0.38	电缆线	≤175	≤0.35
6	架空线	≤1 000	≤10
6	电缆线	≤3 000	≤8
10	架空线	≤2 000	5～20
10	电缆线	≤5 000	≤10
35	架空线	2 000～10 000	20～50
66	架空线	3 500～30 000	30～100
110	架空线	10 000～50 000	50～150
220	架空线	100 000～500 000	200～300

3．企业大型设备的额定电压决定了企业的供电电压

例如，某工厂大型设备的额定电压为 6kV，就必须采用 6kV 电源电压供电。如果供电电源进线电压是 35kV 或 10kV，就必须通过变压器将其降压至 6kV。

总之，选择供电电压时，必须进行技术、经济比较，才能确定应该采用的供电电压。

我国目前用户的供电电压有 220kV、110kV、35kV、10kV 和 6kV。一般特大型企业采用 220kV，大中型企业采用 35kV 和 110kV，中小型企业通常采用 10kV。

4.1.2　配电电压的确定

配电电压是指用户内部向用电设备配电的电压。由用户总降压变电站向高压用电设备配电的配电电压，称为高压配电电压；由用户车间变电站或建筑物变电站向低压用电设备配电的配电电压，称为低压配电电压。

1．高压配电电压

用户内部的高压配电电压通常为 10kV 或 6kV，大多情况下采用 10kV 的高压配电。

随着我国经济的飞速发展，很多经济发达地区用电负荷剧烈增长，10kV 配电系统容量小、负荷大的问题日趋凸显，因此，我国已将 20kV 电压等级列入标称电压，并在一些高新技术产业开发区采用。

如果用户环境条件允许，负荷均为低压小负荷且较集中，或用电点多而距离较远，则可采用 35kV 作为高压配电电压深入负荷中心的直配方式，经变压器降为 380V 供给负荷，这样既简化供配电系统，又节省资金和电能，满足提高电能质量的要求。

2．低压配电电压

我国规定低压配电电压等级为 380V/220V，但在石油、化工及矿山（井）场所可以采用 660V 的配电电压，这主要是考虑到在这些场所变电站距离负荷中心较远的因素。

4.2 变、配电站的配置

4.2.1 变、配电站的作用

工厂变、配电站是工厂供配电系统的核心，在工厂中占有特别重要的地位。工厂变、配电站按其作用可分为工厂变电站和工厂配电站。

变电站的容量相对较大，其主要作用是：从电力系统接受电能，经过变压器降压，然后按要求把电能分配到各车间供给各类用电设备。除此之外，变电站还具有电网输入电压监视、调节等功能。

配电站与变电站有一定的区别，其主要作用是：对电能进行接受、分配、控制与保护。配电站不能对电能进行变压。

因此，变电站和配电站的主要不同点是：变电站中配置有电力变压器，配电站中没有电力变压器。目前，绝大多数变、配电站都配有电力变压器，所以变、配电站统称变电站。

4.2.2 变电站的类型

按变电站在供配电系统中的地位和作用，可分为总降压变电站、10kV变电站、车间变电站、建筑物及高层建筑变电站、杆上变电站、箱式变电站等。

1. 总降压变电站

当企业负荷较大时，往往采用35kV或110kV电源进线，通过变压器降至10kV或6kV后，再向各车间变电站和高压用电设备配电，这种降压变电站称为总降压变电站。一般中、小型企业均采用10kV城市配电网供电，不设总降压变电站。

2. 10kV变电站

10kV变电站指设在中小型用户的10kV独立变电站，或者设在与车间变电站有一定距离的10（20）kV/0.4kV独立变电站。10kV变电站通常是户内式变电站。设置10kV变电站，主要是因为相邻几个车间负荷大，将变电站建到某一车间不适宜；由于车间内管道多或有腐蚀性气体等环境限制，需建立独立的10kV变电站。

3. 车间变电站

车间变电站按安装位置不同主要有车间外附设式变电站、车间内附设式变电站两类。

（1）车间内附设式变电站利用车间的两面墙作为其外壁，变压器室的门朝外开，由于设在车间内部，对车间外观没有影响。车间内附设式变电站处于负荷中心，可减少线路的电能损耗和有色金属消耗量，但需占用一定的车间面积，安全性也较差一些，适合于负荷较大的大型厂房，在大型冶金企业中比较多见。

（2）车间外附设式变电站通常设在车间外部，大多一面靠车间墙壁，不占用车间面积，便于变电站设备的布置，其通风散热好且安全性也比内附设式变电站高一些。车间外附设式变电站在周围环境条件正常时都可以采用，在中、小型企业中较为常见。

4. 建筑物及高层建筑变电站

民用建筑物及高层建筑物变电站中一律采用干式变压器，高压开关采用真空断路器或六氟化硫断路器，从防火安全角度考虑，不采用油断路器。这类变电站大多置于高层建筑的地下室或中间某层。

5. 杆上变电站

杆上变电站一般安装在室外电杆上，适用于 35kV 以下的变压器，常用于居民区或用电负荷小的单位。

6. 箱式变电站

箱式变电站属于成套变电站，利用技术性能优越的高、低压电器和少油或无油化的变压器，把高、低压设备和变压器间隔组合在一个箱体中。箱式变电站结构紧凑、占地少、美观、安装方便、安全可靠性高、运行维护工作量少，一般用于居民小区或城市供电。

4.2.3 变电站位置的选择

工厂变电站的位置选择应考虑以下原则。

（1）尽量接近负荷中心，以缩短低压配电线路距离，减少有色金属消耗量，降低配电系统的电压损耗、电能损耗，保证电压质量。

（2）接近电力系统。

（3）进线、出线方便。

（4）设备运输、安装方便。

（5）避开剧烈震动、高温场所，有腐蚀性气体的场所和有爆炸、火灾隐患的场所。

（6）尽量使高压配电站与车间变电站合建。

（7）为工厂的发展和负荷的增加留有扩建余地。

工程案例

小区变电站的安全距离应该是多少？在工程实际中，对 10～35kV 变电站而言，通常要求正面距居民住宅 12m 以上，侧面 8m 以上。35kV 以上变电站的建设，要求正面距居民住宅 15m 以上，侧面 12m 以上；箱式变电站距居民住宅 5m 以上。

220kV 变电站与小区之间的安全距离一般选择 100m，设置这么大的安全距离主要是因为当人们接触到电场强度达到 50～200kV/m 时，会出现头痛、头晕、疲乏、睡眠不佳，食欲不振，血液、心血管系统及中枢神经系统异常等情况。所以，电压达到 100kV 以上的超高压输电线路，按规定一般不许从居民区通过，架设高度还应距地面 6.5m 以上，才能避免居民免受其害。工程实际中还要视 220kV 变电站设备类型而定，对于敞开式设备，其占地面积大，为防止有易飘物落入设备上引起事故，一般距住宅楼体较远，对于气体绝缘变电站（GIS）户内设备，由于采用综合楼多层排布，住宅楼体会离变电站较近。

4.3 变电站常用电气设备及配置

4.3.1 电力变压器

电力变压器概述

1. 电力变压器概述

（1）定义。电力变压器是一种静止的电气设备，它利用电磁感应原理把某一数值的交流电压转换成频率相同的另一种或几种数值不同的交流电压。

目前，我国交流输电的骨干网架为500kV电压等级，以及在500kV电网基础上发展起来的1 000kV特高压等级。这样高的电压，无论从发电机的安全运行方面或是从制造成本方面考虑，都不允许由发电机直接生产，必须用升压变压器将电压升高后才能远距离输送。

从电能用户来讲，为了适应各种用电设备的电压要求，电能输送到用电区域后，必须通过各级变电站利用电力变压器将电压降低为各类电器所需要的电压值。因此，电力变压器在电力系统中占有极其重要的地位，无论在发电厂还是在变电站，都可以看到各种形式和不同容量的变压器。

（2）分类。按变压器的相数来分，电力变压器可分为单相变压器和三相变压器。在电力系统中广泛应用的是三相变压器。当容量过大且受运输条件限制时，三相电力系统中也可以用3台单相变压器连接成三相变压器组。

按绕组数目来分，电力变压器可分为双绕组变压器和三绕组变压器。在一相铁心上套一个一次绕组和一个二次绕组的变压器称为双绕组变压器。5 600kV·A大容量的变压器有时在一个铁心上绕3个绕组，用以连接3种不同的电压，此类变压器称为三绕组变压器。例如，在220kV、110kV和35kV的电力系统中就常采用三绕组变压器。

按冷却介质来分，电力变压器可分为油浸自冷式变压器（自冷-油浸自然循环）、油浸风冷式变压器（风冷-油浸强迫循环）、干式变压器以及水冷式变压器。干式变压器也叫作空气冷却式变压器，多用于低电压、小容量或防火、防爆场所；油浸自冷式变压器常用于电压较高、容量较大的场所。电力变压器大多采用油浸自冷式变压器。

（3）组成。电力变压器主要由铁心、绕组、油箱、储油柜以及绝缘套管、分接开关和气体继电器等组成。电力变压器实物如图4.1所示。其中图4.1（a）所示为输电升压变压器，主要用于发电厂；图4.1（b）所示为配电降压变压器，用于各类变电站。

（a）输电升压变压器

（b）配电降压变压器

图4.1 电力变压器实物

2. 变压器型号的选择

安装在总降压变电站的变压器通常称为主变压器，6～10（20）kV变电站的变压器常被叫作配电变压器。

变压器型号的选择

变压器的型号表示及含义：例如，SJL-1000/10，型号中的S表示该变压器为三相，J表示油浸自冷式，L表示绕组为铝线。因此该变压器为三相铝绕组油浸自冷式变压器，额定容量为1 000kV·A，高压侧额定电压为10kV。

又例如变压器的型号S7-315/10，说明该变压器是三相铜心变压器（一般不标注为铜心），设计序号7表明为节能型变压器，容量为315kV，高压侧额定电压为10kV。

若变压器型号为 SCR9-500/10，或 S11-M-100/10，则 C 表示浇注成型的干式变压器，R 表示缠绕型，9 或 11 表示设计序号，500 或 100 表示变压器额定容量，10 表示高压绕组额定电压值，M 表示密封型。因此，SCR9-500/10 表示该变压器是三相环氧浇注的缠绕成型干式变压器，设计序号为 9，额定容量为 500kV·A，高压侧额定电压为 10kV；S11-M-100/10 表示该变压器是三相铜绕组的密封型电力变压器，额定容量为 100kV·A，高压侧额定电压为 10kV。

选择变压器时，应尽量选用 S10、S11、S11-M、S13、S13-M 等系列的低损耗节能型变压器，或者选用 SH15 系列非晶合金铁心低损耗节能型变压器，高损耗变压器目前已基本淘汰。

上述型号中的 H 表示干式防火变压器。

在多尘或有腐蚀性气体严重影响变压器安全的场所，应选择密封型变压器或防腐型变压器；供电系统中没有特殊要求时，或在民用建筑独立变电站，常采用三相油浸自冷式电力变压器；对于高层建筑、地下建筑、发电厂、化工单位等对消防要求较高的场所，宜采用干式电力变压器（SC10、SCB10、SG10、SGB11 等）；对电网电压波动较大的，为改善电能质量应采用有载调压电力变压器（SZ10、SZ11、SFZ10、SSZ10、SCZB10 等）。

上述型号中的 B 表示变压器低压侧绕组为箔式绕圈；G 表示干式空气自冷式变压器；Z 表示有载高压式变压器；第 2 个 S 表示油浸水冷式变压器。

总之，变压器的型号通常由变压器绕组数+相数+冷却方式+是否强迫油循环+有载或无载调压+设计序号+额定容量+高压侧额定电压组成。

例如，SFPZ9-120000/110 指该变压器为三相双绕组强迫油循环风冷式有载调压（其中 FP 表示强迫油循环风冷式），设计序号为 9，容量为 120 000kV·A，高压侧额定电压为 110kV。

3．电力变压器台数的选择原则

电力变压器台数的选择应考虑下列原则。

（1）满足用电负荷对可靠性的要求。在有一、二级负荷的变电站中，宜选择两台主变压器，当在技术经济上比较合理时，主变压器也可多于两台。三级负荷一般选择一台主变压器，如果负荷较大，也可选择两台主变压器。

（2）负荷变化较大时，宜采用经济运行方式的变电站，可考虑采用两台主变压器。

（3）降压变电站与系统相连的情况下，主变压器的选择原则是：一般不超过两台。

（4）在选择变电站主变压器台数时，还应适当考虑负荷的发展，留有扩建增容的余地。

4．变压器容量的确定

（1）单台变压器容量的确定。单台变压器的额定容量 S_N 应能满足全部用电设备的计算负荷 S_C，留有裕量，并考虑变压器的经济运行，即

$$S_N = (1.15 \sim 1.4) S_C \tag{4-1}$$

（2）两台主变压器容量的确定。装有两台主变压器时，每台主变压器的额定容量 S_N 应同时满足以下两个条件。

① 当任一台变压器单独运行时，应满足总计算负荷的 60%～70%的要求，即

$$S_N \geqslant (0.6 \sim 0.7) S_C \tag{4-2}$$

② 任一台变压器单独运行时，应能满足全部一级负荷 S_{1C}、二级负荷 S_{2C} 总计算容量的需求，即

$$S_N \geqslant S_{1C}+S_{2C} \quad (4\text{-}3)$$

（3）考虑负荷发展留有一定的容量。通常变压器容量和台数的确定与工厂主接线方案相对应，因此在设计主接线方案时，要考虑用电单位对变压器台数和容量的要求。单台主变压器的容量选择一般不宜大于 1 250kV·A；工厂车间变电站中，单台变压器容量不宜超过 1 000kV·A；对装设在二层楼以上的干式变压器，单台容量不宜大于 630kV·A；对居住小区的变电站，单台油浸式变压器容量不宜大于 630kV·A。另外，还要考虑负荷的发展，留有安装主变压器的余地。

【例 4-1】 某车间（10kV/0.4kV）变电站总计算负荷为 1 350kV·A，其中一、二级负荷总容量为 680kV·A，试确定主变压器台数和单台变压器容量。

解：由于车间变电站具有一、二级负荷，所以应选用两台变压器。根据式（4-2）和式（4-3）可知，任一台变压器单独运行时均要满足 60%～70%的总负荷量，即

$$S_N \geqslant (0.6\sim0.7)\,S_C=(0.6\sim0.7)\times 1\,350 = 810\sim945\ (\text{kV·A})$$

且任一台变压器均应满足 $S_N \geqslant S_{1C}+S_{2C} \geqslant 630\text{kV·A}$

一般变压器在运行时不允许过负荷，所以可选择两台容量均为 1 000kV·A 的电力变压器，具体型号为 S9-1000/10。

5．变压器的正常过负荷能力

变压器的正常过负荷能力

电力变压器运行时的负荷是经常变化的，日常负荷曲线的峰谷差可能很大。根据等值老化原则，电力变压器可以允许在一小段时间内超过额定负荷运行。

等值老化原则：变压器在一部分时间内，根据运行要求容许绕组温度大于 98℃，而在另一部分时间内使绕组温度小于 98℃，只要使变压器在温度较高的时间内多损耗的寿命与变压器在温度较低的时间内少损耗的寿命相互补偿，变压器的使用年限就可以和恒温 98℃运行时等值。

变压器为满足某种运行需要而在某些时间内允许超过其额定容量运行的能力称为过负荷能力。变压器的过负荷通常可分为正常过负荷和事故过负荷两种。

（1）变压器的正常过负荷能力。变压器的正常过负荷能力，是以不牺牲变压器正常寿命为原则来制定的，同时还规定过负荷期间负荷和变压器各部分温度均不得超过规定的最高限值。我国的限值为：绕组最热点温度不得超过 140℃；油浸自冷式变压器负荷不得超过额定负荷的 1.3 倍，油浸风冷式变压器负荷不得超过额定负荷的 1.2 倍。

（2）变压器的事故过负荷。事故过负荷又称为短时急救过负荷。当电力系统发生事故时，保证不间断供电是首要任务，防止变压器绝缘加速老化是次要的。所以，事故过负荷和正常过负荷不同，它是以牺牲变压器寿命为代价的。事故过负荷时，绝缘老化率允许值比正常过负荷时高得多，即允许较大的过负荷，但我国规定绕组最热点的温度仍不得超过 140℃。

考虑到夏季变压器的典型负荷曲线，其最高负荷低于变压器的额定容量时，每低 1℃可允许过负荷 1%，但以过负荷 15%为限。正常过负荷允许值最高不得超过额定容量的 20%。

油浸电力变压器事故过负荷运行时间允许值如表 4-2 和表 4-3 所示。

表 4-2　油浸自冷式变压器事故过负荷运行时间允许值　(h：min)

过负荷倍数	环境温度（℃）				
	0	10	20	30	40
1.1	24：00	24：00	24：00	19：00	7：00
1.2	24：00	24：00	13：00	5：50	2：45
1.3	23：00	10：00	5：30	3：00	1：30
1.4	8：30	5：10	3：10	1：45	0：55
1.5	4：45	3：00	2：00	1：10	0：35
1.6	3：00	2：05	1：20	0：45	0：18
1.7	2：05	1：25	0：55	0：25	0：09
1.8	1：30	1：00	0：30	0：13	0：06
1.9	1：00	0：35	0：180	0：09	0：05
2.0	0：40	0：22	0：11	0：06	0：＋

注：表中“＋”表示不允许运行。

表 4-3　油浸风冷式变压器事故过负荷运行时间允许值　(h：min)

过负荷倍数	环境温度（℃）				
	0	10	20	30	40
1.1	24：00	24：00	24：00	19：00	7：00
1.2	24：00	24：00	13：00	5：50	2：45
1.3	23：00	10：00	5：30	3：00	1：30
1.4	8：30	5：10	3：10	1：45	0：55
1.5	4：45	3：00	2：00	1：10	0：35
1.6	3：00	2：05	1：20	0：45	0：18
1.7	2：05	1：25	0：55	0：25	0：09

4.3.2 高、低压熔断器

高、低压熔断器

1．高压熔断器

高压熔断器是用来防止高压电气设备发生短路和长期过载的保护元件，是一种结构简单、应用广泛的保护电器。高压熔断器一般由纤维熔管、金属熔体、灭弧填充物、指示器、静触座等构成。

供配电系统中，对容量小而且不太重要的负载，广泛使用高压熔断器作为输电、配电线路及电力变压器的短路及过载保护。高压熔断器按使用场所的不同可分为户内式和户外式两大类，如图 4.2 所示。

（a）RW4 型户外跌落式高压熔断器

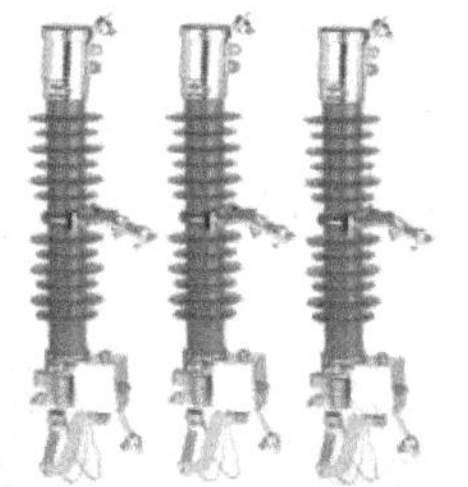
（b）PRW 系列喷射式高压熔断器

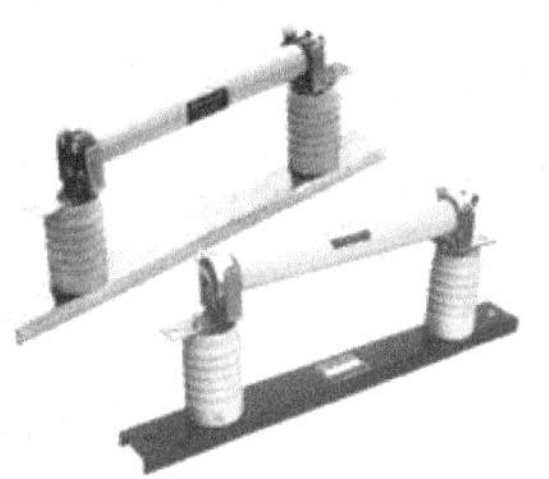
（c）PN 型户内高压熔断器

图 4.2　高压熔断器实物

图 4.2（a）所示为 RW4 型户外跌落式高压熔断器，它通常用于 6～10kV 交流电力线路及设备的过负荷及短路保护，也可起高压隔离开关的作用，还可用于 12kV、50～60Hz 配电

线路和电力变压器的过载和短路保护。

跌落式高压熔断器的结构特点是熔断器熔管内衬以消弧管，熔丝在过负荷或短路时，熔断器依靠电弧燃烧使产气管分解产生气体来熄灭电弧。熔丝一旦熔断，熔管靠自身重量绕下端的轴自行跌落，造成明显可见的断开间隙。根据运行需要，符合一定的条件时，还可利用高压绝缘棒或接通小容量空载变压器和空载线路等来操作熔管的闭合和断开。因跌落式高压熔断器具有明显可见的分断间隙，所以也可以作为高压隔离开关使用。这种高压熔断器由于没有专门的灭弧装置，其灭弧能力不强，灭弧速度不快，不能在短路电流到达冲击值前熄灭电弧，因此，这类熔断器属于“非限流”型熔断器。

图4.2（b）所示为PRW系列喷射式高压熔断器，它通常用于50Hz、35kV及35kV以下交流配电线路、变压器的过负荷和短路保护以及隔离电源。PRW系列喷射式高压熔断器采用防污瓷瓶，防污等级高，熔管采用逐级排气式。开断大电流时，熔管上端的泄压片被冲开，形成双端排气；开断小电流时，该泄压片不动作，形成单端排气；开断更小电流时，靠纽扣式熔丝上套装的辅助消弧管吹灭电弧，从而解决了开断大、小电流的矛盾，是跌落式高压熔断器的新型换代产品。

图4.2（c）所示为PN型户内高压熔断器，属于“限流”型熔断器。其中PN1型通常用于高压电力线路及其设备的短路保护；PN2型则只能用作电压互感器的短路保护，其额定电流仅有0.5A一种规格。PN型户内高压熔断器的熔体中焊有低熔点的小锡球，当过负荷时，锡球受热熔化而包围铜熔丝，铜锡合金的熔点较铜低，使铜丝在较低的温度下熔断，称为“冶金效应”。PN型户内高压熔断器的灭弧能力很强，能在短路电流未达冲击值前完全熄灭电弧，且在不太大的过负荷电流下动作，从而提高了保护的灵敏度。

2．低压熔断器

低压熔断器主要用于实现低压配电系统的短路保护，有的低压熔断器也能实现过载保护。低压熔断器的产品实物如图4.3所示。

图4.3（a）所示为RT0型有填料管式低压熔断器，是我国统一设计的一种有“限流”作用的低压熔断器，广泛应用于要求断流能力较高的场合。RT0型有填料管式熔断器由瓷熔管、栅状铜熔体和触头底座等几部分组成。瓷熔管内填有石英砂。此种熔断器灭弧、断流能力都很强，熔断器熔断后，红色熔断指示器立即弹出，以便于检查。

图4.3（b）、图4.3（c）和图4.3（d）所示为RM10型密闭管式低压熔断器，由纤维管、变截面锌熔片和触头底座等几部分组成。短路时，变截面锌熔片熔断；过负荷时，由于电流加热时间长，熔片窄部散热较好，故往往不在窄部熔断，而在宽窄之间的斜部熔断。因此，可根据熔片熔断部位，大致判断故障电流的性质。

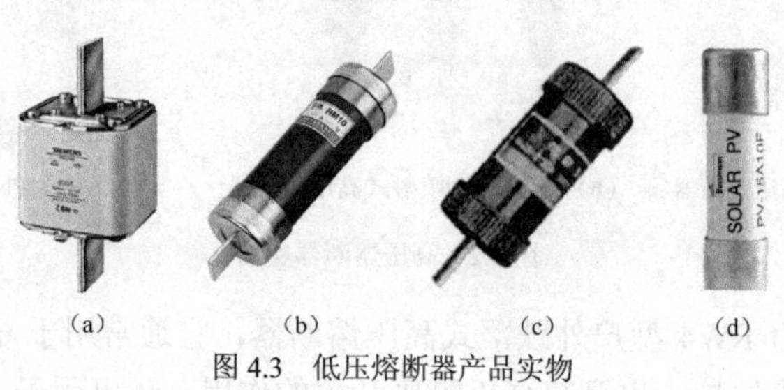

（a）（b）（c）（d）

图4.3 低压熔断器产品实物

4.3.3　高、低压隔离开关

1. 高压隔离开关

高压隔离开关主要用于隔断高压电源，以保证其他设备和线路的安全。高压隔离开关产品实物如图 4.4 所示。

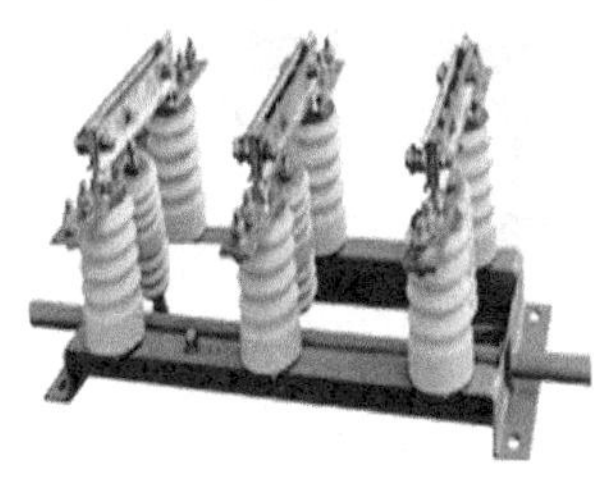

（a）GN19系列户内式高压隔离开关

（b）GW5 系列户外式高压隔离开关

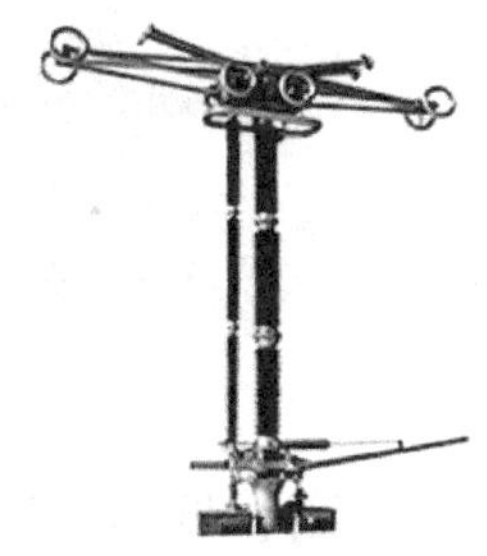

（c）GW46型剪刀式高压隔离开关

图 4.4　高压隔离开关产品实物

图 4.4（a）所示的 GN19 系列户内式高压隔离开关通常配以操动机构进行操作，在有电压而无负荷的情况下分、合电路。常用操动机构的规格型号有 CS 系列和 CJ2 系列。其中 CS6、CS8、CS11、CS15、CS16 型为手动杠杆操动机构，CJ2 系列为电动机操动机构。

户外式高压隔离开关一般采用绝缘钩棒手工操作。

图 4.4（b）所示为 GW5 系列户外式高压隔离开关，由图示 3 个单极组成，每极主要由底架、支柱绝缘子、左右触头、接地闸刀等部分组成。两个支柱绝缘子分别安装在底座的转动轴承上，呈“V”形布置。轴线交角为 50°，两轴承座下为锥齿轮啮合，左右触头安装在支柱绝缘子上部，由轴承座的转动带动支柱绝缘子同步转动，实现两触头的断开和闭合，3 个单极由连动拉杆实现三极联动。GW5 系列户外式高压隔离开关按附装接地开关不同可分为不接地、单接地和双接地 3 种类型。接地开关按承受的断路电流能力又分Ⅰ、Ⅱ和Ⅲ型，分别配用转动角度 90°的 CS17F、CS17DF 型手动操动机构。该操动机构上设有机械联锁和电磁联锁，以保证操作顺序准确无误。为满足用户需要，本系列产品设有 5 种不同安装形式，即水平安装、倾斜 25°安装、倾斜 50°安装、侧装（倾斜 90°安装）和倒装。为满足用户对布置使用方面的不同需要，本产品分为交叉式联动、串列式联动、并列式联动和单极式联动 4 种规格。

图 4.4（c）所示为 GW46 型剪刀式高压隔离开关。其适用于垂直断口管母线或软母线的场合，而且该产品具有通流能力强、绝缘水平高、防腐能力好、机械寿命长、钳夹范围大、外形美观等特点。

高压隔离开关的型号含义：如 GN8-10/600 型高压隔离开关，其中第 1 个字符 G 表示隔离开关，第 2 个字符 N 表示户内式（户外式为 W），第 3 个字符位表示设计序号，第 4 个字符位表示额定电压 10kV，最后一个字符位表示额定电流为 600A。

2. 低压隔离开关

低压隔离开关用于额定电压为 0.5kV 的电力系统，在有电压、无负荷的情况下起到接通或隔离电源的作用。其产品实物如图 4.5 所示。

图 4.5 所示的低压隔离开关均采用绝缘钩棒进行操作。其正常应用条件为：海拔不超过 1 000m；周围空气温度上限为+40℃（一般地区），下限为−30℃（一般地区或−40℃高寒地区）；

风压不超过 700Pa（相当于风速 34m/s）；地震烈度不超过 8 度；无频繁剧烈震动的场所。普通型低压隔离开关安装场所应无严重影响隔离开关绝缘和导电能力的气体，化学性沉积，盐雾、灰尘及其他爆炸性、侵蚀性物质等。防污型低压隔离开关适用于重污染地区，但不应有引起火灾及爆炸的物质。

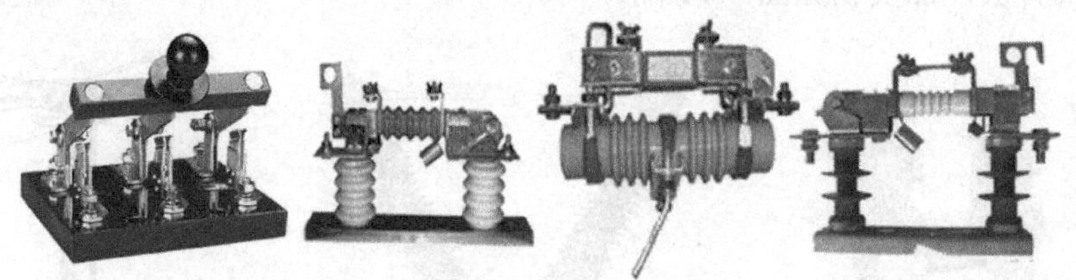

图 4.5 低压隔离开关部分产品实物

4.3.4 高、低压负荷开关

1．高压负荷开关

高、低压负荷开关

高压负荷开关主要用于 10kV 配电系统接通和分断正常的负荷电流。高压负荷开关为组合式高压电器，通常由隔离开关、熔断器、热继电器、分励脱扣器及灭弧装置组成。

FN5 型户内交流高压负荷开关-熔断器组合电器是我国吸收国外先进技术，结合我国的供电要求，自行设计研制而成的一种高压负荷开关。

FN7 型是一种新型产气式户内高压负荷开关，适用于 50Hz、额定电压 10kV 的三相交流电力系统中，用于开断负荷电流、关合短路电流。

FZW 型是一种户外式真空隔离负荷开关，适用于 50Hz、40.5kV 的三相交流电力系统中，主要用来开断、关合负荷电流，断开后具有明显的隔离断口，此设备需和熔断器配合使用。

高压负荷开关的型号含义：以 FN3-10RT 为例，第 1 个字符 F 表示负荷开关，第 2 个字符 N 表示户内式（W 表示户外式），第 3 个字符表示设计序号为 3，第 4 个字符位表示额定电压 10kV，R 表示带熔断器（G 表示改进型），T 表示带热脱扣器。组合式高压负荷开关产品实物如图 4.6 所示。

（a）FN5型户内交流高压负荷开关

（b）FN7型真空组合式高压负荷开关

（c）FZW型真空隔离负荷开关

图 4.6 组合式高压负荷开关产品实物

2．低压负荷开关

低压负荷开关的主要功能是有效地通断低压线路中的负荷电流，并对其进行短路保护。低压负荷开关的产品实物如图 4.7 所示。

图 4.7　低压负荷开关产品实物

4.3.5　高、低压断路器

1．高压断路器

（1）高压断路器的用途及其基本要求。

高、低压断路器

高压断路器也称高压开关，它不仅可以切断或闭合高压电路中的空载电流和负荷电流，而且当系统发生故障时，通过继电器保护装置的作用，还可以切断过负荷电流和短路电流，具有相当完善的灭弧结构和足够的断流能力。

（2）电弧的危害及灭弧方法。

① 电弧的危害。

当含有感性设备的电路中动、静触头之间的电压不小于 10V 或 20V，它们即将接触或者开始分断时就会在间隙内产生放电现象。当放电电流较小时会产生火花放电现象；如果放电电流大于 80mA 或 100mA，就会发生弧光放电，即产生电弧。

电弧是电气设备运行中经常发生的一种物理现象，其特点是光亮很强且温度很高，电弧对供配电系统的危害极大，主要表现在以下几个方面。

a．电弧延长了开关电器切断电路的时间，如果电弧是短路电流产生的，那么电弧的存在就意味着短路电流还存在，从而使短路电流危害的时间延长。

b．电弧的高温可烧坏触头，烧毁电气设备及导线、电缆，还可能引起弧光短路，甚至引起火灾和爆炸事故。

c．强烈的弧光可能损伤人的视力。

因此，在供配电系统中，各种开关电器在结构设计上要保证能迅速熄灭电弧。

② 常用的灭弧方法。

开关电器在分断电流时之所以会产生电弧，其根本原因是触头本身和触头周围的介质中含有大量可被游离的电子。要使电弧熄灭，就必须使触头中的去游离率大于游离率，即离子消失的速率大于离子产生的速率。

根据去游离理论，常用的灭弧方法有以下几种。

a．速拉灭弧法。在切断电路时，迅速拉长电弧，使触头间电场强度骤降，使带电质子的复合速度加快，从而加速电弧的熄灭。这是开关电器中普遍采用的最基本的灭弧方法，如高压开关中装的速断弹簧。

b．冷却灭弧法。降低电弧的温度，可使电弧的电场减弱，导致带电质子的复合增强，有助于电弧的熄灭。这种灭弧方法在开关电器中应用比较普遍。

c．吹弧灭弧法。利用外力来吹动电弧，使电弧加速冷却，同时拉长电弧，迅速降低电弧中的电场强度，从而加速电弧熄灭。吹弧灭弧法按吹弧的方向分为横吹和纵吹；按外力的性质分为气吹、油吹、电动力吹、磁吹等方式，如图 4.8 所示。

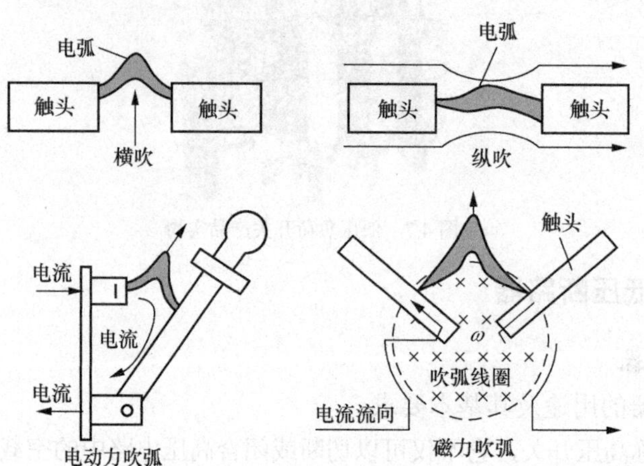

图 4.8 灭弧方式示意图

d．短弧灭弧法。利用金属栅片把电弧分割成若干个相互串联的短弧，以提高电弧电压，使触头间的电压不足以击穿所有栅片间的气隙而使电弧熄灭。

e．狭沟灭弧法。将电弧与固体介质所形成的狭沟接触，使电弧冷却而灭弧。由于电弧在固体中，其冷却条件加强，同时电弧在狭缝中燃烧产生气体，因此使内部压力增大，去游离作用加强，有利于电弧的熄灭。在熔断器的熔管内充填石英砂和用绝缘栅的方法，都是利用此原理。

f．真空灭弧法。由于真空具有较强的绝缘强度，不存在气体游离的问题，因此处于真空中的触头间的电弧在电流为零时就能立即熄灭而不致复燃。真空断路器利用的就是真空灭弧法的原理。

g．六氟化硫灭弧法。六氟化硫具有优良的绝缘性能和灭弧性能，其绝缘强度为空气的 3 倍，介质恢复速度是空气的 100 倍，使灭弧能力大大提高。六氟化硫断路器就是利用六氟化硫灭弧法灭弧的。

在各种电气设备中可以采用不同的具体措施来实现上述灭弧方法。电气设备的灭弧装置可以采用一种灭弧方法，也可以综合采用几种灭弧方法，以达到提高灭弧能力的目的。

（3）对断路器的基本要求。

无论被控电路处在何种工作状态（如空载、负载或短路故障状态），断路器都应可靠地动作。断路器在电网中有两方面的作用：一是控制作用，根据电网运行的需要，将一部分电力设备或线路投入或退出运行；二是保护作用，即在电力设备或线路发生故障时，通过继电保护装置作用于断路器，将故障部分从电网中迅速排除，保证电网的无故障部分正常运行。因此，对断路器具有以下几个基本要求。

① 在合闸状态时应为良好的导体。

② 在分闸状态时应具有良好的绝缘性。

③ 在开断规定的短路电流时，应有足够的开断能力和尽可能短的开断时间。

④ 在接通规定的短路电流时，短时间内断路器的触头不能产生熔焊等情况。

⑤ 在制造厂给定的技术条件下，高压断路器要能长期可靠地工作，有一定的机械寿命和电气寿命。

除满足上述要求外，高压断路器还应满足结构简单、安装和检修方便、体积小、重量轻等方面的要求。

（4）高压断路器的类型及型号。

高压断路器可分为户外型和户内型两种；根据断路器采用的灭弧介质的不同，又可分为油断路器、六氟化硫断路器、压缩空气断路器、真空断路器、自产气断路器和磁吹断路器等。

高压断路器因为有完善的灭弧系统，所以既能切换正常负载，又能排除短路故障。高压断路器作短路保护时不像熔断器那样熔断，故障排除后可自动恢复原状。大多数高压断路器都能够快速进行自动重合闸操作，这对于排除线路临时短路故障而使其及时恢复正常运行是非常重要的。

油断路器又有多油断路器和少油断路器之分。多油断路器的油既起灭弧作用又起绝缘作用，因而多油断路器用油量多，体积和重量都大。少油断路器中的油只起灭弧作用，所以油少、体积小，爆炸时火灾小，故少油断路器的应用比多油断路器要广泛。

目前供配电技术中应用最多的是六氟化硫断路器和真空断路器，其产品实物如图 4.9 所示。

（a）六氟化硫断路器

（b）真空断路器

图 4.9　高压断路器产品实物

利用六氟化硫（SF_6）气体作为灭弧和绝缘介质的断路器称为六氟化硫断路器。六氟化硫断路器的特点是分断能力强、噪声小且无火灾危险，适用于频繁操作。

真空断路器体积小、重量轻、灭弧工艺材料要求高，适用于要求频繁操作的场合。近年来随着真空技术、灭弧室技术、新工艺、新材料及新操动技术的不断发展和进步，真空断路器的生产呈现大容量化、低过电压化、智能化和小型化。今后，断路器会继续向着专用型、多功能、低过电压、智能化等方向发展。

高压断路器的型号含义：例如 SN4-20G/8000-3000 型，其中第 1 个字符 S 表示少油断路器（L 表示六氟化硫断路器，Z 表示真空断路器，Q 表示自产气断路器，C 表示磁吹断路器）；第 2 个字符 N 表示户内型（W 表示户外型）；第 3 个字符 4 表示设计系列序号；第 4 个字符位代表额定电压 20kV；第 5 个字符位表示工作特性，G 代表改进型（W 代表防污型，R 代表带合闸电阻型，F 代表分相操作型）；第 6 个字符位代表额定电流 8 000A；最后一个字符位代表额定断流容量为 3 000MV·A。

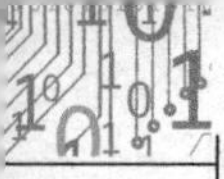

2．低压断路器

低压断路器具有完善的触头系统、灭弧系统、传动系统、自动控制系统以及紧凑牢固的整体结构。其部分产品实物如图 4.10 所示。

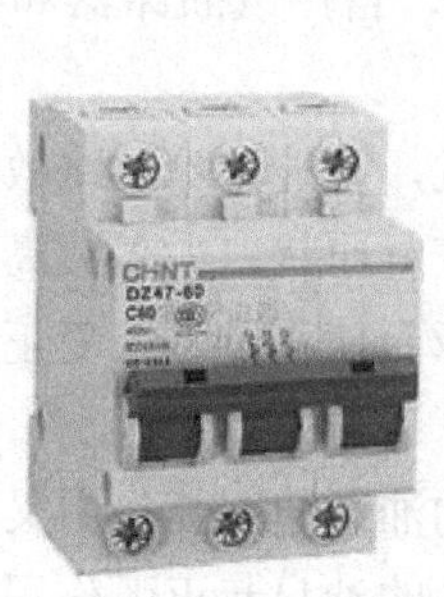

图 4.10　低压断路器部分产品实物

当线路上出现短路故障时，低压断路器的过电流脱扣器动作，断路器跳闸；当出现过负荷时，因电阻丝产生的热量过高而使双金属片弯曲，热脱扣器动作，断路器跳闸；当线路电压严重下降或失电压时，其失压脱扣器动作，断路器跳闸；如果按下脱扣按钮，则可使断路器远距离跳闸。

低压断路器按使用类别可分为选择型和非选择型两类。非选择型断路器一般为瞬时动作，只起短路保护作用，也有长延时动作，只起过负荷保护作用。选择型断路器分为两段式保护、三段式保护和智能化保护几种类型。两段式保护为瞬时-长延时特性或短延时-长延时特性；三段式保护为瞬时-短延时-长延时特性；智能化保护，其脱扣器由微处理器或单片机控制，保护功能更多，选择性更好。

常见的低压断路器系列有 DZ10、DZ20、DW10 等。

DZ10 系列塑壳断路器适用于 50Hz、380V 交流或 220V 及以下直流配电线路中。DZ10 系列用来分配电能和保护线路及电源设备的过载、欠电压和短路，以及在正常工作条件下不频繁分断和接通线路。

DZ20 系列塑料外壳式断路器适用于 50Hz、额定绝缘电压 660V、额定工作电压 380V（400V）及以下、额定电流最大为 1 250A 的交流配电线路中。其一般作为配电用，额定电流 200A 和 400A 型的断路器也可用来保护电动机。在正常情况下，断路器可分别作为线路不频繁转换及电动机的不频繁启动之用。

DW10 系列万能式断路器适用于 50Hz、380V 交流或 440V 直流配电线路中，用作过载、短路、失电压保护以及正常条件下的不频繁转换。

4.3.6　互感器

互感器概述

互感器也称为仪用变压器，是电压互感器和电流互感器的统称。其功能主要是将高电压或大电流按比例变换成标准低电压 100V 或标准小电流 5A（或 1A），以便实现测量仪表、保护设备及自动控制设备的标准化、小型化。因此，电力工业中发展什么电压等级和规模的电力系统，就必须发展相应电压等级和准确度的互感器，以满足电力系统测量、保护和控制的需要。同时互感器还可用来降低对二次设备的绝缘要求，并将二次设备以及二次系统与一次系统高压设备进行很好的隔离，从而保证了二次设备和人身的安全。

1．互感器与系统连接

互感器的一次侧、二次侧与系统的连接方式如图 4.11 所示。

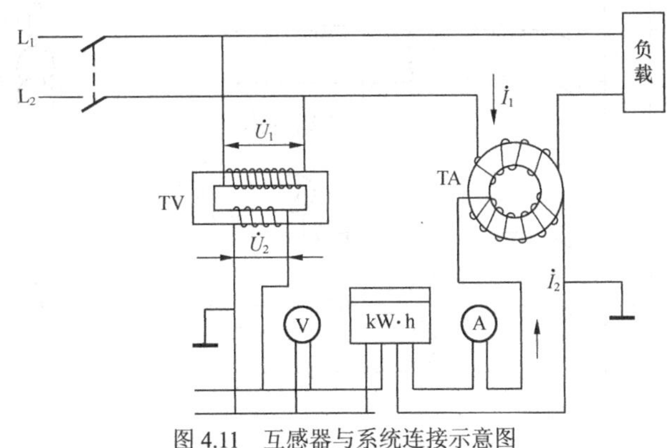

图 4.11　互感器与系统连接示意图

图 4.11 中的 TV 为电压互感器，其一次侧绕组与一次侧电网相并联，二次侧绕组与二次测量仪表或继电器的电压线圈相连接；图 4.11 中的 TA 是电流互感器，其一次侧绕组串联于被测量电路中，二次侧绕组与二次测量仪表和继电器的电流线圈相串联。

2．电压互感器

电压互感器是一种把高压变为低压并在相位上与原来保持一定关系的仪器。电压互感器部分产品实物如图 4.12 所示。

图 4.12　电压互感器部分产品实物

电压互感器的工作原理、构造及接线方式都与变压器相同，只是容量较小，通常仅有几十或几百伏安。电压互感器能够可靠地隔离高电压，从而保证测量人员、仪表及保护装置的安全，同时它把高电压按一定比例缩小，使低压绕组能够准确地反映高电压量值的变化，以解决高电压测量的困难。电压互感器的二次侧电压标准值均为 100V。

（1）电压互感器的工作特点。

电压互感器一次侧电压取决于一次侧所连接的电网电压，不受二次侧电路影响。

电压互感器正常运行时，二次侧负载是测量仪表、继电器的电压线圈，由于其匝数多、电抗大，通过的电流极小，因此近似工作在开路状态。电压互感器运行时，二次侧绕组不允许短路。若二次侧发生短路，则将产生很大的短路电流，损坏电压互感器。为避免二次侧绕组出故障，一般在二次侧出口处安装熔断器或自动空气开关，用于过载和短路保护。

（2）电压互感器的接线方式。

供配电技术中，通常需要测量供电线路的线电压、相电压及发生单相接地故障时的零序电压。为了测量这些电压，电压互感器的二次侧绕组需与测量仪表、继电器等相连接，常用的接线方式如图 4.13 所示。

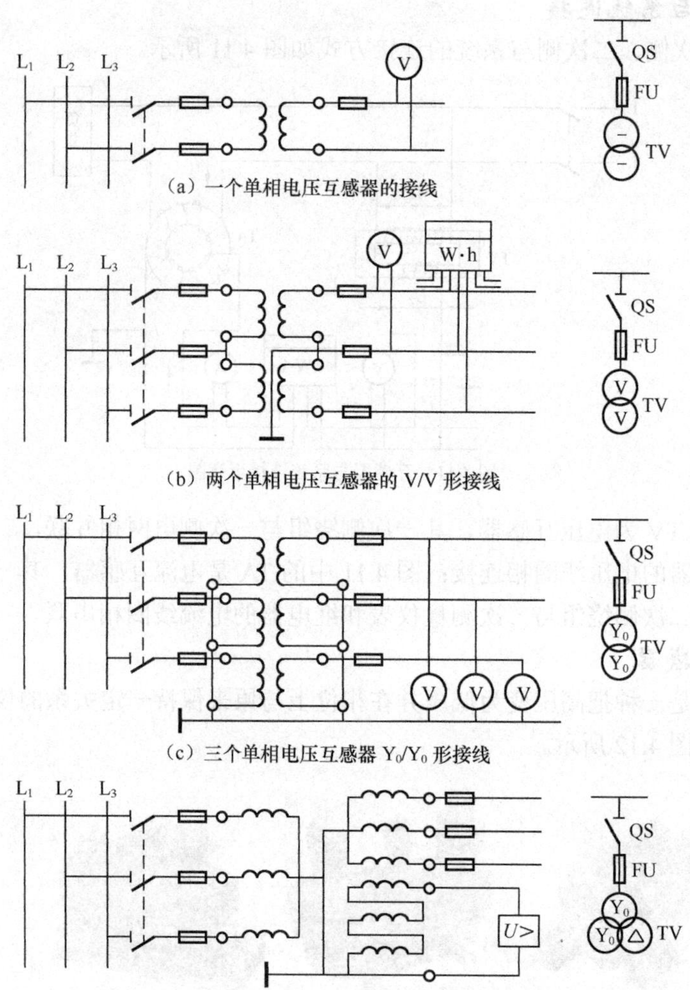

（a）一个单相电压互感器的接线

（b）两个单相电压互感器的 V/V 形接线

（c）三个单相电压互感器 Y_0/Y_0 形接线

（d）三个单相三绕组电压互感器或一个三相五柱三绕组电压互感器 $Y_0/Y_0/\triangle$形接线

图 4.13　电压互感器 4 种常用接线方式

图 4.13（a）所示方案为一个单相电压互感器的接线。当需要测量某一相对地电压或相间电压时可采用此方案。实际应用中这种接线方案用得较少。

图 4.13（b）所示方案为把两台单相互感器接成不完全三角形，也称 V/V 形接线，可以用来测量线电压，或供电给测量仪表和继电器的电压线圈，这种接线方式广泛应用于变电站 20kV 以上中性点不接地或经消弧线圈接地的高压配电装置中。这种接线方案不能测量相电压，而且当连接的负载不平衡时，测量误差较大。因此仪表和继电器的两个电压线圈应接于 U_{ab}、U_{bc} 两个线电压上，以尽量使负载平衡，从而减小测量误差。

图 4.13（c）所示方案为用 3 台单相三绕组电压互感器构成 YN，yn 型的接线形式，广泛应用于 3～220kV 系统中，其二次侧绕组用于测量线电压和相电压。在中性点不接地或经消弧线圈接地的装置中，这种方案只用来监视电网对地绝缘状况，或接入对电压互感器准确度要求不高的电压表、频率表、电压继电器等测量仪器。由于正常状态下此种方案中的电压互

感器的原绕组经常处于相电压下，仅为额定电压的 0.866，测量的误差值大大超过了正常值，所以此种接线方案不适用于供给功率表和电能表。

在 3～60kV 电网中，通常采用 3 只单相三绕组电压互感器或者一只三相五柱式电压互感器的接线形式，如图 4.13（d）所示。这种接线方案中，一次侧电压正常时，开口两端的电压接近于零，当某一相接地时，开口两端将出现近 100V 的零序电压，使电压继电器动作，发出信号，起电网的绝缘监视作用。

必须指出，不能将三相三柱式电压互感器应用于测量 3～6kV 电网中。当系统发生单相接地短路时，在互感器的三相中将有零序电流通过，产生大小相等、相位相同的零序磁通。在三相三柱式互感器中，零序磁通只能通过磁阻很大的气隙和铁外壳形成闭合磁路，零序电流很大，使互感器绕组过热甚至损坏设备。而在三相五柱式电压互感器中，零序磁通可通过两侧的铁心构成回路，磁阻较小，所以零序电流值不大，不会对互感器造成损害。

（3）电压互感器的配置原则。

① 母线。6～220kV 电压等级的每组主母线，其三相上均应安装电压互感器，旁路母线侧安装与否，应视回路出线外侧装设电压互感器的需要而确定。

② 线路。35kV 及以上输电线路，当对端有电源时，为了监视线路断路器外侧有无电压，进行同期和设置重合闸，这时可在线路断路器外侧装一台单相电压互感器。

③ 发电机。通常在发电机出口处装两组电压互感器。其中一组为由 3 只单相电压互感器构成的 D，y 接线方式电压互感器，用来自动调节励磁装置；另一组电压互感器采用三相五柱式或 3 只单相接地专用电压互感器，接成 Y，y，D 接线，辅助绕组接成开口三角形，供测量仪表、同期和继电保护设备相连，供绝缘监视用。当互感器负荷太大时，可增设一组不完全三角形连接的互感器，专供测量仪表使用，50MW 及以下发电机中性点还常设一个单相电压互感器，用于定子接地保护。

④ 变压器。变压器低压侧有时为了满足同步或继电保护的要求，常常设有一组电压互感器。

总之，电压互感器的配置应满足测量、保护、同期和自动装置的要求；其次，在保护运行方式发生改变时，应能保证保护装置不失电压、同期点两侧都能方便地取得电压。

电流互感器

3. 电流互感器

电流互感器是一种把大电流变为标准 5A 小电流并在相位上与原来保持一定关系的仪器。电流互感器的结构特点是：一次侧绕组匝数很少，二次侧绕组匝数很多。有的电流互感器没有一次侧绕组，而是利用穿过其铁心的一次电路作为一次线圈。

部分电流互感器产品实物如图 4.14 所示。

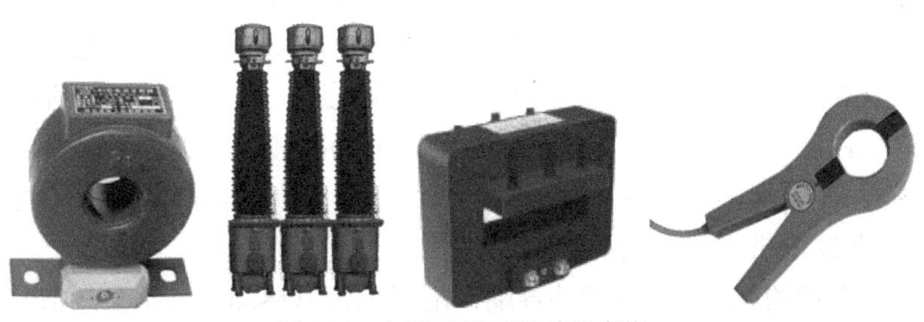

图 4.14　电流互感器部分产品实物

（1）电流互感器的工作特点。

电流互感器一次侧电流取决于一次侧所串联的电网电流，二次侧绕组与仪表、继电器等电流线圈相串联，形成二次侧闭合回路。由于电流互感器的二次侧电路中均为电流线圈，因此阻抗很小，工作时二次侧回路接近于短路状态。

电流互感器运行中，二次侧绕组不允许开路。倘若电流互感器二次侧发生开路，则一次侧电流将全部用于激磁，使互感器铁心严重饱和。交变的磁通在二次侧绕组上将感应出很高的电压，其峰值可达几千伏甚至上万伏，这么高的电压作用于二次侧绕组及二次侧回路上，将严重威胁人身安全和设备安全，甚至会使线圈绝缘过热而烧坏，保护设施很可能因无电流而不能正确反映故障，对于差动保护和零序电流保护则可能因开路时产生不平衡电流而产生误动作，因此对电流互感器的运行有如下规定：电流互感器应当严禁开路运行，且配置不可过少。为避免这类故障发生，一般在电流互感器的二次侧出口处安装一个开关，当二次侧回路检修或需要开路时，应首先把开关闭合。

（2）电流互感器的接线方式。

电流互感器的常见接线方式如图4.15所示。

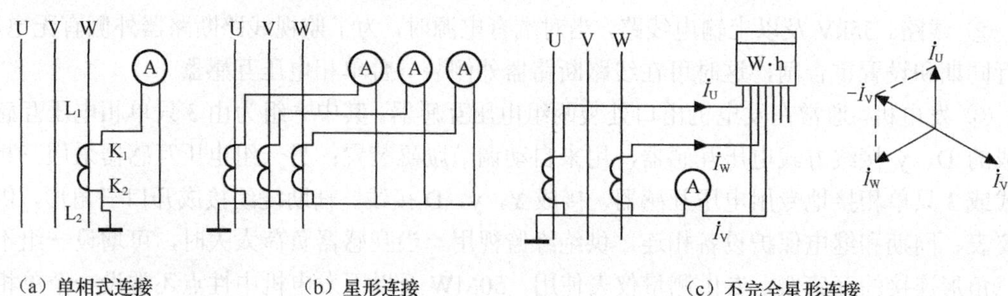

（a）单相式连接　　（b）星形连接　　（c）不完全星形连接

图4.15　电流互感器常用的接线方式

图4.15（a）所示接线方式为单相式接线。单相式连接只能测量一相的电流但却可以监视三相运行情况，通常用于三相对称电路中，如三相电动机负载电路。

图4.15（b）所示接线方式是把电流互感器连接成星形，可用于测量可能出现三相不对称的电路电流，以监视三相电路的运行情况。

图4.15（c）所示接线方式只适用于两台电流互感器的线路，可用来测量两相电流。如果通过公共导线，则还可以测量第三相的电流。由相量图可知，通过公共导线上的电流是所测量两相电流的相量和。这种接线方式常用于发电厂、变电站6～10kV馈线回路中，测量和监视三相系统的运行情况。

（3）电流互感器的配置原则。

① 保护用电流互感器的安装位置应尽量扩大保护范围，以消除主保护的不保护区。对大电流接地系统而言，一般应三相配置，以反映单相接地故障；小电流接地系统的发电机、变压器支路也要三相配置，以便监视不对称程度，其余支路一般配置A、C两相。

② 为了减轻内部故障时发电机的损伤，自动调节励磁装置的电流互感器应布置在发电机定子绕组的出线侧，以便于分析和在发电机并入系统前发现内部故障；用于测量仪表的电流互感器通常安装在发电机中性点侧。

③ 配备差动保护的元件，应在元件各端口配置电流互感器，当各端口属于同一电压等级时，互感器变比应相同，接线方式也要相同。

④ 为了防止支持式电流互感器套管闪络造成母线故障，通常电流互感器应布置在断路器的出线侧或变压器侧。

供配电系统中，每条支路的电源侧均应装设足够数量的电流互感器，供各支路测量、保护使用。由于电流互感器一般与电路中的断路器紧邻布置，所以安装时应与保护和测量用的电流互感器分开，且尽量把电能计量仪表互感器与一般测量用的互感器分开，电能计量仪表互感器必须使用 0.5 级互感器，其正常工作电流是普通电流互感器额定电流的 2/3 左右。

（4）使用电流互感器的注意事项。

① 电流互感器工作时，绝不允许二次侧开路。

② 电流互感器的二次侧有一端必须可靠接地。

③ 连接电流互感器时应注意接线端子的极性不允许接反。

4．互感器的发展

随着电力系统朝着超高压、大容量发展，传统的电磁感应式或电容分压式的互感器逐渐暴露出与电力系统的安全运行、与提高电能测量的精度以及提高电力系统自动化程度等方面不相适应的弱点，而且具有体积大、磁饱和、铁磁谐振、绝缘结构复杂、动态范围小、使用频带窄，以及爆炸的危险性等缺陷，同时传统的电磁感应式或电容分压式的互感器需耗费大量的铜材，远距离传送会造成电位升高。因此，寻求更理想的电压互感器、电流互感器是时代发展的要求。

目前，电力系统中广泛应用的是以微处理器为基础的数字保护装置、计量测试仪表、运行监控系统以及发电机励磁控制装置，这些设备都要求采用低功率、紧凑型的电压互感器、电流互感器来代替常规的电压互感器、电流互感器。

电子式互感器的出现，克服了传统互感器绝缘复杂、重量重、体积大，传统电流互感器动态范围小、易饱和、二次侧不能开路，电磁式电压互感器易产生铁磁谐振等诸多缺点。电子式互感器绝缘简单，体积小，重量轻，电子式电流互感器动态范围宽，无磁饱和，二次侧可以开路，电子式电压互感器无谐振现象。

目前开发、应用中的电子式电流互感器、电压互感器可分成以下两类。

① 有源式互感器。有源式互感器是基于电磁感应原理的，但无铁心的洛氏（Rogowski）线圈电流互感器，电容（电阻、电感）分压式电压互感器。有源式互感器先将高电压大电流变换成小电压信号，就近经 A/D 变换成数字信号后通过光缆送出至接收端。由于高压端电子设备需要供电，故称为有源式互感器。

② 无源式互感器。其利用光学材料的电光效应、磁光效应将电压电流信号转变成光信号，经光缆送到低压区，解调成电信号或数字信号，用光纤送给二次设备。因高压区不需电源，故称为无源式互感器。

与传统的电压互感器、电流互感器相比，光学电压互感器、电流互感器的优势十分明显：绝缘性能良好，抗电磁干扰能力较强，测量频带宽，动态范围大，与现代技术紧密结合，而且体积小，重量轻，维修方便，价格相对便宜。光学电压互感器、电流互感器充分利用了电光晶体的各种优异特性和现代光电技术的优点，信号处理部分采用先进的数字信号处理（DSP）技术，充分发挥了其实时性、快速性和便于进行复杂算法处理等特点。同时方便与主机间的通信，以及电力系统的联网通信。

4.3.7 避雷器

避雷器是用于保护电力系统中电气设备免受雷击时高瞬态过电压的危害，并能限制续流时间的设备，是电力系统中重要的保护设备之一。

避雷器有保护间隙、管型避雷器、阀型避雷器、氧化锌避雷器等类型，目前主要采用氧化锌避雷器。避雷器部分产品实物如图4.16所示。

（a）管型避雷器

（b）阀型避雷器

（c）氧化锌避雷器

图4.16 避雷器部分产品实物

1．管型避雷器

管型避雷器实际是一种具有较高熄灭电弧能力的保护间隙，由两个串联间隙组成：一个间隙在大气中，称为外间隙，其任务是隔离工作电压，避免产气管被流经管子的工频泄漏电流所烧坏；另一个装设在气管内，称为内间隙或者灭弧间隙。管型避雷器的灭弧能力与工频续流的大小有关。管型避雷器多用于供电线路上的避雷保护。

2．阀型避雷器

阀型避雷器由火花间隙及阀片电阻组成，阀片电阻的制作材料是特种碳化硅。利用碳化硅制作的阀片电阻可以有效地防止雷电和高电压，对设备进行保护。当有雷电高电压时，火花间隙被击穿，阀片电阻的阻值下降，将雷电流引入大地，从而保护了线缆或电气设备，使其免受雷电流的危害。正常情况下，火花间隙是不会被击穿的，阀片电阻的阻值较高，不会影响通信线路的正常通信。

3．氧化锌避雷器

氧化锌避雷器是一种保护性能优越、质量轻、耐污秽、性能稳定的避雷设备。它主要利用氧化锌良好的非线性伏安特性，使在正常工作电压时流过避雷器的电流极小，仅达微安或毫安级；当过电压作用时，电阻急剧下降，泄放过电压的能量，达到保护的效果。这种避雷器和传统避雷器的差异是它没有放电间隙，而是利用氧化锌的非线性特性起到泄流和开断的作用。

保护间隙的管型避雷器主要用于限制大气过电压，一般用于配电系统、线路和变电站的进线段保护。阀型避雷器和氧化锌避雷器主要用于变电站或发电厂的保护，在500kV·A及以下系统主要用于限制大气过电压，在超高压系统中还将用来限制内过电压或作内过电压的后备保护。

4.3.8 高压开关柜

高压开关柜是按不同用途的接线方案，将所需的高压设备和相关一、二次设备按一定的线路方案组装而成的一种高压成套配电装置，在发电厂和变电站作为控制和保护发电机、变压器和高压线路之用，也可作为大型

高压交流电动机的启动和保护之用，对供配电系统进行控制、监测和保护。其中安装有开关设备、保护电器、监测仪表和母线、绝缘子等。

高压开关柜有固定式和手车式两大类型。固定式高压开关柜柜内所有电器部件都固定在不能移动的台架上，构造简单，也较为经济，一般在中、小型工厂广泛采用。我国现在大量生产和广泛应用的固定式高压开关柜主要有 GG-1A（F）型，如图 4.17 所示。

GG-1A 型高压开关柜装设了防止电器误码操作和保障人身安全的闭锁装置，即所谓“五防”：

（1）防止误分、误合断路器；

（2）防止带负荷误拉、误合隔离开关；

（3）防止带电误挂地线；

（4）防止带接地线误合隔离开关；

（5）防止人员误入带电间隔。

手车式高压开关柜的一部分电器部件固定在可移动的手车上，另一部分电器部件安装在固定的台架上。当高压断路器出现故障需要检修时，可随时将其手车拉出，然后推入同类备用小车，即可恢复供电。显然，采用手车式开关柜检修方便安全，恢复供电快、可靠性高、但价格较贵。手车式高压开关柜如图 4.18 所示。

图 4.17　GG-1A 型高压开关柜

图 4.18　手车式高压开关柜

高压开关柜在 6～10kV 电压等级的工厂变电站内配电装置中广泛应用。35kV 高压开关柜目前在国内仅生产户内式的。

4.3.9　低压配电屏

低压配电屏

常见的低压配电屏有 GGD 型和 PGL 型。

1．GGD 型低压配电屏

GGD 型低压配电屏适用于交流频率 50Hz、额定工作电压为 380V、额定工作电流 3 150A 的发电厂、变电站、厂矿企业等配电系统。低压配电屏型号含义如下：

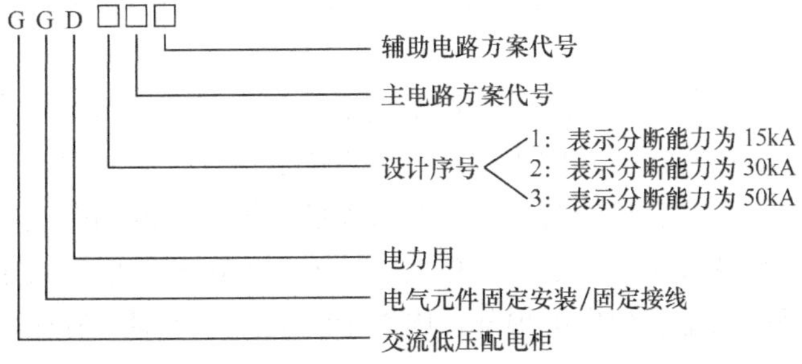

GGD 型低压配电屏用于电力用户的动力、照明及配电设备的电能转换、分配与控制。它具有分断能力高，动热稳定性好，结构新颖、合理，电气方案切合实际，系列性、适用性强，防护等级高等优点。其实物外形如图 4.19（a）所示。

（a）GGD 型低压配电屏

（b）PGL 型低压配电屏

图 4.19　常见低压配电屏实物

GGD 型低压配电屏的柜体采用通用柜的形式，构架用 8MF 冷弯型钢局部焊接组装而成。构架零件及专用配套零件由型钢定点生产厂配套供货，从而保证了柜体的精度和质量。通用 GGD 型低压配电屏的零部件按模块原理设计，有 20 模的安装孔，通用系数高，可通过工厂批量生产，从而既缩短生产周期又提高工作效率，其通常作为更新换代的产品使用。

2．PGL 型低压配电屏

PGL 型低压配电屏是 1981 年以后由天津电气传动设计研究所设计的产品，1984 年通过部级产品鉴定。其型号含义如下：

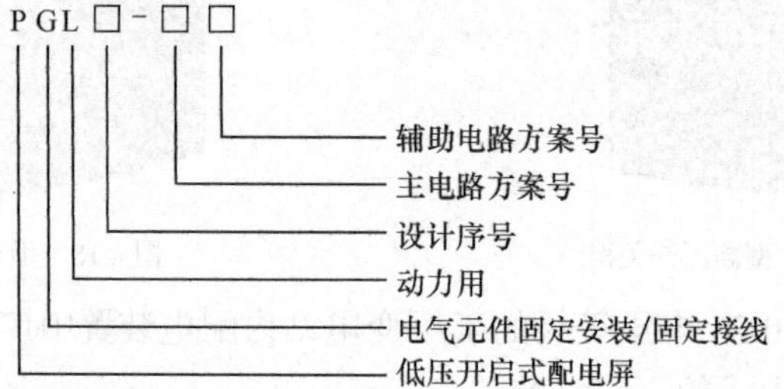

PGL 型低压配电屏一般用于发电厂、变电站、厂矿企业的动力配电及照明供电设备，适用于 50Hz、额定工作电压不超过 380V，额定工作电流 1 600A 及以下的交流低压配电系统中。其实物外形如图 4.19（b）所示。

PGL 型低压配电屏可以取代目前生产的 BSL 系列产品，具有结构设计合理、电路配置安全、防护性能好等特点。与 BSL 产品相比其分断能力强、动热稳定性好、运行安全可靠。PGL 型低压配电屏辅助电路方案与主电路方案相对应，每个主电路方案对应一个或数个辅助电路方案，用户可在选取主电路方案后，从对应的辅助电路方案中选取合适的电气原理图。

PGL 型低压配电屏具有开启式、双面维护的低压配电装置，基本结构用角钢和薄钢板焊接而成，屏面上方仪表板为开启式的小门，可装设指示仪表，屏面中段可安装开关的操作机构，屏面下方有门。屏上装有母线防护罩，组合安装的屏左右两端有侧壁板。屏之间有钢板弯制而成的隔板，这样就减少了由于一个单元（一面屏）因故障而扩大事故的可能性。母线系垂直放置，用绝缘板固定于配电屏顶部，中性母线装在屏下部。另外，PGL 型低压配电屏具有良好的保护接地系统，主接地点焊接在下方的骨架上，仪表门也有接地点与壳体相连，这样就构成了一个完整的接地保护电路。这个接地保护电路的可靠性高，产品防止触电的能力大大加强。

PGL1 型产品的分断能力为 15kA（有效值），PGL2 型产品的分断能力为 30kA，由不同线路方案的配电屏组成，根据需要可单独或并列使用。

4.3.10　电气设备的选择

电气设备的选择是供配电系统设计的关键环节。电气设备选择得是否恰当，对整个系统的安全可靠运行至关重要。

供配电系统中的电气设备是在一定的电压、电流、频率和工作环境条件下工作的，电气设备选择，除了应满足在正常工作时能安全可靠运行，适应所处的位置、环境温度、海拔，以及防尘、防腐、防爆等要求外，还应满足在短路故障时不致损坏的条件，开关电器还必须具有足够的断流能力。

电气设备的选择应遵循以下 4 个原则。

（1）按工作要求和环境条件选择电气设备的型号。

（2）按正常工作条件选择电气设备的额定电压和额定电流：GB/T 156—2017《标准电压》规定：高压电气设备的额定电压等于设备所在系统的最高电压的上限值，如表 4-4 所示。

表 4-4　高压电气设备的额定电压　单位：kV

设备所在的系统标称电压	3	6	10	20	35	66	110	220
高压电气设备的额定电压	3.6	7.2	12	24	40.5	72.5	126	252

目前高压断路器和高压开关柜已经执行新标准，其他高压电气设备因厂家而异，处于新老交替之中。

① 电气设备的额定电压 U_N 应不低于设备所在系统的标称电压 $U_{N.S}$，即

$$U_N \geqslant U_{N.S} \tag{4-4}$$

例如，在 10kV 系统中，应选择额定电压为 12kV 的电气设备，在 380V 系统中，应选择额定电压为 380V 或 500V 的电气设备。

② 电气设备的额定电流应不小于实际通过它的最大负荷电流，即计算电流 I_C，即

$$I_N \geqslant I_C \tag{4-5}$$

（3）按短路条件校验电气设备的动稳定性和热稳定性。

为保证电气设备在短路故障时不致损坏，就必须按最大短路电流校验电气设备的动稳定性和热稳定性。

动稳定是指电气设备在冲击短路电流所产生的电动力作用下，电气设备不致损坏。校验动稳定性，按电气设备的额定峰值耐受电流 i_{max} 不小于设备安装处的最大冲击短路电流 $i_{sh}^{(3)}$：

$$i_{max} \geqslant i_{sh}^{(3)} \tag{4-6}$$

热稳定是指电气设备载流导体在稳态短路电流作用下，其发热温度不超过载流导体短时的允许发热温度，即

$$I_{th}^{(2)} t_{th} \geqslant I_{\infty}^{(3)} t_{ima} \tag{4-7}$$

式中：$I_{th}^{(2)}$是额定短时耐受电流有效值；t_{th}是额短路持续时间；$I_{\infty}^{(3)}$是电流互感器一次侧绕组短路电流的稳态值；t_{ima}是短路电流的假想作用时间。

（4）开关电器断流能力校验。

断路器和熔断器等电气设备担负着切断短路电流的任务，必须可靠地切断通过的最大短路电流，因此，还必须校验开关电器的断流能力，其额定短路开断电流不小于安装地点最大三相短路电流。

高压电气设备的选择和校验项目如表4-5所示。

表4-5　　高压电气设备选择和校验项目

电气设备名称	额定电压（kV）	额定电流（A）	短路校验		
			动稳定性	热稳定性	断流能力（kA）
高压断路器	√	√	√	√	√
高压隔离开关	√	√	√	√	—
高压负荷开关	√	√	√	√	√（附熔断器）
高压熔断器	√	√	—	—	√
电流互感器	√	√	√	√	—
电压互感器	√	—	—	—	—
支柱绝缘子	√	—	√	√	—
套管绝缘子	√	√	√	√	—
母线（硬）	—	√	√	√	—
电缆	√	√	—	√	—

注：表中“√”表示必须校验，“—”表示不需要校验。

4.3.11　组合式成套变电站

组合式成套变电站又称箱式变电站，各个单元都由生产厂家成套供应、现场组合安装而成。这种成套变电站不必建造变压器室和高低压配电室等，从而大大减少了土建投资，便于深入负荷中心，简化供配电系统。由于组合式成套变电站全部采用无油或少油电器，因此运行更加安全可靠，降低了维护工作量。

组合式成套变电站

组合式成套变电站分为户内式和户外式两大类。目前户内式主要用于高层建筑和民用建筑群的供电；户外式则一般用于工矿企业、公共建筑和住宅小区供电。组合式成套变电站的实物如图4.20所示。

（a）户内组合式成套变电站

（b）户外组合式成套变电站

图4.20　组合式成套变电站实物

图4.20（a）所示为某城市一个区域中心的户内组合式成套变电站。这种变电站的进线一般采用电缆。高压设备一般为负荷开关熔断器组合环网开关柜，这些开关设备均具有全面的

防误操作联锁功能。低压成套设备设计有配电、动力、照明、计量、无功补偿等功能。为满足防火要求，户内均采用干式变压器。组合式成套变电站对高压开关柜在电气和机械联锁上都采取了“五防”措施，即：①防止误合闸、误分断断路器；②防止带负荷分、合隔离开关；③防止向已经接地的部位送电；④防止带电挂接地线；⑤防止误入带电间隔。组合式成套变电站虽然投资大，但可靠性高，运行维护方便，安装工作量小，自动化程度高，基本上可实现无人值守，因此被广泛使用。

图 4.20（b）所示为国内预装箱型户外组合式成套变电站，这种箱式变电站为统一的矩形，高度一般为 2.2m。箱式成套变电站各制造厂可根据用户的使用环境和地形特征，组成各种不同的箱体形状，使其外形设计与外界环境相协调。箱体的颜色与箱体的外形一样，色调可与外界环境相协调，如安装在街心花园或花丛中的，箱体可配以绿色；安装在路边或建筑群中的，颜色可与周围建筑相协调。箱体的材料可以用经过防腐处理的金属（如普通钢板、热镀锌钢板、铝合金板及夹层彩色钢板等），也可选用具有耐老化、防燃且具有防止产生危险静电荷作用的非金属（如玻璃纤维增加塑料板、复合玻璃钢板预制成型板、水泥预制成型板以及特种玻璃纤维增强水泥预制板等）。

技能训练一　变电站的送电与停电操作

1. 线路送电和停电的操作顺序

变电站对线路送电时，应采取的操作顺序是：拉开线路各端接地闸刀或拆除接地线，先合母线侧隔离开关或刀开关，再合线路侧隔离开关或刀开关，最后合高、低压断路器。

变电站对线路停电时，应采取的操作顺序是：拉开线路两端开关，拉开线路侧闸刀，拉开母线侧闸刀，在线路上可能来电的各端合上接地闸刀或挂接地线。

2. 送电与停电操作的注意事项

（1）切勿空载时让末端电压升高至允许值以上。

（2）投入或切除线路时，勿使电网电压产生过大波动。

（3）勿使发电机在无负荷情况下投入空载线路而产生自励磁。

3. 变电站主变压器停送电的操作顺序规定

变电站中的主变压器停送电操作顺序是：停电时，一般从负荷侧的开关拉起，依次拉到电源侧的开关，而且一定要按照先拉高、低压断路器，再拉线路侧隔离开关，最后拉母线侧隔离开关或刀开关顺序；送电时，则要按照先送电源侧，后送负荷侧的逆过程操作。这种操作顺序规定原因如下。

（1）从电源侧逐级向负荷侧送电时，如有故障，便于确定故障范围，及时做出判断和处理，以免故障扩大。

（2）多电源情况下，若先停负荷侧，则可以防止变压器反充电；若先停电源侧，遇到故障时可能会造成保护装置的误操作或拒动，延长故障切除时间，并可能扩大故障范围。

（3）当负荷侧母线电压互感器带有低周减荷装置，而未装电流闭锁时，一旦先停电源侧开关，由于大型同步电动机的反馈，则可能使低频减载装置产生误动作。

技能训练二　电力变压器的运行维护

1．变压器运行前的检查事项

变压器在投入运行前，应进行下列项目的检查。

（1）检查是否有试验合格证。如果发现试验检查合格证签发日期超过3个月，应重新测试绝缘电阻，此阻值应大于允许值且不小于原试验值的70%。

（2）检查变压器的绝缘套管是否完整，有无损坏裂纹现象，外壳有无漏油、渗油现象。

（3）检查变压器的高、低压引线是否完整可靠，各处接点是否符合要求。

（4）检查变压器一、二次侧熔断器是否符合要求。

（5）检查引线与外壳及电杆的距离是否符合要求，油位是否正常。

（6）检查防雷保护是否齐全，接地电阻是否合格。

2．变压器的常见故障分析

变压器在运行中，由于内部或外部的原因会发生一些异常情况，影响变压器的正常工作，甚至造成事故的发生。按变压器故障原因，一般可分为磁路故障和电路故障。磁路故障一般指铁心、轭铁及夹紧件间发生的故障。常见的有硅钢片短路、穿心螺栓及轭铁夹紧件与铁心之间的绝缘损坏以及铁心接地不良引起的放电等。电路故障主要指绕组和引线故障，常见的有线圈的绝缘老化、受潮、切换器接触不良、材料质量及制造工艺不良、过电压冲击及二次系统短路引起的故障等。

（1）变压器故障分析方法。

① 直观法。变压器控制屏上一般装有监测仪表，容量在560kV·A以上的还装有气体继电器、差动保护继电器、过电流保护装置等。通过这些仪表和保护装置可以准确地反映变压器的工作状态，及时发现故障。

② 试验法。出现匝间短路、内部绕组放电或击穿、绕组与绕组之间的绝缘被击穿等故障时，变压器外表特征不明显，因此不能完全靠外部直观法来判断，必须结合直观法进行试验测量，以正确判断故障的性质和部位，变压器故障试验常用的两种方法如下。

a．测绝缘电阻。用2 500V的绝缘电阻表测量绕组之间和绕组对地绝缘电阻，若其值为零，则说明绕组之间或绕组对地之间可能有击穿现象。

b．绕组的直流电阻试验。如果变压器的分接开关置于不同分接位置，测得的直流电阻值相差很大，则可能是分接开关接触不良或触点有污垢等；测得的低压侧相电阻与三相电阻平均值之比超过4%，或线电阻与三线电阻平均值之比超过2%，说明匝间可能发生短路或引线与套管的导管间接触不良；测得一次侧电阻极大时，表明高压绕组断路或分接开关损坏；二次侧三相电阻的测量误差很大时，则可能是引线铜皮与绝缘子导管断开或接触不良。

（2）变压器的常见故障。

① 变压器铁心对局部短路或熔毁。

造成的原因可能是：铁心片间绝缘严重损坏；铁心或轭铁的螺栓绝缘损坏；接地方法不当。

处理方法：用直流伏安法测片间绝缘电阻，找出故障点并进行修理；调换损坏的绝缘胶纸管；改正接地错误。

② 变压器运行中有异常响声。

造成的原因可能是：铁心片间绝缘损坏；铁心的紧固件松动；外加电压过高；过负荷运行。

处理方法：吊出铁心，检查片间绝缘电阻，进行涂漆处理；紧固松动的螺栓；调整外加电压；减轻负载。

③ 变压器绕组匝间、层间或相间短路。

造成的原因可能是：制作绕组时，导线表面有毛刺或尖棱，绕组绝缘扭伤或损坏，接头焊接不良从而使绕组匝间短路；某些绕组设计上有缺陷，例如太厚，造成内部积聚热量，使绝缘受烘烤变脆，以致发生匝间、层间或相间短路。

处理方法：吊出铁心，修理或调换线圈；减小负载或排除短路故障后修理绕组；修理铁心，修复绕组绝缘；用绝缘电阻表测试并排除故障。

④ 变压器高低绕组间或对地击穿。

造成的原因可能是：变压器受大气过电压的作用；绝缘油受潮；主绝缘因老化而有破裂、折断等缺陷。

处理方法：调换绕组；干燥处理绝缘油；用绝缘电阻表测试绝缘电阻，必要时更换绝缘电阻。

⑤ 变压器漏油。

造成的原因可能是：变压器油箱的焊接有裂纹；密封垫老化或损坏；密封垫不正或压力不均匀；密封填料处理不好，硬化或断裂。

处理方法：吊出铁心，将油放掉，进行补焊；调换密封垫；调整垫圈，重新紧固；调换填料。

⑥ 变压器油温突然升高。

造成的原因可能是：过负载运行；接头螺钉松动；线圈短路；缺油或油质变差。

处理方法：减小负载；停止运行，检查各接头并加以紧固；停止运行，吊出铁心，检查绕组；加油或调换全部变压器油。

⑦ 变压器油色变黑，油面过低。

造成的原因可能是：长期过载，油温过高；有水漏入或有潮气侵入；油箱漏油。

处理方法：减小负载；找出漏水处或检查吸潮剂是否生效；修补漏油处，加入新油。

⑧ 变压器气体继电器动作。

造成的原因可能是：信号指示未跳闸；信号指示开关未跳闸；变压器内部故障；油箱漏油。

处理方法：变压器内进入空气，造成气体继电器误动作，查出原因加以排除；变压器内部发生故障，查出故障加以处理。

⑨ 变压器着火。

造成的原因可能是：高、低压绕组层间短路；严重过载；铁心绝缘损坏或穿心螺栓绝缘损坏；套管破裂，油在闪络时流出来，引起盖顶着火。

处理方法：吊出铁心，局部处理或重绕线圈；减小负载；吊出铁心，重新涂漆或调换穿心螺栓；调换套管。

⑩ 变压器分接开关触头灼伤。

造成的原因可能是：弹簧压力不够，接触不可靠；动、静触头不对位，接触不良；短路使触头过热。

处理方法：测量直流电阻，吊出变压器后检查处理。

技能训练三　变电站值班人员对电气设备的巡查

值班人员当值期间，应按规定的巡视路线、巡视时间对全站的电气设备进行认真的巡视检查。在巡视检查时，应遵循下列原则和规定。

（1）遵守《电力安全工作规程 发电厂和变电站电气部分》（GB 26860—2011）中高压设备巡视的有关规定。

（2）为了防止巡查时漏巡视设备，每个变电站应绘制出设备巡视检查路线图，并报上级主管部门批准。运行人员应按规定的巡查路线进行巡查。

（3）巡查时要集中精神，发现故障应分析起因，并采取适当措施限制事故蔓延，遇有严重威胁人身和设备安全情况时，应按上级主管部门制定的《倒闸操作规程》及《事故处理规程》进行处理。

（4）对备用设备的运行维护要求等同于运行中的设备。

（5）有下列情况时，必须增加检查次数。

① 雷雨、大风、浓雾、冰雪、高温等天气时。

② 出线和设备在高峰负荷时。

③ 设备产生一般缺陷又不能消除，需要不断监视时。

④ 新投入或修试后的设备。

（6）在进行室内配电装置巡查时，除按上述规定外，还应满足下列要求。

① 高压设备发生接地时，不得靠近故障点 4m 以内，进入上述范围必须穿绝缘靴。接触设备的外壳时，必须戴绝缘手套。

② 进出高压室，必须随手将门关上。

③ 高压室钥匙至少应有 3 把，其中一把钥匙移交。

（7）室外配电装置是将所有电气设备和母线都装设在露天的落地基础、垂直支架或门型构架上。

① 母线及构架。室外配电装置的母线有硬母线和软母线两种。软母线多为钢芯铝绞线，三相呈水平布置，用悬式绝缘子挂在母线构架上。采用软母线时，相间及对地距离要适当增加。硬母线常用的有矩形和管形母线，固定于支柱绝缘子上。采用硬母线可节省占地面积。

室外配电装置的构架，可由钢筋混凝土制成。目前，我国在各类配电装置中推广应用一种以钢筋混凝土环形杆和钢梁组成的构架。

② 电力变压器。其采用落地布置，安装在双梁形钢筋混凝土基础上，轨道中心距等于变压器的滚轮中心距。当变压器油质量超过 1 000kg 时，按照防火要求，在设备下面应设置储油池或周围设挡油墙，其尺寸应比设备的外廓大 1m，并应在池内铺设厚度不小于 0.25m 的卵石层。主变压器与建筑物的距离不应小于 1.25m。

③ 断路器。断路器安装在高 0.5～1m 的混凝土基础上，其周围应设置围栏。断路器的操动机构须装在相应的基础上。

④ 隔离开关和电流互感器、电压互感器。这几种设备均采用高位布置，高度要求与断路器相同。

⑤ 避雷器。一般 110kV 以上的避雷器多采用落地式布置，即安装在 0.4m 高的基础上，四周加围栏。磁吹避雷器及 35kV 的阀型避雷器体形矮小，稳定性好，一般可采用高位布置。

⑥ 电缆沟。其结构与屋内配套电气设备的装置相同。

⑦ 道路。为方便运输设备和消防及运行人员巡查电气设备，在配电装置的周围应铺设道路。电缆沟盖板可作为巡视小道。

（8）对室外配电装置进行巡视时须注意以下事项。

① 遇有雷雨时，如要外出进行检查，必须穿绝缘靴，并不得靠近避雷针和避雷器。

② 高压设备发生接地时，不得靠近距故障点 8m 以内的范围，进入上述范围必须穿绝缘靴；接触设备的外壳时，应戴绝缘手套。

检　测　题

一、填空题

1. 高压变电站的主要高压电气设备有高压________、高压________、高压________、高压________、互感器、________和高压________等。

2. 变压器是变电站中关键的一次设备，其主要功能是________和________电压。变压器的台数选择取决于____。

3. 选择车间变电站变压器的台数时，对于一、二级负荷较大的车间，采用________独立进线，________台变压器；对于二、三级负荷，变电站设置________台变压器，其容量根据决定。

4. 电力变压器的容量是按________选择的，变压器都具有一定的过负荷能力，规定：室外变压器过负荷不得超过________%，室内变压器过负荷不得超过________%，干式变压器一般不考虑正常过负荷。

5. 专用于断开或接通高压电路的开关设备是________；按其采用的灭弧介质可划分为________、________和________等。

6. 用来隔离高压电源，以保证设备和检修人员安全的设备是高压________，按安装地点的不同划分为________式和________式两大类。

7. 有简单的灭弧装置和明显的断开点，可通断负荷电流和过负荷电流，但不能断开________电流的设备是________，按安装地点的不同划分为________式和________式两大类。

8. 高压熔断器是一种保护设备，其功能主要是对电路及其设备进行________保护和________保护。

9. 工程中电流互感器称作________，它可把大电流变换为________的小电流；电压互感器在工程中简称为________，它可把高电压变换为________的低电压。本质上电流互感器是一个________变压器，电压互感器是一个________变压器。

二、判断正误题

1. 电流互感器在运行中严禁短路，电压互感器在运行中严禁开路。（ ）

2. 高压断路器和高压隔离开关都是可以带负荷通、断高压线路的开关设备。（ ）

3. 高压隔离开关和高压负荷开关都是设置有灭弧装置的高压开关设备。（ ）

4. 跌落式高压熔断器具有明显可见的分断间隙，所以可作为高压隔离开关使用。（ ）

5. 常用的灭弧方法有速拉灭弧法、冷却灭弧法、真空灭弧法和吹弧灭弧法等。（ ）

三、单项选择题

1. 正确的倒闸操作的顺序是（ ）。（注：QF是高压断路器，QS是高压隔离开关）

A. 先断QF，再断QS；先合QS，再合QF

B. 先断QS，再断QF；先合QS，再合QF

C. 先断QF，再断QS；先合QF，再合QS

D. 先断QS，再断QF；先合QF，再合QS

2. 工厂变电站和民用独立变电站通常采用（ ）变压器。

A. 油浸风冷式　B. 油浸自冷式　C. 油浸水冲式　D. 强迫油循环冷式

3. 车间变电站主变压器的单台容量，一般不宜超过（ ）。

A. 500kV·A　B. 800kV·A　C. 1 000kV·A　D. 5 000kV·A

4. 电压互感器工作时（ ）。

A. 二次侧不得开路　B. 二次侧不得短路

C. 一次侧必须短路　D. 二次侧必须短路

四、简答题

1. 电力变压器在供配电技术中起什么作用？

2. 单台变压器容量的确定主要依据什么？若装有两台主变压器，容量又应如何确定？

3. 高压熔断器在电网线路中起什么保护作用？

4. 高压隔离开关在电力线路中起什么作用？高压负荷开关与高压隔离开关有什么不同？

5. 高压开关电器中熄灭电弧的基本方法有哪些？

6. 目前我国经常使用的高压断路器根据灭弧介质的不同分为哪些类型？其中高压真空断路器和六氟化硫断路器具有哪些特点？

7. 电压互感器和电流互感器在高压电网线路中的作用各是什么？在使用它们时各应注意哪些事项？

五、分析计算题

1. 某10kV/0.4kV车间变电站，总计算负荷为1400kV·A，其中一、二级负荷为750kV·A，试初步确定主变压器台数和单台容量。

2. 某企业总计算负荷为6 000kV·A，约45%为二级负荷，其余的为三级负荷，拟采用两台变压器供电，可从附近取两回35kV电源，假定变压器采用并联运行方式，试确定变压器的型号和容量。

第 5 章 工厂供配电系统电气主接线

知识目标

通过对本章的学习，学习者应了解变电站电气主接线的基本知识；熟悉工厂供配电系统电气主接线的形式和类型；了解变电站常用主接线在设计时的基本要求和方法；掌握供配电线路母线、导线和电缆的选择方法。

能力目标

通过技能训练环节一和二，应具有看懂、读懂电气图和电气主接线图的基本技能；通过技能训练环节三，应具有看懂、读懂照明工程图和动力配电图的能力。

素养目标

立足学生认知特点和教育规律，注重科学思维方法的训练和工程伦理的教育。通过本章教学，引导学生探索未知、追求真理、勇于攀登科学高峰的责任感和使命感；培养学生精益求精的大国工匠精神，激发学生科技报国的家国情怀和使命担当。

工厂供配电系统是指接受发电厂电源输出的电能，并进行检测、计量、变压等，然后向工厂及其用电设备分配电能的系统。工厂供配电系统通常包括厂内变电站，所有高、低压供配电线路及用电设备。为实现对用户的输电、受电、变电和配电功能，在工厂变电站中，必须把各种高、低压电气设备按一定的接线方案连接起来，组成一个完整的供配电系统。工厂供配电系统中直接参与电能的输送与分配的接线称为电气主接线，它由母线、开关、配电线路、变压器等组成。

电气主接线是工厂供配电系统的重要组成部分，电气主接线表明供配电系统中电力变压器、各电压等级的线路、无功补偿设备以最优化的接线方式与电力系统连接，同时也表明各种电气设备之间的连接方式。电气主接线的形式，影响着企业内部配电装置的布置、供电的可靠性、运行的灵活性和二次接线、继电保护等问题，对变电站以及电力系统的安全、可靠、优质和经济运行指标起着决定性作用。同时，电气主接线也是电气运行人员进行各种操作和事故处理的重要依据，只有了解、熟悉和掌握变电站的电气主接线，才能进一步了解电路中各种设备的用途、性能、维护检查项目和运行操作步骤等。因此，学习和掌握供配电系统电气主接线的相关知识和技能，对供配电技术人员至关重要。

5.1 变电站电气主接线基本知识

5.1.1 电气主接线概述

电气主接线概述

变电站由一次回路和二次回路构成。其中，一次回路在供配电系统中承担输送和分配电能的任务，常称为主回路，其电气接线也称作主接线。一次回路中所有的电气设备称为一次设备，如电力变压器、断路器、互感器等。

用来控制、指示、监测和保护一次设备运行的电路称为二次回路，二次回路中所有电气设备都称为二次设备或二次元件，如仪表、继电器、操作电源等。

变电站的电气主接线是表示电能输送和分配的电路图，又称作一次电路图。一次电路图中，将变电站中各种开关电器、电力变压器、母线、导线和电力电缆、并联电容器等电气设备用其图形符号表示，并以一定次序连接，最后构成单线表示的三相系统接线图。

（1）变电站的一次电路图有两种表示形式。

① 系统式主接线：该主接线仅表示电能输送和分配的次序及相互的连接情况，不反映相互位置，主要用于主接线的原理图中。

② 配置式主接线：该主接线按高压开关柜或低压开关柜的相互连接和部署位置绘制，常用于变电站的施工图中。

（2）变电站电气主接线应满足以下基本要求。

① 安全：主接线的设计应符合国家有关标准和技术规范的要求，能充分保证人身和设备的安全。

② 可靠：应满足电力负荷特别是一、二级负荷对供配电的可靠性要求。

③ 灵活：应能适应必要的各种运行方式，便于切换操作和检修，且适应负荷的发展。

④ 经济：在满足上述要求的前提下，尽量使主接线简单、投资少、运行费用低，并且节约电能和有色金属消耗量。

5.1.2 电气主接线有关基本概念

电气主接线有关基本概念

1. 主接线电气设备的配置

（1）隔离开关的配置。原则上，各种接线方式的断路器两侧应配置隔离开关，作为断路器检修时隔离电源的设备；各种接线的送电线路侧也应配置隔离开关，作为线路停电时隔离电源之用。此外，多角形接线中的进出线、接在母线上的避雷器和电压互感器等也要配置隔离开关。

（2）接地开关和接地器的配置。为保障电气设备、母线、线路检修人员的安全，在主接线设计中要配置足够数量的接地开关或接地器。

（3）避雷器、阻波器、耦合电容器的配置。为保持主接线设计的完整性，按常规要在主接线图上标明避雷器的配置。在6～10kV配电装置的母线和架空线进线处一般都要装设避雷器。各级电压配电装置的阻波器、耦合电容均要根据系统通信的要求配置。

（4）电流互感器、电压互感器的配置。应使变电站内各主保护的保护区与后备保护的保护区之间互相覆盖或衔接，以消除保护死区。小接地短路电流系统一般按两相式配置电流互感器，220kV 变电站的 10kV 出线、站用变压器和无功补偿设备通常要在主变压器回路配置两组电流互感器。电压互感器的配置方案，与电气主接线有关，目前国内 500kV 和 220kV 变电站，采用双母线接线时通常要在每段母线上装设公用的三相电压互感器，为线路保护、变压器保护、母线差动保护、测量表计同期提供母线二次电压。

2．电气主接线识读

高压配电站担负着从电力系统受电并向各车间变电站及某些高压用电设备配电的任务。图 5.1 所示的高压配电站电气主接线方案具有一定的代表性。下面按照电源进线、母线出线的顺序，对该配电站的各部分进行简要介绍。

（1）电源进线。图 5.1 所示配电站共有两路 10kV 电源进线，一路是架空线 1WL，另一路是电缆线 2WL。最常见的进线方案是一路电源来自发电厂或电力系统变电站，作为正常工作电源；另一路取自邻近单位的高压联络线，作为备用电源，也可采用两路电源同时供电的方案。

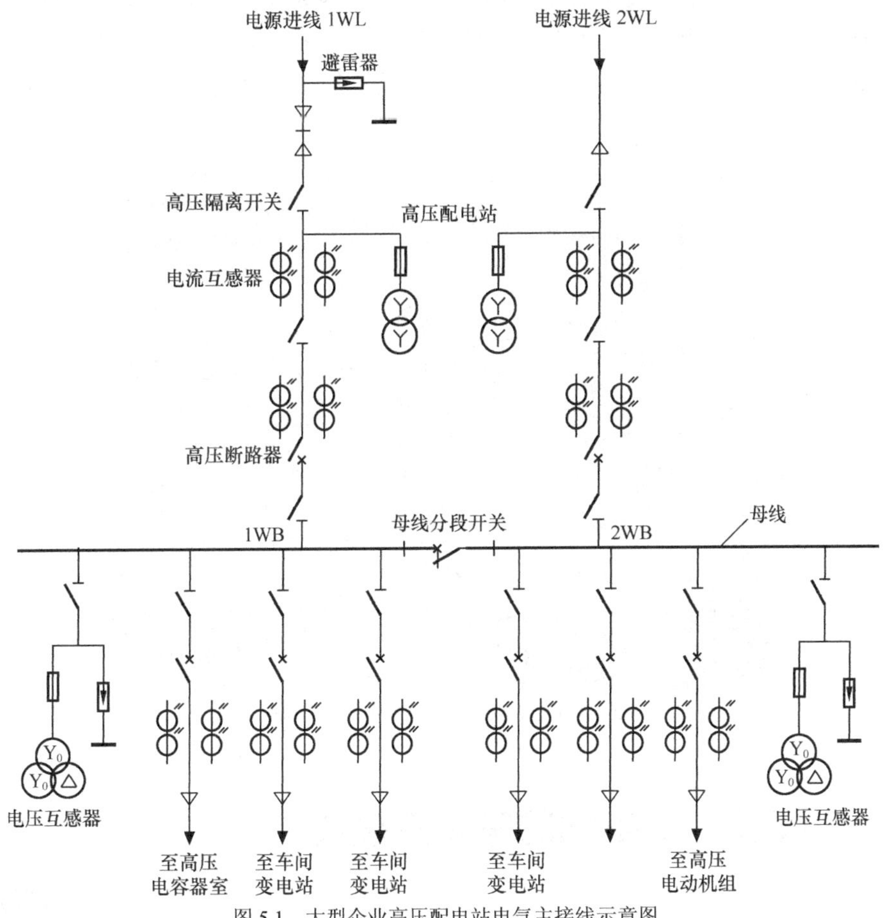

图 5.1　大型企业高压配电站电气主接线示意图

（2）母线。图 5.1 中的粗实线称为母线，母线又称为汇流排，是配电装置中用来汇集和分配电能的导体。因为该配电站采用一路电源工作，一路电源备用，因此母线分段开关通常是闭合的，高压并联电容器对整个配电站进行无功补偿。一旦工作电源发生故障或母线检修时，切除该路进线后，投入备用电源即可恢复对整个配电站的供电。如果安装设备用电源自动投切装置，则供电可靠性将进一步提高，但这时进线断路器的操作机构必须是电磁式或弹簧式的。

（3）检测、保护设置。为了测量、监视、保护和控制主电路设备的工作情况，每段母线上都接有电压互感器，进线和出线上都接有电流互感器，且电流互感器均有两个二次绕组，其中一个接测量仪表，另一个接继电保护装置。为了防止雷电过电压侵入高压配电站时击毁其中的电气设备，在各段母线上都装设了避雷器。避雷器和电压互感器同装设在一个高压开关柜内，且共用一组高压隔离开关。

（4）高压配电进出线。此高压配电站共有 6 路高压配电出线，分别由左段母线 1WB 经隔离开关—断路器连接车间变电站和无功补偿用的高压并联电容器组；由右段母线 2WB 经隔离开关—断路器连接高压电动机和车间变电站。由于高压配电线路都是由高压母线分配的，因此其出线断路器需在母线侧加装隔离开关，以保证断路器和出线的安全。

电气主接线图一般绘成单线图，只是在局部需要表明三相电路不对称连接时，才将局部绘制成三线图。电气主接线中有中性线时，可用虚线表示，使主接线清晰易读。在大中型企业变电站的控制室内，为了表明主接线的实际运行状况，通常设有电气主接线的模拟图，如图 5.2 所示。模拟图中的各种电气设备所显示的工作状态，与实际运行状态完全相对应。

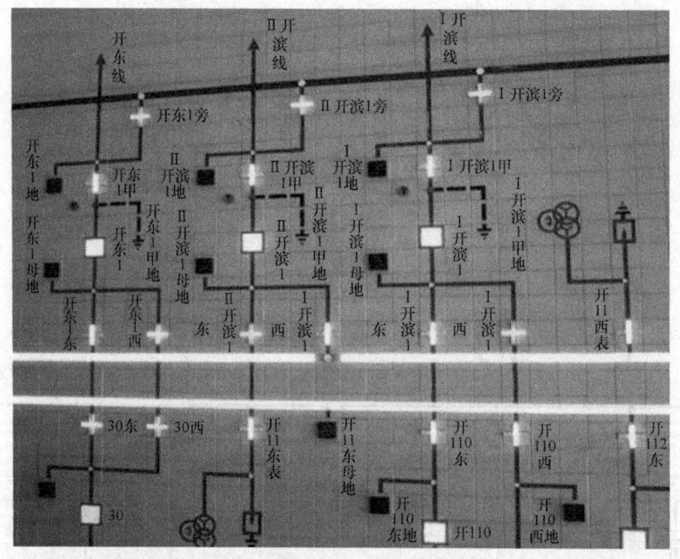

图 5.2 大中型企业变电站电气主接线模拟图示例

5.2 变电站的常用主接线

变电站的常用主接线

中型工厂的车间变电站和小型工厂变电站以及常见的新型组合式变电站，通常都是将 6～10kV 的高压降为一般用电设备或用户所需要的低压 380V/220V 的终端变电站，其变压器的容量一般不超过 1 000kV·A，其电气主接线方案比较简单。常用的主接线基本形式有线路-变压器组接线、单母线接线和桥式接线 3 种类型。

5.2.1 线路–变压器组接线

只有一路电源供电线路且只装有一台主变压器的变电站，高压侧一般采用无母线的线路-变压器组接线方式。根据变压器高压侧采用开关电器的不同，可以选择以下 4 种比较典型的线路-变压器组接线。

1．变压器容量在 630kV·A 及以下的户外变电站

对于户外变电站、箱式变电站或杆上变压器，高压侧可以用户外高压跌落式熔断器，跌落式熔断器可以接通和断开 630kV·A 及以下的变压器空载电流，如图 5.3 所示。这种主接线受跌落式熔断器切断空载变压器容量的限制，一般只适用于 630kV·A 及以下容量的变电站。

在检修变压器时，拉开跌落式熔断器可以起到隔离开关的作用；在变压器发生故障时，又可作为保护元件自动断开变压器。其低压侧必须装设带负荷操作的低压断路器。这种电气主接线方案相当简单经济，但供电可靠性不高，当主变压器或高压侧停电检修或发生故障时，整个变电站将停电。如果稍有疏忽，还会发生带负荷拉闸的严重事故。所以，这种电气主接线方案只适合于小容量的三级负荷的变电站。

2．变压器容量在 320kV·A 及以下的户内外附设式车间变电站

对于户内结构的变电站，高压侧可选用隔离开关和户内式高压熔断器，如图 5.4 所示。隔离开关用于检修变压器时切断变压器与高压电源的联系，但隔离开关仅能切断 320kV·A 及以下变压器的空载电流，因此停电时要先切除变压器低压侧的负荷，然后才可拉开隔离开关。高压熔断器能在变压器故障时熔断而断开电源。为了加强变压器低压侧的保护，变压器低压侧出口处总开关应尽量采用低压断路器。这种电气主接线仍然存在着在排除短路故障时恢复供电的时间较长、供电可靠性不高等缺点，一般也只适用于三级负荷的变电站。

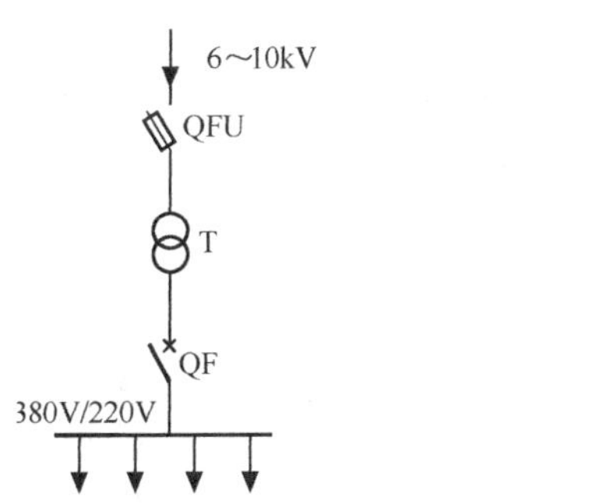

图 5.3 630kV·A 及以下户外变电站接线

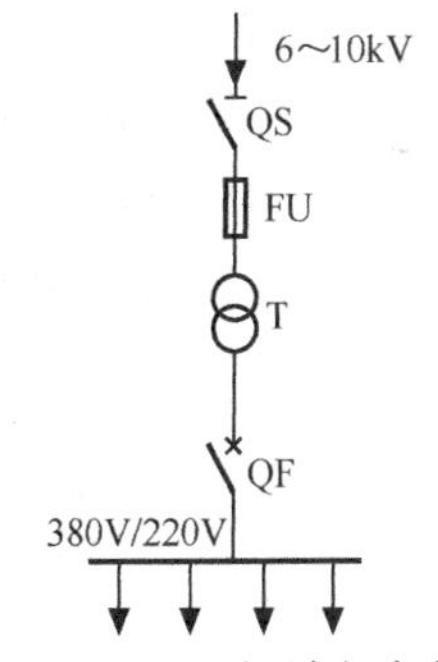

图 5.4 320kV·A 及以下车间变电站接线

3．变压器容量在 560～1 000kV·A 时的变电站

变压器高压侧选用负荷开关和高压熔断器时，负荷开关可在正常运行时操作变压器，熔断器可在短路时保护变压器。当熔断器不能满足断电保护条件时，高压侧应选用高压断路器。这种接线方式由于负荷开关和熔断器能带负荷操作，从而使变电站的停、送电操作简便灵活得多，其接线方式如图 5.5（a）所示。

4．变压器容量在 1 000kV·A 以下的变电站

变压器高压侧选用隔离开关和高压断路器的接线方案，其中隔离开关作为变压器、断路器检修时的隔离电源用，需要装设在断路器之前，而高压断路器则作为正常运行时接通或断开变压器并在变压器故障时切断电源用。这种接线方案如图 5.5（b）所示。

图 5.5（b）所示接线方案，一般也只适用于三级负荷的变电站；但如果变电站低压侧有联络线与其他变电站相连，或另有备用电源时，则可用于二级负荷的变电站。如果变电站有两路电源进线，则供电可靠性相应提高，可适用于二级负荷的变电站或少量一级负荷的变电站。

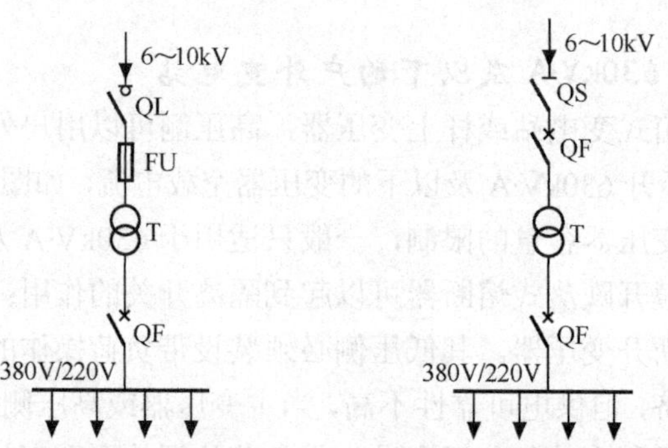

（a）560～1 000kV·A 的变电站主接线　（b）1 000kV·A 及以下变电站主接线

图 5.5　560～1 000kV·A 的电气主接线方案

5.2.2　单母线接线

单母线接线又可分为单母线不分段和单母线分段两种接线方式。

单母线接线

1．单母线不分段接线

单母线不分段接线的特点是只设一条汇流母线，电源线和负荷线均通过一台断路器接到母线上。单母线不分段接线是母线制接线中最简单的一种接线方式，其优点是接线简单、清晰，采用设备少，造价低，操作方便，扩建容易。单母线不分段接线的缺点是可靠性不高，当发生任一连接元件故障或断路器拒动及母线故障时，都将造成整个供电系统停电。

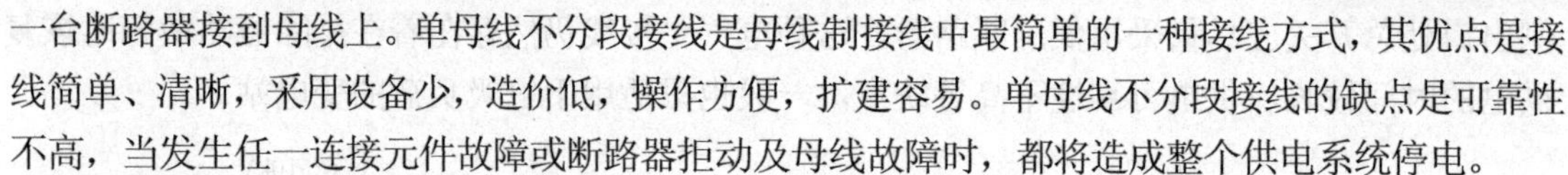

单母线不分段接线可作为最终接线，也可以作为过渡接线。只要在布置上留有位置，单母线接线即可过渡到单母线分段接线、双母线接线、双母线分段接线。

单母线不分段接线方式如图 5.6（a）所示。

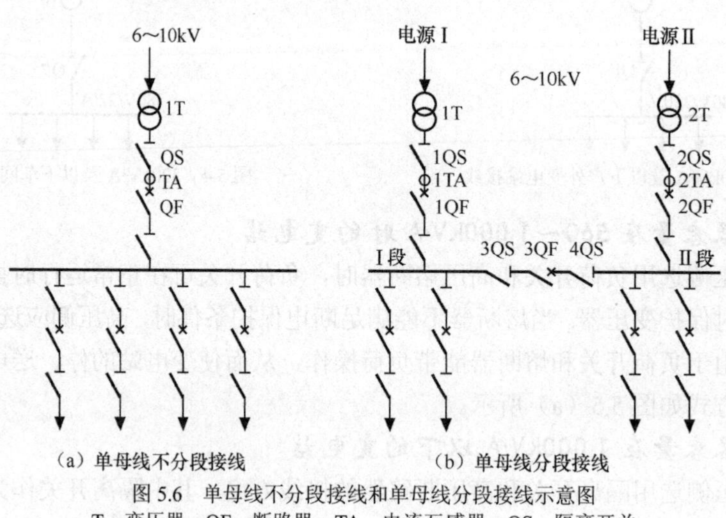

（a）单母线不分段接线　（b）单母线分段接线

图 5.6　单母线不分段接线和单母线分段接线示意图

T—变压器；QF—断路器；TA—电流互感器；QS—隔离开关

2. 单母线分段接线

单母线分段接线是为了消除单母线不分段接线的缺点而产生的一种接线，如图 5.6（b）所示。其用断路器将母线分段，分段后母线和母线隔离开关可分段轮流检修。对重要用户，可从不同母线段引出双回路供电。当一段母线发生故障、任一连接元件故障或断路器拒动时，由继电保护动作断开分段断路器，将故障限制在故障母线范围内，非故障母线继续运行，整个配电装置不会全停。

母线分段后，可提高供电的可靠性和灵活性。在正常运行时，分段断路器可以接通也可以断开运行。当分段断路器断开运行时，分段断路器除装有继电保护装置外，还应装有备用电源自动投入装置，分段断路器断开运行，有利于限制短路电流。

单母线分段接线还可以采用双回路供电，即从不同段上各自引入一路电源进线，形成两个电源供电，以保证供电的可靠性。

单母线分段接线，与单母线不分段接线相比，虽然提高了供电可靠性和灵活性，但若电源容量较大和出线数目较多，尤其是单回路供电的用户较多，当一段母线或母线隔离开关故障或检修时，必须断开接在该分段上的全部电源和出线，造成该段单回路供电的用户停电。而且，任一出线断路器检修时，该回路必须停止工作。因此，一般认为单母线分段接线应用在电压 6～10kV，出线在 6 回及以上时，每段所接容量不宜超过 25MW。

双母线接线

3. 双母线接线

为克服单母线分段隔离开关检修时该段母线上所有设备都要停电的缺点，引入双母线接线。双母线接线将工作线、电源线和出线通过一台断路器和两组隔离开关连接到两组母线上，而且两组母线都是工作线，每一回路都可通过母线联络断路器并列运行。

与单母线接线相比，双母线接线的优点是供电可靠性高，可以轮流检修母线而不使供电中断，当一组母线故障时，只要将故障母线上的回路切换到另一组母线，就可迅速恢复供电，另外还具有调度、扩建、检修方便等优点。双母线接线的缺点是每一回路都增加了一组隔离开关，使配电装置的构架及占地面积、投资费用都相应增加；同时由于配电装置的复杂性，在改变运行方式倒闸操作时容易发生误操作，且不易实现自动化；尤其是当母线故障时，须短时切除较多的电源和线路，这在特别重要的大型发电厂和变电站是不允许的。

双母线接线示意图如图 5.7 所示。

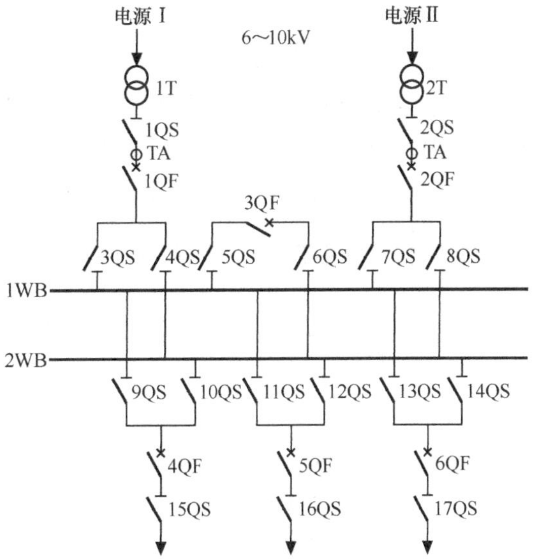

图 5.7　双母线接线示意图

5.2.3　桥式接线

桥式接线有内桥式接线和外桥式接线两种，如图 5.8 所示。

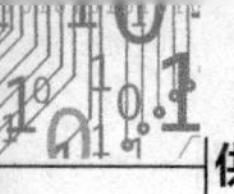

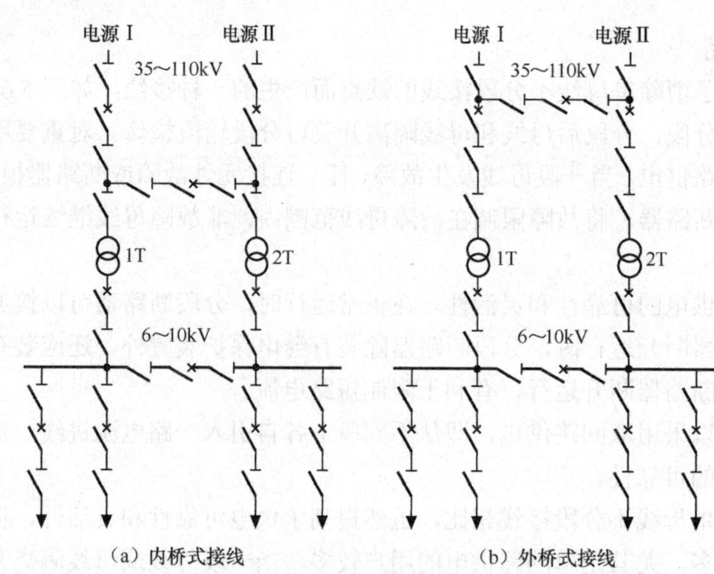

（a）内桥式接线　　（b）外桥式接线

图 5.8　桥式接线

桥式接线

当线路只有两台变压器和两回输电线路时可采用桥式接线。桥式接线所需的断路器数目较多。其中内桥式接线适用于电压为 35kV 及以上、电源线路较长、变压器不需要经常操作的配电系统；外桥式接线则一般应用于电压为 35kV 及以上、在运行中变压器经常切换、输电线路比较短的系统。

桥式接线适用于对供电可靠性要求较高的一、二级负荷供电。

5.3　总降压变电站主接线

一般大中型企业采用 35～110kV 电源进线时都设置总降压变电站，将电压降至 6～10kV 后分配给各车间变电站和高压用电设备。总降压变电站主接线一般有线路-变压器组、单母线、桥式等几种接线形式。下面按单电源进线和双电源进线两种情况，介绍总降压变电站常用的电气主接线。

单电源进线的总降压变电站主接线

5.3.1　单电源进线的总降压变电站主接线

1．高压侧无母线、低压侧单母线分段接线

对于一、二级负荷或用电量较大的变电站，应采用两个独立回路作电源进线，如图 5.9 所示。

这种电气主接线的供电可靠性较高，当任一主变压器或任一电源进线停电检修或发生故障时，该变电站通过闭合低压母线分段开关，即可迅速恢复对整个变电站的供电。如果两台主变压器高压侧断路器装设互为备用的备用电源自动投入装置，则任一主变压器高压侧断路器因电源断电或失电压而跳闸，另一台主变压器高压侧的断路器在备用电源自动投入装置作用下自动合闸，恢复整个变电站的供电。这时该变电站可供一、二级负荷。

2．高压侧单母线、低压侧单母线分段接线

这种主接线适用于装有两台及以上主变压器或具有多路高压出线的变电站，供电可靠性

也较高，其接线方式如图 5.10 所示。

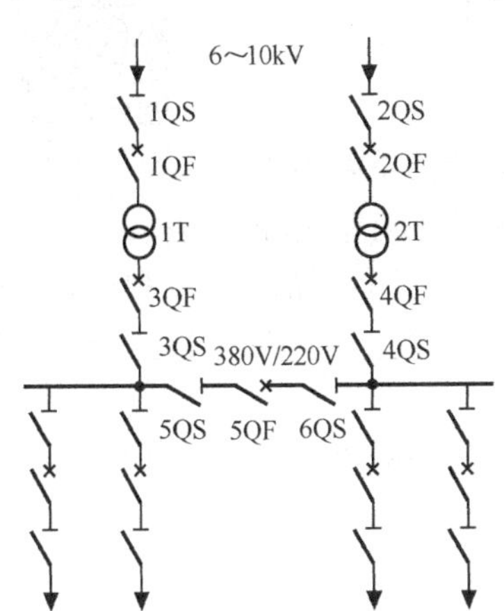

图 5.9　高压侧无母线、低压侧单母线分段接线

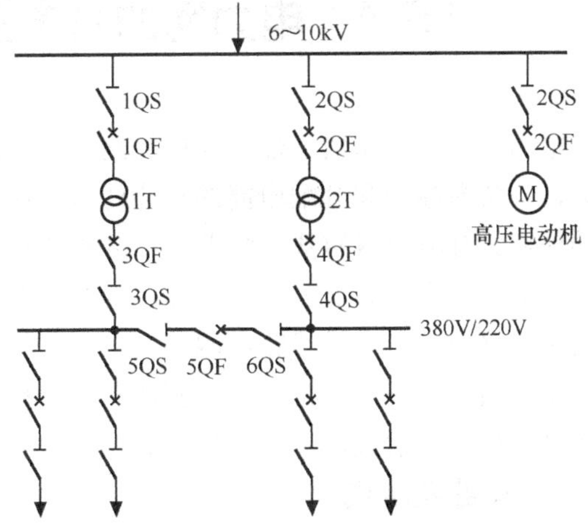

图 5.10　高压侧单母线、低压侧单母线分段接线

在这种接线方式中，任一主变压器检修或发生故障时，通过切换操作，即可迅速恢复对整个变电站的供电。但在高压母线或电源进线进行检修或发生故障时，整个变电站仍会停电。这时只能供电给三级负荷。如果有与其他变电站相连的高压或低压联络线，则可供电给一、二级负荷。

双电源进线的总降压变电站主接线

5.3.2　双电源进线的总降压变电站主接线

1．高、低压侧均为单母线分段接线

高、低压侧均为单母线分段的变电站主接线图如图 5.11 所示。

高、低压侧均为单母线分段的主接线，其两段高压母线在正常时可以接通运行，也可以分段运行。任一台主变压器或任一路电源进线停电检修或发生故障时，通过切换操作，均可迅速恢复整个变电站的供电，因此供电可靠性相当高，通常用来给一、二级负荷供电。

工厂中的双电源变电站，其工作电源常常一路引至本厂或车间的低压母线，备用电源则引至邻近车间 380V/220V 配电网。如果要求带负荷切换或自动切换，则在工作电源的进线上，均需装设低压断路器。

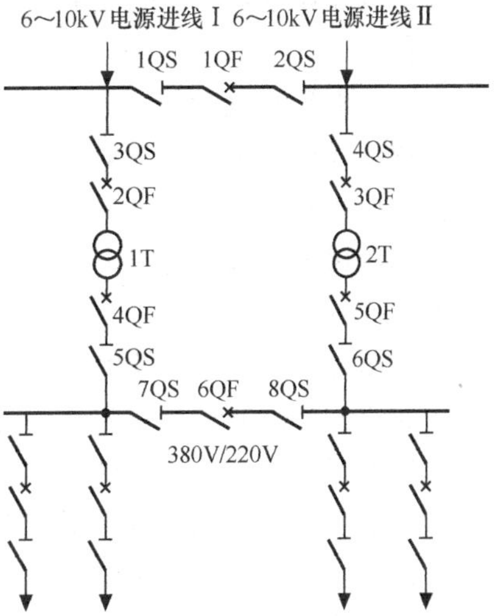

图 5.11　高、低压侧均为单母线分段接线

2．桥式主接线

若大中型企业中存在一、二级负荷，且总降压变电站的供电线路较长，负荷比较平衡，变压器不需要频繁操作，没有穿越功率，则总降压变电站宜采用内桥式主接线；如果供电线路不够长，负荷存在波动，变压器操作频繁，存在穿越功率，则总降压变电站需采用外桥式接线。桥式主接线的最大优点就是可靠性高、操作灵活。

5.4 电力网的基本接线方式

电力网就是变压器加输、配电线路。电力网是供配电系统的重要组成部分，担负着输送和分配电能的重要任务，在整个供配电系统中有举足轻重的作用。对电力网的基本要求是：供电安全可靠、操作方便、运行灵活、经济和有利发展。

电力网按电压高低分，有 1kV 以上的高压电网和 1kV 以下的低压电网；按结构形式分，有架空线路电网和电缆线路电网等。

电力网的接线方式是指由电源端向负荷端输送电能时采用的网络形式。常用的接线方式有 3 种类型：放射式、树干式和环式。

1．放射式接线

放射式接线是指以变电站为中心，供电线路向四周延伸而线路上不与其他变电站的出线相连的接线方式。在放射式接线中，变电站母线上引出的分支线路直接向某车间变电站或某高、低压设备供电，沿线不支接其他负荷。放射式接线形式如图 5.12 所示。

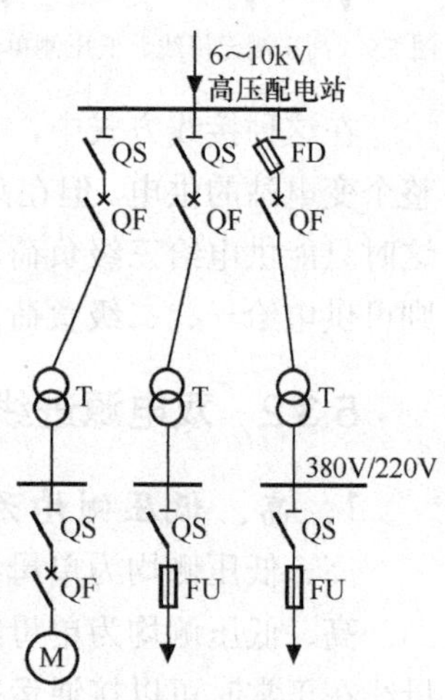

图 5.12　放射式接线

放射式接线的优点是每个负荷均由一回线路单独供电，各支线电路之间互不影响。某支线发生故障时不会影响其他支线正常运行，因此可靠性高，控制灵活，易于实现集中控制；缺点是支线多，所用开关设备多，投资大。

放射式接线常用于一级负荷配电，大容量设备配电，潮湿或腐蚀、有爆炸危险环境的配电，即多用于对供电可靠性要求较高的设备。

2．树干式接线

树干式接线是指由变电站母线上引出的配电干线上，沿线支接了几个车间变电站或用电设备的接线方式。

高压树干式接线有单电源树干式接线、双树干式接线和两电源单树干式接线 3 种，其供电可靠性各有不同。

低压树干式接线有放射树干式接线、干线树干式接线和链式接线等几种形式。

树干式接线的特点是多个负荷由一条干线供电，采用的开关设备较少，但干线发生故障时，影响范围较大，所以供电可靠性较低，且在实现自动化方面适应性较差。若要提高树干式接线的供电可靠性，可采用双干线供电或两端供电的接线方式。

图 5.13 所示的树干式接线比较适用于供电容量较小，而分布较均匀的用电设备组，如机械加工车间、小型加热炉等。

3．环式接线

高压环式接线如图 5.14 所示。环式接线中，当干线上任何地方发生故障时，只要找出故障段，拉开两侧的隔离开关，把故障切除后，全部线路就可以恢复供电。由于闭环运行时继电保护整定比较复杂，所以正常运行时一般均采用开环运行方式，即高压环式接线中有一处开关是断开的。高压环式接线运行灵活，供电可靠性高，在现代化城市配电网中应用较广。

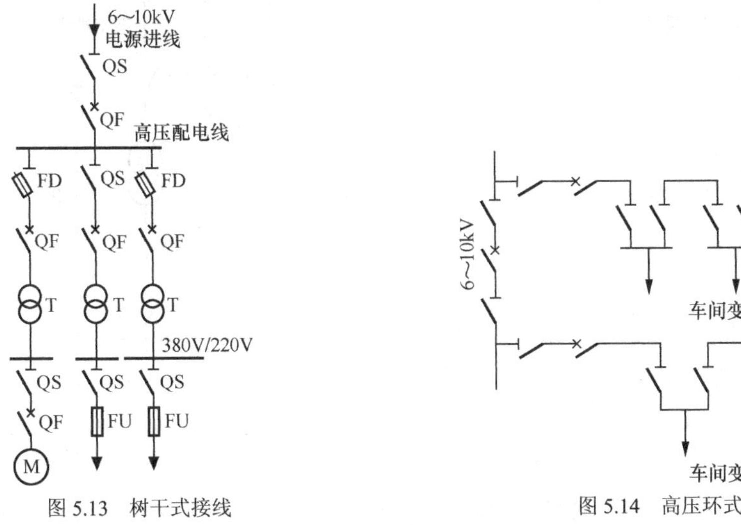

图 5.13　树干式接线　　　　图 5.14　高压环式接线

低压电网采用环式接线时，接线运行灵活，供电的可靠性较高。任一线路发生故障或检修时，都不会造成供电中断。只要完成切换电源的操作，就能恢复供电。环式接线可使电能损耗或电压损失减少，既能节约电能又容易保证电压质量。但它的保护装置及其整定配合相当复杂，如果配合不当，则容易发生误动作而扩大故障停电范围。低压环式接线如图 5.15 所示。

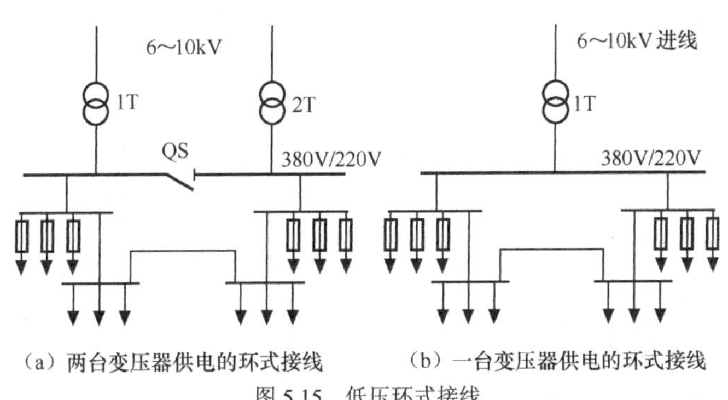

（a）两台变压器供电的环式接线　　（b）一台变压器供电的环式接线

图 5.15　低压环式接线

实际中，电力网的接线往往是几种接线方式的组合，究竟采用什么接线方式，应根据具体情况及对供电可靠性的要求，对技术、经济指标综合比较后才能确定。一般来说，配电系统宜优先考虑采用放射式接线，对于供电可靠性要求不高的辅助生产区和生活住宅区，可考虑采用树干式接线或环式接线。

5.5　车间变电站主接线

车间变电站主接线

车间变电站是将 6～10kV 的电压降为 380V/220V 的电压，直接供给用电设备的终端变电站。车间变电站的主接线一般比较简单，图 5.16 和图 5.17 所示分别为电缆进线和架空进线单台变压器的车间变电站的主接线。

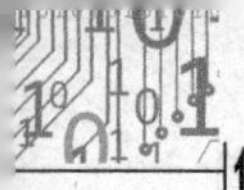

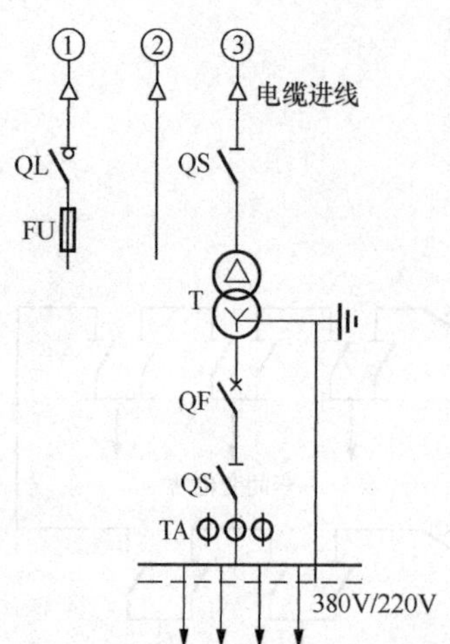

图 5.16　电缆进线单台变压器的车间变电站主接线

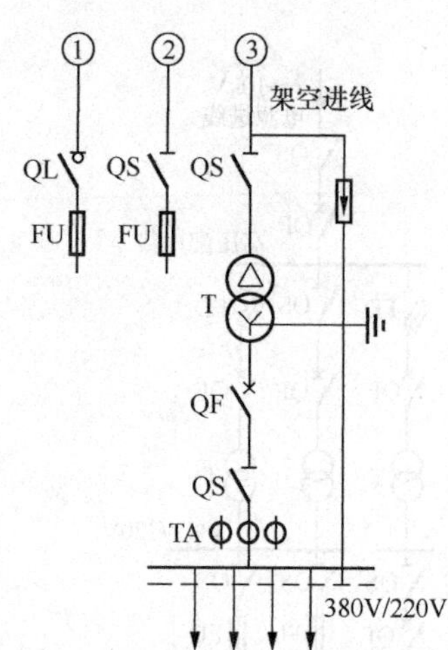

图 5.17　架空进线单台变压器的车间变电站主接线

图 5.16 和图 5.17 均为一次侧线路-变压器组接线类型，二次侧为单母线接线。由图 5.16 可以看出，采用电缆进线时高压侧不装避雷器，只装设简单的隔离开关、负荷开关、熔断器和变压器室；图 5.17 所示的架空进线的车间变电站，高压侧都安装有避雷器，且避雷器的接地线应与变压器低压绕组中性点及外壳相连后接地，以防止雷电过电压侵入变电站破坏电气设备。

当车间变电站为双回路进线且有两台变压器时，采用一次侧双线路-变压器组接线，二次侧单母线分段接线，如图 5.18 所示。

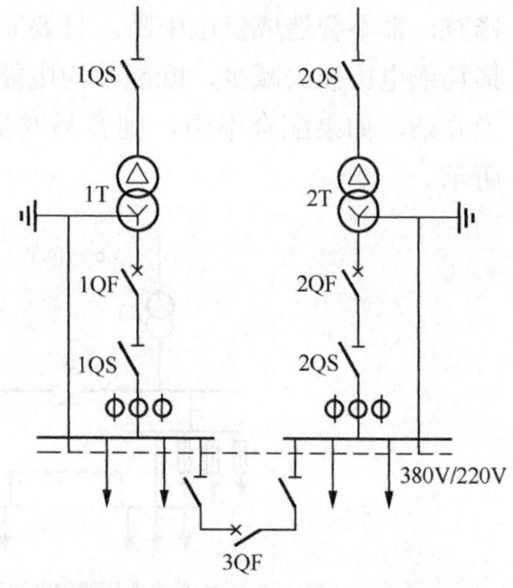

图 5.18　双回路进线车间变电站主接线

双回路进线的车间变电站，供电可靠性较高，可供一、二级负荷用电。

车间变电站的布置形式有户内式、户外式和混合式 3 种。户内式变电站将变压器、配电装置安装于室内，工作条件好，运行管理方便；户外式变电站将变压器、配电装置全部安装于室外；混合式变电站则部分安装于室内、部分安装于室外。车间变电站主要由变压器室、低压配电室、电容器室、控制室、休息室、工具间等组成。

对车间变电站布置的要求如下。

（1）室内布置应紧凑合理，便于值班人员操作、检修、试验、巡视和搬运，配电装置安放位置应满足最小允许通道宽度，考虑今后发展和扩建的可能。

（2）合理布置变电站各室位置，电容器室与低压配电室应与变压器室相邻，且方便进出线，控制室和值班室的位置应方便运行人员工作和管理。

（3）变压器室和电容器室，应避免日晒，控制室和值班室应尽量朝南，以尽可能利用自然采光和通风。

（4）配电室的设置应符合安全和防火要求，对电气设备载流部分应采用金属网板隔离。

（5）配电室、变压器室、电容器室的门均应向外开，相邻的配电室的门应双向开启。

（6）变电站内不允许采用可燃材料装修，不允许热力管道、可燃气管等管道从变电站经过。

工程案例

电气主接线表明了一次设备的数量及作用，设备间的连接方式及与电力系统的连接情况。图 5.18 所示为某工厂车间变电站的电气主接线。

从电气主接线图可看出，该车间变电站采用了双回路供电系统，因此供电可靠性高，可以供一级、二级负荷用电。两个供电回路上均装设了高压隔离开关、高压断路器、具有接地装置的电力变压器、电流互感器等一次设备。无论哪一供电回路，其二次回路均采用了三相四线制的供电系统，可直接对车间内的三相电动机或单相设备供电。

5.6　供配电线路母线、导线和电缆的选择

母线、导线和电缆都是用来输送和分配电能的导体。在供配电系统中，它们选择得恰当与否，关系到供配电系统能否安全、可靠、优质、经济地运行。

5.6.1　母线、导线和电缆形式的选择

母线形式的选择

1．硬母线

工厂变电站中，硬母线通常用来汇集和分配电流，因此也被称为汇流排，简称母线。

母线材料一般为铜、铝和钢。其中铜的电阻率较低、机械强度较大、抗腐蚀能力较强，因此是最好的母线材料。但其价格贵，所以仅用在空气中含有腐蚀性气体的屋外配电装置中。铝的电阻率略高于铜，但铝较轻、价格相对铜较便宜，所以广泛应用于工厂企业的变电站。钢的电阻率大，在交流电路中使用它将产生涡流和磁滞损耗，电压损失也较大，但其机械强度较大且最便宜，因此常用于工作电流不大于 200～300A 的电路中，尤其在接地装置中，接地母线普遍采用钢母线。

母线的排列方式应考虑散热条件好，且短路电流通过时具有一定的热、动稳定性。常用的排列方式有水平布置和垂直布置两种。

母线截面形状应力求使趋肤效应系数小、散热好、机械强度高和安装简便。容量不大的工厂变电站多采用矩形截面的母线。另外，母线表面涂漆可以增加热辐射能力，而且有利于散热和防腐。因此，电力系统统一规定：交流母线 A、B、C 三相按黄、绿、红标示，接地的中性线用紫色标示，不接地的中性线用蓝色标示，以方便识别各相的母线。

2．架空导线

架空导线又称为软母线，是构成工厂供配电网络的主要元件，在屋外配置时也常采用架空导线作母线。

架空导线形式的选择

通常户外架空线路 6kV 及以上电压等级一般采用裸导线，380V 电压等级一般采用绝缘导线。裸导线常用的型号及适用范围如下。

（1）铝绞线（LJ）。

铝绞线导电性能较好，重量轻，对风雨作用的抵抗力较强，但机械强度较差、抗化学腐蚀能力较差，多用于 6～10kV 的高空架空线路，其受力不大，杆距不超过 100～125m。

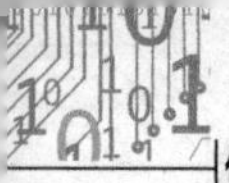

（2）钢芯铝绞线（LGJ）。

钢芯铝绞线的外围为铝线，芯子采用钢线，从而解决了铝绞线机械强度差的问题。由于交流电的趋肤效应，电流通过导线时，实际只从铝线经过，因此钢芯铝绞线的截面就是其中铝线的截面。在机械强度要求较高的场合和 35kV 及以上架空线路多采用钢芯铝绞线。当高空架空线路挡距较大、电杆较高时，也适宜采用钢芯铝绞线。

（3）铜绞线（TJ）。

铜绞线导电性能好，机械强度高，对风雨和化学腐蚀作用抵抗力较强，但价格偏高，是否选用应根据实际需要来定。

（4）防腐钢芯铝绞线（LGJF）。

防腐钢芯铝绞线具有钢芯铝绞线的特点，同时防腐性能好，一般用在沿海地区、咸水湖及化工工业地区等周围有腐蚀性物质的高压和超高压架空线路上。

架空线路由导体、电杆、横担、绝缘子、线路金具等组成。

架空线路敷设时，不同电压等级线路的挡距不同。挡距又称为跨距，指同一线路上相邻两电杆中心线之间的距离。一般 380V 线路挡距为 50～60m，6～10kV 线路挡距为 80～120m。

另外，同一电杆上线间距离简称线距，通常线距与线路电压等级及挡距等因素有关。380V 线路的线距为 0.3～0.5m，10kV 线路的线距为 0.6～1m。

3．电力电缆

电力电缆广泛应用于工厂配电网络，其结构主要由导体、绝缘层和保护层 3 部分组成。按照电缆芯子材质的不同可分为铜芯电缆和钢芯电缆两种。

电缆的导体一般由多股铜线或多股铝线绞合而成，以便于弯曲，线芯呈扇形，以减小电缆的外径。电缆的绝缘层将导体线芯之间及线芯与大地之间进行良好的绝缘。电缆的保护层则用来保护绝缘层，使其密封并具有一定的强度，以承受电缆在运输和敷设时所受的机械力，同时可防止潮气侵入。

电缆的主要优点是供电可靠性高，不易受雷击、风害等外力破坏；可埋于地下或电缆沟内，使形象整齐美观；线路电抗小，可提高电网功率因数。缺点是投资大，约为同级电压架空线路投资的 10 倍；而且电缆线路一旦发生事故难于查找原因和检修。

常用的塑料绝缘电力电缆结构简单，重量轻，抗酸碱，耐腐蚀，敷设安装方便，并可敷设在较大高落差或垂直、倾斜的环境中，有逐步取代油浸纸介绝缘电缆的趋向。在振动剧烈、有爆炸危险、高温及对铝有腐蚀的特殊场所的高压电缆线路，常采用铜芯电缆。常用的两种是聚氯乙烯绝缘及护套电缆（已达 10kV 电压等级）和交联聚乙烯绝缘电缆（已达 110kV 电压等级）。

低压电缆线路一般采用铝芯电缆，特别重要的或有特殊要求的线路可采用铜芯电缆。低压配电系统中应采用四芯或五芯电缆。重要的高层建筑、公共建筑及人员密集场所应选用阻燃型电力电缆；敷设在吊顶内、电缆隧道内及电缆桥架内的电缆也应选用阻燃型电缆。

当建筑物内火灾自动报警保护对象为一级负荷时，或消防用电供电负荷，均应采用耐火型电缆。低压穿管线路，一般采用铝芯绝缘电缆线；但特别重要的或有特殊要求的线路，可采用铜芯绝缘线。

4．常用绝缘导体型号及选择

建筑物或车间内采用的配电线路及从电杆上引进户内的线距一般采用绝缘导体。绝缘导体的线芯材料有铝芯和铜芯两种。

绝缘导体外皮的绝缘材料有塑料和橡胶两种，塑料绝缘导体的绝缘性能良好、价格低，可节约橡胶和棉纱，在室内敷设可取代橡胶绝缘导体。橡胶绝缘导体目前已基本不使用了。塑料绝缘导体不宜在户外使用，以免高温时软化，低温时变硬、变脆。

常用的塑料绝缘导体型号有：BLV（BV），BLVV（BVV），BVR。型号中 B 表示布导体，V 表示聚氯乙烯，R 表示软导体，L 表示铝芯，铜芯不表示。例如，BV 表示铜芯聚氯乙烯布绝缘导体，BVR 表示铜芯聚氯乙烯布软导体。

5.6.2 母线、导线和电缆截面的选择

母线、导线和电缆截面的选择

1．母线、导线和电缆截面选择的条件

为了保证供配电线路安全、可靠、优质、经济地运行，供配电线路的母线、导线和电缆截面的选择必须满足以下几个条件。

（1）通过正常最大负荷电流时产生的温度，不应超过其正常运行时的最高允许温度。

（2）通过正常最大负荷电流时产生的电压损耗，不应超过正常运行时允许的电压损耗。对于厂内较短的高压线路，可不进行电压损耗校验。

（3）35kV 及以上高压线路及电压 35kV 以下但距离长、电流大的线路，其导线和电缆截面宜按经济电流密度选择，以使线路的年费用支出最小，企业内的 10kV 及以下线路可不按此原则选择。

（4）裸导线和绝缘导线截面不应小于其最小允许截面。对于电缆，由于有内、外护套，机械强度一般满足要求，不需校验，但需校验短路热稳定度。

除此之外，绝缘导线和电缆截面的选择还要满足工作电压的要求。

2．按发热条件选择母线、导线和电缆的截面

电流通过导线时，要产生能耗，使导线发热。裸导线温度过高还会使接头处氧化加剧，增大接触电阻，进一步加剧氧化，最后甚至会引起断线。绝缘导线和电缆的温度过高时，可使绝缘加速老化甚至烧毁导线。因此，母线、导线和电缆的截面还应按发热条件来选择，使其允许载流量 I_{al} 不小于通过相线的计算电流 I_C，即

$$I_{al} \geqslant I_C \tag{5-1}$$

所谓导线的允许载流量，就是在规定的环境温度条件下，导线能够连续承受而不致使其稳态温度超过允许值的最大电流。导线和电缆的允许载流量可查阅有关设计手册。当给出铝线的允许载流量时，铜线的允许载流量可按相同截面的铝线允许载流量乘以 1.29 得出。

为了满足机械强度的要求，对于室内明敷的绝缘导线，其最小截面不得小于 4mm^2；对于低压架空导线，其最小截面不得小于 16mm^2。架空裸导线的最小允许截面如表 5-1 所示。

表 5-1　架空裸导线的最小允许截面　单位：mm^2

导线种类	输电线电压等级		
	35kV	3～10kV	低压
铝及铝合金线	35	35	16（与铁路交叉跨越时应为 35mm^2）
钢芯铝绞线	35	25	16

需要注意：对母线、导线和电缆的选择除了按发热条件选择截面等进行必要的校验外，还应考虑与该线路上装设的保护装置的动作电流相配合。如果配合不当，可能造成导线或电缆因过电流而发热引燃但保护装置不动作的事故。

3. 按经济电流密度选择导线和电缆的截面

导线截面的大小，直接影响线路的投资和年计算费用。根据经济条件选择导线和电缆的截面，一般应从两个方面来考虑。截面选得越大，电能损耗就越小，但线路投资及维修管理费用就越高；反之，截面选得小，线路投资及维修管理费用虽然低了，但电能损耗增加了。综合考虑这两方面的因素，制定出比较合理的、经济效益最好的截面，称为经济截面。把对应于经济截面的电流密度称为经济电流密度 j_{ec}。我国规定的导线和电缆经济电流密度如表 5-2 所示。

表 5-2　　我国规定的经济电流密度 j_{ec}　　单位：A/mm²

线路类别	导线材料	年最大负荷利用小时数（h）		
		3 000 以下	3 000～5 000	5 000 以上
架空线路	铜	3.00	2.25	1.75
	铝	1.65	1.15	0.90
电缆线路	铜	2.50	2.25	2.00
	铝	1.92	1.73	1.54

根据负荷计算求出供电线路的计算电流或供电线路在正常运行方式下的最大负荷电流 I_{max}（单位：A）和年最大负荷，利用小时数及所选导线材料，可按经济电流密度 j_{ec} 计算出导线的经济截面 A_{ec}（单位：mm²）。关系式为

$$A_{ec}=\frac{I_{max}}{j_{ec}} \tag{5-2}$$

从手册中选取一种与 A_{ec} 最接近的标准截面导线，然后校验其他条件。

选择导线、电缆截面时往往还要查阅绝缘导线的允许载流量，例如，明敷时低压绝缘导线的允许载流量如表 5-3 所示。

表 5-3　　绝缘导线明敷时的允许载流量（环境温度 25～40℃）　　单位：A

芯线截面（mm²）	芯线材质	BX、BLX 型橡胶绝缘线				BV、BLV 型塑料绝缘线			
		环境温度							
		25℃	30℃	35℃	40℃	25℃	30℃	35℃	40℃
2.5	铜芯	35	32	30	27	32	30	27	25
	铝芯	27	25	23	21	25	23	21	19
4	铜芯	45	41	39	35	41	37	35	32
	铝芯	35	32	30	27	32	29	27	25
6	铜芯	58	54	49	45	54	50	46	43
	铝芯	45	42	38	35	42	39	36	33
10	铜芯	84	77	72	66	76	71	66	59
	铝芯	65	60	56	51	59	55	51	46
16	铜芯	110	102	94	86	103	95	89	81
	铝芯	85	79	73	67	80	74	69	63
25	铜芯	142	132	123	112	135	126	116	107
	铝芯	110	102	95	87	105	98	90	83
35	铜芯	178	166	154	141	168	156	144	132
	铝芯	138	129	119	109	130	121	112	102

续表

芯线截面（mm^2）	芯线材质	BX、BLX 型橡胶绝缘线				BV、BLV 型塑料绝缘线			
		环境温度							
		25℃	30℃	35℃	40℃	25℃	30℃	35℃	40℃
50	铜芯	226	210	195	178	213	199	183	168
	铝芯	175	163	151	138	165	154	142	130
70	铜芯	284	266	245	224	264	246	228	209
	铝芯	220	206	190	174	205	191	177	162
95	铜芯	342	319	295	270	323	301	279	254
	铝芯	265	247	229	209	250	233	216	197
120	铜芯	400	361	346	316	365	343	317	290
	铝芯	310	280	268	245	383	266	246	225
150	铜芯	464	433	401	366	419	391	362	332
	铝芯	360	336	311	284	325	303	281	257

【例 5-1】 有一条用 LJ 型铝绞线架设的 5km 长的 10kV 架空线路，计算负荷为 1 380kW，$\cos\varphi = 0.7$，$T_{max} = 4\,800h$，试选择其经济截面，并检验其发热条件和机械强度。

解：（1）选择经济截面

相线计算电流　$I_C = \frac{P_C}{\sqrt{3}U_N\cos\varphi} \approx \frac{1\,380}{1.732\times10\times0.7} \approx 114(A)$

由表 5-2 查得 $j_{ec} = 1.15A/mm^2$，故导线的经济截面为

$$A_{ec} = \frac{I_C}{j_{ec}} = \frac{114}{1.15} \approx 99.1(mm^2)$$

初选标准截面为 $95mm^2$ 的 LJ-95 型铝绞线。

（2）校验发热条件

从手册中可查到 LJ-95 型铝绞线的允许载流量在室外温度为 25℃时等于 325A，此值大于相线计算电流 114A，显然满足发热条件。

（3）校验机械强度

查表 5-1 得 10kV 架空铝绞线的最小截面为 $35mm^2$，小于初选标准截面，因此所选铝绞线满足机械强度。

4．按允许线路电压损耗选择导体截面

由于线路阻抗的存在，所以线路通过电流时会产生电压损耗。按规定，高压配电线路的电压损耗一般不超过线路额定电压的 5%；从变压器低压侧母线到用电设备受电端的低压配电线路的电压损耗，一般不超过用电设备额定电压的 5%；对视觉要求较高的照明线路，则为 2%～3%。如线路的电压损耗值超过了允许值，则应适当加大导线截面。至于电压损耗的计算，需查阅相关资料。

【例 5-2】 有一条采用 BLV-500 型铝芯塑料线室内明敷的 380V/220V 的 IT 线路（电源变压器中性点不接地或通过高阻抗接地，电气设备外壳采用保护接地），计算电流为 50A，当地最热月的日最高气温平均值为 30℃。试按发热条件选择此线路的导线截面。

解：IT 线路都是三相三线制，选择相线截面即可。

室内环境温度应为 30+5=35（℃）；35℃、明敷的 BLV-500 型铝芯塑料线截面为 10mm^2 时，查阅表 5-3，可得 I_{al}=51A＞50A，满足发热条件。因此，导线截面选 10mm^2，规格为 BLV-500-3×10。

5.6.3 热稳定校验与动稳定校验

热稳定和动稳定的校验

从理论上看，上述各项选择和校验条件均满足时，以其中最大截面作为应选取的导体截面是可行的。但根据实际运行情况，对不同条件下的导体，选择条件各有侧重。例如对于 1kV 以下的低压线路，一般不按经济电流密度选择导体截面；对于 6～10kV 线路，因电力线路不长，如按经济电流密度选择截面，往往偏大，因此经济电流密度仅作为参考数据；对于 35kV 及以上线路，应按经济电流密度选择导体截面，并按发热和机械强度的条件校验；对工厂内部 6～10kV 线路，因线路不长，一般按发热条件选择，然后按其他条件校验；对于 380V 低压线路，虽然线路不长，但电流较大，故在按发热条件选择的同时，还应按允许电压损失条件进行校验。对于母线，则应按照下列条件进行热稳定校验和动稳定校验。

1．热稳定校验

常用最小允许截面校验其热稳定度，计算公式为

$$A_{\min} = I_{\infty}^{(3)} \frac{\sqrt{t_{\text{ima}}}}{C} \tag{5-3}$$

式中，$I_{\infty}^{(3)}$ 是三相短路稳态电流，单位为 A；t_{ima} 是假想时间，单位为 s；C 是导体的热稳定系数，其中，铝母线 C=87，铜母线 C=171。

当母线实际截面大于最小允许截面时，能满足热稳定要求。

2．动稳定校验

$$\sigma_{al} \geqslant \sigma_{C} \tag{5-4}$$

式中，σ_{al} 是母线材料的最大允许应力，单位为 Pa，硬铝母线的 $\sigma_{al} = 70\text{MPa}$，硬铜母线的 $\sigma_{al} = 140\text{MPa}$；$\sigma_{C}$ 是母线短路时三相短路冲击电流所产生的最大计算应力。

技能训练一　电气图基本知识

1．电气符号

电气符号包括图形符号、文字符号、项目代号和回路标号等，它们相互关联，互为补充，以图形和文字的形式从不同角度为电气图提供了各种信息。只有弄清楚电气符号的含义、构成和使用方法，才能正确地识图。

（1）图形符号。图形符号一般用于图样或其他文件，以表示电气设备或概念的图形、标记或字符。正确、熟练地理解、绘制和识别各种电气图形符号是电气制图与识图的基本功。图形符号通常由符号要素、一般符号和限定符号组成。具体新旧电气图形符号如表 5-4 所示。

表 5-4　　供配电技术常用新旧电气图形符号对照表

序号	名称	图形符号	
		新	旧
1	同步发电机、直流发电机	GS~　G	F~　F
2	交流电动机、直流电动机	M~　M	D~　D
3	变压器		
4	电压互感器	形式 1 形式 2	
5	电流互感器 有两个铁心和两个二次绕组	形式 1 形式 2	
	电流互感器 有一个铁心和两个二次绕组	形式 1 形式 2	
6	电铃	或	
7	电警笛、报警器		
8	蜂鸣器	或	
9	电喇叭		
10	灯和信号灯、闪光型信号灯		或
11	机电型位置指示器		
12	断路器		断路器　自动开关
13	隔离开关		
14	负荷开关		
15	三极开关 单线表示		

续表

序号	名称	图形符号	
		新	旧
	三极开关 多线表示		
16	击穿保险器		
17	熔断器		
18	接触器（具有灭弧触点） 常开（动合）触点		
	常闭（动断）触点		
19	单极六位开关		
20	单极四位开关		
21	操作开关 例如，带自复位机构及定位的 LW2-Z-la，4，6a，40，20，20/F8 型转换开关部分触点图形符号。 虚线表示手柄操作位置； “•”表示手柄转向此位置时触点闭合	跳后，跳，预跳 顶合，合，合后 TDT PT PC C CD 8 5 10 11 10 9 12 9 15 14 13 14 13 16 7 6	8 5 10 11 12 9 15 14 13 16 7 6

（2）文字符号的构成。文字符号包括基本文字符号和辅助文字符号两大类，通常用单一的字母代码或数字代码来表达，也可以用字母与数字组合的方式来表达。

① 基本文字符号。基本文字符号主要表示电气设备、电气装置和电气元件的种类名称，有单字母符号和双字母符号之分。

单字母符号是用英文字母将各种电气设备、装置、电气元件划分为23个大类，每大类用一个英文大写字母来表示。如“R”表示电阻器类；“S”表示开关选择器类。对于标准中未列入大类分类的各种电气元件、设备，可以用字母“E”来表示。

双字母符号由一个表示大类的单字母符号与另一个字母组成，组合形式以单字母符号在前，另一字母在后的次序标出。例如，“G”表示电源类；“GB”表示蓄电池，“B”为蓄电池的英文名称（Battery）的首位字母。

② 辅助文字符号。电气设备、电气装置和电气元件的功能、状态和特征用辅助文字符号表示，一般用表示功能、状态和特征的英文单词的前一位或前两位字母构成，也可采用缩略

语或约定俗成的习惯用法构成，通常不能超过 3 位字母。例如，表示“启动”，采用“START”的前两位字母“ST”作为辅助文字符号；而表示“停止（STOP）”的辅助文字符号必须再加一个字母 P，称“STP”。

辅助文字符号也可放在表示种类的单字母符号后边组合成双字母符号，此时辅助文字符号一般采用表示功能、状态和特征的英文单词的第一个字母。如“GS”表示同步发电机，“YB”表示制动电磁铁等。

某些辅助文字符号本身具有独立的、确切的意义，也可以单独使用。例如“N”表示交流电源的中性线，“DC”表示直流电，“AC”表示交流电，“AUT”表示自动，“ON”表示开启，“OFF”表示关闭等。

（3）数字代码。数字代码单独使用时，表示各种电气元件、装置的种类或功能，须按序编号，还要在技术说明中对数字代码的意义加以说明。例如，电气设备中的继电器、电阻器、电容器等，可用数字“1”代表继电器，“2”代表电阻器，“3”代表电容器。再如，开关有开和关两种功能，可以用“1”表示“开”，用“2”表示“关”。

电路图中电气图形符号的连线处经常有数字，这些数字称为线号，线号是区别电路接线的重要标志。

将数字代码与字母符号组合起来使用，可说明同一类电气设备、电气元件的不同编号。数字代码可放在电气设备、装置或电气元件的前面或后面。例如，3 个相同的继电器，可以分别表示为“1KA”“2KA”和“3KA”。

（4）项目代号。在电气图上，通常用一个图形符号表示的基本件、部件、组件、功能单元、设备、系统等，称为项目。项目有大有小，大到电力系统、成套配电装置以及电机、变压器等，小到电阻器、端子、连接片等，都可以称作项目。

项目代号是用以识别图、表图、表格中和设备上的项目种类，并提供项目的层次关系、种类、实际位置等信息的一种特定代码，是电气技术领域中极为重要的代号。项目代号以一个系统、成套设备或单一设备的依次分解为基础来编写，建立图形符号与实物间一一对应的关系，因此可以用来识别、查找各种图形符号所表示的电气元件、装置、设备以及它们的隶属关系、安装位置等。

项目代号由高层代号、位置代号、种类代号、端子代号根据不同场合的需要组合而成，它们分别用不同的前缀符号来识别。前缀符号后面跟字符代码，字符代码可由字母、数字或字母加数字构成，除种类代号的字符代码外，其意义没有统一的规定，通常在设计文件中可以找到说明。大写字母和小写字母具有相同的意义（端子标记除外），但优先采用大写字母。

项目代号中的高层代号表示电力系统、电力变压器、电动机和起动器等系统或设备中较高层次的项目；位置代号表示项目在组件、设备、系统或建筑物中的实际位置，通常由自行规定的拉丁字母及数字组成，在使用位置代号时，应画出表示该项目位置的示意图；端子代号是指项目内、外电路进行电气连接的接线端子的代号，电气图中端子代号的字母必须大写。

电器接线端子与特定导线（包括绝缘导线）相连接时，有专门的标记方法。例如，三相交流电器的接线端子若与相位有关系，字母代号必须是“U、V、W”，并且与交流三相导线“L_1、L_2、L_3”一一对应。电器接线端子的标记如表 5-5 所示，特定导线的标记如表 5-6 所示。

表 5-5　　电器接线端子的标记

电器接线端子的名称		标记符号	电器接线端子的名称	标记符号
交流系统	一相	U	接地	E
	二相	V	无噪声接地	TE
	三相	W	机壳或机架	MM
	中性线	N	等电位	CC
保护接地		PE		

表 5-6　　特定导线的标记

导线名称		标记符号	导线名称	标记符号
交流系统	一相	L1	保护接地	PE
	二相	L2	不接地的保护导线	PU
	三相	L3	保护地线和中性线共用一线	PEN
	中性线	N	接地线	E
直流系统	正	L−	无噪声接地线	TE
	负	L+	机壳或机架	MM
	中间线	M	等电位	CC

（5）回路标号。电路图中用来表示各回路种类、特征的文字和数字标号统称为回路标号，也称回路线号，其目的是为了便于接线和查线。回路标号的一般原则：按照“等电位”原则进行标注（等电位的原则是指电路中连接在一点上的所有导线具有同一电位且标注相同的回路称号）；由电气设备的线圈、绕组、电阻、电容、各类开关、触点等电气元件分隔开的线段，应视为不同的线段，标注不同的回路标号。

2．识读电气图的基本要求和步骤

识读电气图时，首先要明确识图的基本要求，熟悉识图步骤，才能掌握和提高识图的水平，进而能够分析电路情况。

（1）识图的基本要求。

① 从简到繁，循序渐进。初学识图，要本着从易到难、从简单到复杂的原则。一般来讲，复杂的电路都是由简单电路组合构成的。照明电路比电气控制电路简单，单项控制电路比系统控制电路简单。识图时应从识读简单电路开始，了解每一个电气符号的含义，熟悉每一个电气元件的作用，理解每一个电路的工作原理，为识读复杂电气图打下基础。

② 具备相关电工、电子技术基础知识。在工程实际应用的各个领域中，输变配电、电力拖动、照明、电子电路、仪器仪表和家电产品等都是建立在基本理论基础之上的。因此，要想准确、迅速地识读电气图，必须具备相应的电工电子技术基础知识。只有掌握了一定的电工电子技术知识，才能理解电气图所含的内容。

③ 熟记、会用电气图形符号和文字符号。电气图形符号和文字符号很多，要做到熟记、会用可从个人专业出发，先熟读背会各专业用的和本专业的图形符号，然后逐步扩大，掌握更多的图形符号，识读更多的不同专业的电气图。

④ 熟悉各类电气图的典型电路。常见、常用的基本电路均属于典型电路。如供配电系统中主电路图中最常见的单母线接线，由此导出的单母线分段接线。不管多么复杂的电路，总是由典型电路派生而来，或由若干典型电路组合而成。因此，熟悉各种典型电路，在识图时有利于理解较为复杂的电路，能较快地分清电路中的主要环节及与其他部分的相互联系。

⑤ 掌握各类电气图的绘制特点。各类电气图都有各自的绘制方法和绘制特点，只有掌握

了电气图的主要特点，熟悉了图的布置、电气设备的图形符号及文字符号、图线的粗细表示等电气图的一般绘制原则，才能提高识图效率，提高设计、绘图的能力。复杂的大型电气图纸往往不止一张，也不只是一种图，因此识图时应将各种有关的图纸联系起来，对照阅读。通常通过概略图、电路图找联系；通过接线图、布置图找位置，交错识读图可收到事半功倍的效果。

⑥ 了解涉及电气图的有关标准和规程。识图的主要目的是指导施工、安装，指导运行、维修和管理。由于有些技术要求在有关的国家标准或技术规程、技术规范中已作了明确的规定，故这些技术要求不可能一一在图样上反映出来，标注清楚。因而在识读电气图时，还必须了解这些相关标准、规程、规范，才能真正读懂图。

（2）识图的一般步骤。

① 详读图纸说明。拿到图纸后，首先要仔细阅读图纸的主标题栏和有关说明，如图纸目录、技术说明、电气元件明细表、施工说明书等，结合已有的电工、电子技术知识，对该电气图的类型、性质、作用有一个明确的认识，从整体上理解图纸的概况和所要表述的重点。

② 识读概略图和框图。由于概略图和框图只是概略表示系统或分系统的基本组成、相互关系及其主要特征，只有详细识读电路图，才能搞清楚它们的工作原理，故对概略图与框图应有一个大体了解。概略图和框图多采用单线图，只有某些 380V/220V 低压配电系统概略图才部分地采用多线图表示。

③ 识读电路图是识读电气图的重点和难点。电路图是电气图的核心，也是内容最丰富、最难读懂的电气图纸。

识读电路图首先要识读有哪些图形符号和文字符号，了解电路图各组成部分的作用，分清主电路和辅助电路、交流回路和直流回路；其次，按照先识读主电路、再识读辅助电路的顺序进行识图。

识读主电路时，通常要从下往上识读，即先从用电设备开始，经控制电气元件，顺次往电源端识读；识读辅助电路时，则自上而下、从左到右识读，即先识读电源，再顺次识读各条支路，分析各条支路电气元件的工作情况及其对主电路的控制关系，注意电气与机械机构的连接关系，进而搞清楚整个电路的工作原理。

技能训练二　电气图读图训练

1. 变电站电气主接线的读图

读图前要首先看图样的说明，包括首页的目录、技术说明、设备材料明细表和设计、施工说明书。由此对工程项目设计有一个大致的了解，然后看有关的电气图。

（1）变电站电气图读图的基本步骤。

① 从标题栏、技术说明到图形、元件明细表，从整体到局部，从电源到负荷，从主电路到辅助电路（二次回路）。

② 先分清主电路和辅助电路、交流部分和直流部分，然后按照先主后辅的顺序读图。

③ 阅读安装接线图的原则：先主后辅。读主电路部分要从电源引入端开始，经开关设备、线路到用电设备；辅助电路阅读也是从电源出发，按照元件连接顺序依次分析。

由于安装接线图是由接线原理图绘制而来的，因此，看安装接线电路图的时候，应结合接线原理图对照阅读。此外，回路标号、端子板上内外电路的连接的分析，对识图也有一定的帮助。

④ 看展开接线图。结合电气原理图阅读展开接线图时，一般先从展开回路名称，然后从上到下、从左到右地阅读。但是，展开图的回路在分析其功能时往往不一定按照从左到右、从上到下的顺序动作，很多是交叉的，所以要特别注意：展开图中同一种电气元件的各部件是按照功能分别画在不同的回路中的，同一电气元件的各个部件均标注统一项目代号，器件项目代号通常由文字符号和数字编号组成，读图时要注意这些元件各个部件动作之间的关系。

⑤ 看平面、剖面和布置图。看电气图时，要先了解土建、管道等相关图样，然后看电气设备的位置，由投影关系详细分析各设备具体位置尺寸，搞清楚各电气设备之间的相互连接关系及线路引出、引入及走向等。

（2）变电站电气主接线的读图步骤。电气主接线图是变电站的主要图纸，要看懂它一般遵循以下步骤。

① 了解变电站的基本情况、变电站在系统中的地位和作用、变电站的类型。

② 了解变压器的主要技术参数，包括额定容量、额定电流、额定电压、额定频率和连接组别等。

③ 明确各个电压等级的主接线基本形式，包括高压侧（电源侧）有无母线，是单母线还是双母线，母线是否分段，还要看低压侧的接线形式。

④ 检查开关设备的配置情况。一般从控制、保护、隔离的作用出发，检查各路进线和出线上是否配置了开关设备，配置是否合理，不配置能否保证系统的运行和检修。

⑤ 检查互感器的配置情况。从保护和测量的要求出发，检查在应该装互感器的地方是否都安装了互感器；配置的电流互感器个数和安装是否合理；配置的电流互感器的副绕组及铁心数是否满足需要。

⑥ 检查避雷器的配置是否齐全。如果有些电气主接线没有绘出避雷器的配置，则不必检查。

⑦ 按主接线的基本要求，从安全性、可靠性、经济性和方便性 4 个方面对电气主接线进行分析，指出优缺点，得出综合评价。

2．变电站电气主接线实例读图训练

这里以 35kV 厂用变电站的电气主接线图为例进行读图练习，如图 5.19 所示。

图 5.19 所示变电站包括 35kV/10kV 中心变电站和 10kV/0.4kV 变电室两个部分。中心变电站的作用是把 35kV 的电压降到 10kV，并把 10kV 电压送至厂区各个车间的 10kV 变电室，供车间动力、照明及自动装置用；10kV/0.4kV 变电室的作用是把 10kV 电压降至 0.4kV，送到厂区办公、食堂、文化娱乐场所与宿舍等公共用电场所。

从主接线图可以看出，其供配电系统共有三级电压，三级电压均靠变压器连接，主要作用就是把电能分配出去，再输送给各个电力用户。变电站内还装设了保护、控制、测量、信号等功能齐全的自动装置，由此可以显示出变电站装置的复杂性。

观察主接线图，可看出系统为两路 35kV 供电，两路分别来自于不同的电站，进户处设置接地隔离开关、避雷器、电压互感器。这里设置隔离开关的目的是线路停电时，该接地隔离开关闭合接地，站内可以进行检修，省去了挂临时接地线的工作环节。

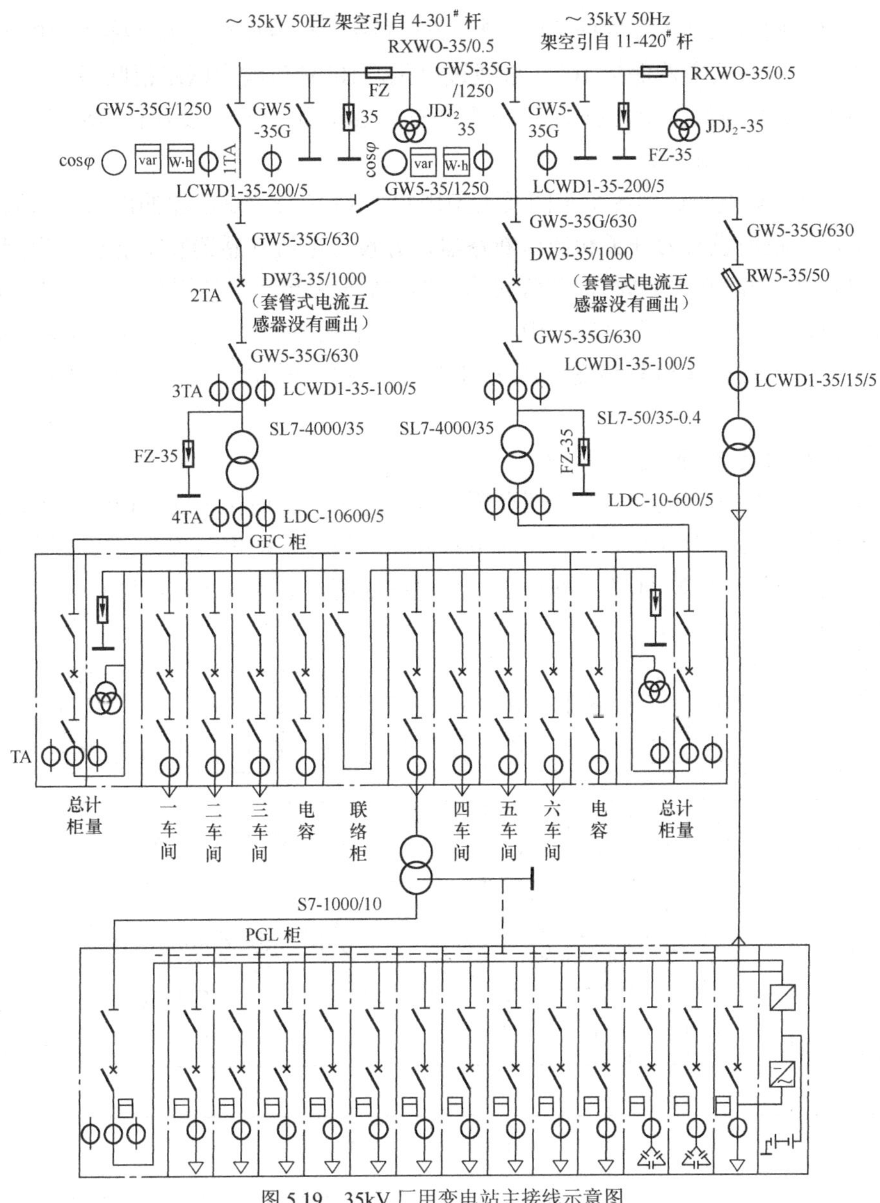

图 5.19　35kV 厂用变电站主接线示意图

与接地隔离开关并联的另一组隔离开关的作用是把电源送到高压母线上，并设置电流互感器，与电压互感器构成测量电能的取样元件。

图 5.19 中高压母线分为两段，两段之间的联系采用隔离开关。当一路电源故障或停电时，可将联络开关合上，两台主变压器可由另一路电源供电。联络开关两侧的母线必须经过核相，以保证它们的相序相同。

图 5.19 中每段母线上均设置一台主变压器，变压器由油断路器 DW3 控制，并在断路器的两侧设置隔离开关 GW5，以保证断路器检修时的安全。变压器两侧设置电流互感器 3TA 和 4TA，以便构成变压器的差动保护。同时在主变压器进口侧设置一组避雷器，目的是实现主变压器的过电压保护；在进户处设置的避雷器，目的是保护电源进线和母线过电压。带有断路器的套管式电流互感器 2TA 的作用是保护测量。

变压器出口侧引入高压室内的 GFC 型开关计量柜，柜内设有电流互感器、电压互感器供测量保护用，还设有避雷器保护 10kV 母线过电压。10kV 母线由联络柜联络。

馈电柜由 10kV 母线接出，封闭式手动车柜——GFC 馈电开关设置有隔离开关和断路器，其中一台柜直接控制 10kV 公共变压器。

馈电柜将 10kV 电源送到各个车间及大型用户，10kV 公共变压器的出口引入低压室内的低压总柜上，总柜内设有刀开关和低压断路器，并设有电流互感器和电能表作为测量元件。

35kV 母线经隔离开关 GW5、跌落式熔断器 RW5 引至一台站用变压器 SL7-50/35-0.4，专供站内用电，并经过电缆引至低压中心变电室的站用柜内，直接将 35kV 变为 400V。

低压变电室内设有 4 台隔离变压器（UPS），供停电时动力和照明用，以保证检修时有足够的电力。

3．变电站配电装置图的读图

变电站配电装置图与电气主接线图有所不同，它是一种简化了的机械装置图，在现场施工和运行维护中具有相当重要的作用。配电装置图一般包括配电装置式主接线图、配电装置的平面布置图、配电装置断面图。10kV 小型变电站的配电装置式主接线图和屋内配电装置平面布置接线图如图 5.20 所示。

间隔序号	终端通道	1	2	3	4	5	6	7	8	9	10	11	12	终端通道
间隔名称		#1线路	#1进线	#2线路	电压互感器	#3线路	母线	分线	#4线路	#2线路	#5线路	电压互感器	#6线路	
操作通道														
母线及母线隔离开关														
断路器 熔断器 电压互感器 电流互感器														
出线隔离开关 避雷器 电缆终端头														
维护通道														

（a）配电装置式主接线图

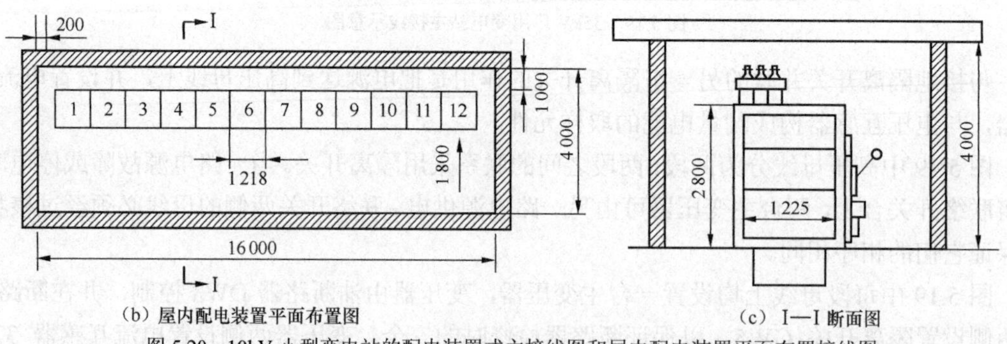

（b）屋内配电装置平面布置图

（c）I—I 断面图

图 5.20　10kV 小型变电站的配电装置式主接线图和屋内配电装置平面布置接线图

变电站配电装置图的一般读图步骤如下。

（1）了解变电站的基本情况。了解变电站的作用、类型、地理位置、当地气象条件，变电站位置的土壤电阻率和土质等。

（2）熟悉变电站的电气主接线和设备配置情况。首先在了解变电站各个电压等级的主接线方式下，熟悉和掌握电源进线、变压器、母线、各路出线的开关电器、互感器、避雷器等设备的配置情况。

（3）了解变电站配电装置的总体布置情况。先阅读配电装置式主接线图，再仔细阅读配电装置的平面布置图，把两种图对照阅读，弄清楚配电装置的总体布置情况。

（4）明确配电装置的类型。阅读配电装置图中的断面图，明确该配电装置是屋内的、屋外的还是成套的。如果是成套配电装置，要明确是高压开关柜、低压开关柜，还是其他组合电器。如果是屋内配电装置，要明确是单层、双层、还是三层，有几条走廊，各条走廊的用途是什么。如果是屋外配电装置，要明确是中型、半高型还是高型。

（5）查看所有电气设备。在断面图上查看电气设备，认出变压器、母线、隔离开关、断路器、电流互感器、电压互感器、电容器、避雷器和接地开关等，进而还要判断出各种电器的类型；掌握各个电气设备的安装方法，所用构架和支架都用什么材料。如果有母线，还要弄清是单母线还是双母线，是不分段的还是分段的。

（6）查看电气设备之间的连接。根据配电装置主接线图、平面布置图、断面图，按电能输送方向的顺序查看各个电气设备之间的连接情况。

（7）查核有关的安全距离。配电装置的断面图上都标有水平距离和垂直高度，有些地方还标有弧形距离。要根据这些距离和标高，参照有关设计手册的规程，查核安全距离是否符合要求。查核的重点有带电部分与接地部分之间、不同相的带电部分之间、平行的不同时检修的无遮拦裸导体之间、设备运输时其外廓无遮拦带电部分之间的安全距离。

（8）综合评价。对配电装置图的综合评价包括以下几个方面。

① 安全性：安全距离是否足够，安全方式是否合理，防火措施是否齐全。

② 可靠性：主接线方式是否合理，电气设备安装质量是否达标。

③ 经济性：满足安全、可靠性的基础上，投资要少。

④ 方便性：操作是否方便，维护是否方便。

总之，工厂配电装置是按电气主接线的要求，把开关设备、保护测量电器、母线和必要的辅助设备组合在一起构成的用来接受、分配和控制电能的总体装置。工厂变电站多采用成套配电装置，一般中、小型变电站中常用到的成套配电装置有高压成套配电装置（也称高压开关柜）和低压成套配电装置（也称低压开关柜）。

技能训练三　照明工程图和动力配电图的识读训练

1. 识读照明工程图

照明工程图主要包括照明电气原理图、照明平面图及电气照明平面图等。

（1）照明供电系统电气原理图。照明供电系统电气原理图需要表达以下几项内容。

① 架空线路或电缆线路进线的回路数、导线或电缆的型号、规格、敷设方式及穿管管径。

② 总开关及熔断器的型号规格，出线回路数量、用途、用电负荷功率数及各条照明支路的分相情况，某建筑的照明供电系统电气原理图如图 5.21 所示。

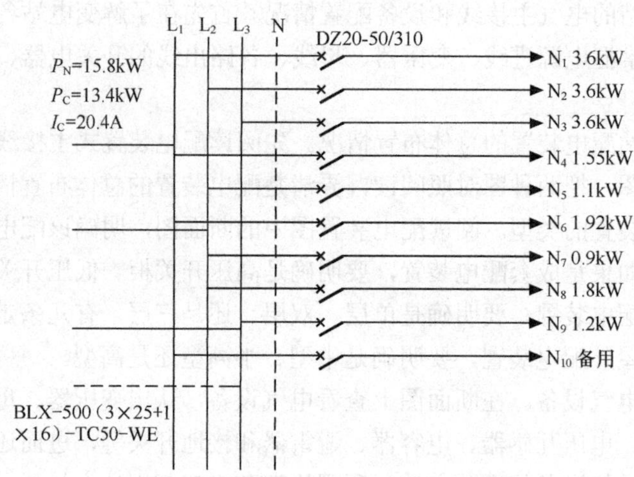

图 5.21 某建筑的照明供电系统电气原理图

各回路均用 DZ 型低压断路器，其中 N_1、N_2、N_3 线路用三相开关 DZ20-50/310，其他线路均用 DZ20-50/110 型单极开关。为使三相负载大致均衡，N_1～N_{10} 各线路的电源基本平均分配在 L_1、L_2、L_3 三相电路中。

③ 用电参数。照明供电系统电气原理图上，应标示出总的设备容量、需要系数、计算容量、计算电流、配电方式等，也可以列表表示。图 5.18 中，设备容量为 P_N=15.8kW，计算负荷 P_C=13.4kW，计算电流 I_C=20.4A，导线型号为 BLX-500（3×25+1×16）-TC50-WE。

④ 技术说明、设备材料明细表等。

（2）照明平面图。照明平面图上要表达的主要内容有电源进线位置，导线型号、规格、根数及敷设方式，灯具位置、型号及安装方式，照明分电箱、开关、插座和电扇等用电设备的型号、规格、安装位置及方式等。照明器具采用图形符号和文字标注相结合的方法表示。

（3）电气照明平面图。图 5.22 所示的某建筑物第 3 层电气照明平面图，在图所附的“施工说明”中，详细交待了该楼层的基本结构，如该层建筑层高为 4m，净高 3.88m，楼面为预制混凝土板，墙体为一般砖结构（厚度为 2.4mm）。该图纸采用的电气图形符号含义见“GB/T 4728.11—2008”，建筑图形符号见“GB/T 50104—2010”。

识读图 5.22 的内容如下。

阅读该电气照明平面图应先了解建筑物概况，然后逐一分析供电系统、灯具布置、线路走向等。

① 建筑物概况。该层共有 1～7 号 7 个房间，一个楼梯间、一个中间走廊。该建筑物标示长度为 20m，宽为 12m，总面积为 240m^2。图 5.22 中用中轴线表示出其中的尺寸关系。沿水平方向轴线编号为 1～6，沿垂直方向用 A、B、C/B、C 轴线表示。

② 建筑平面概况。为了清晰地表示线路、灯具的布置，图 5.22 中按比例用细实线简略地绘制出了该建筑物的墙体、门窗、楼梯、承重梁柱的平面结构。具体尺寸，可查阅相应的土建图。

③ 照明设备概况。照明光源有荧光（FL）、白炽光（IN）、弧光（ARC）、红外线（IR）、紫外线（UV）及发光二极管（LED）等。照明灯具有日光灯（Y）、普通吊灯（P）、壁灯（B）和花灯（H）等。图 5.22 中含有的照明设备有灯具、开关、插座、电扇等。

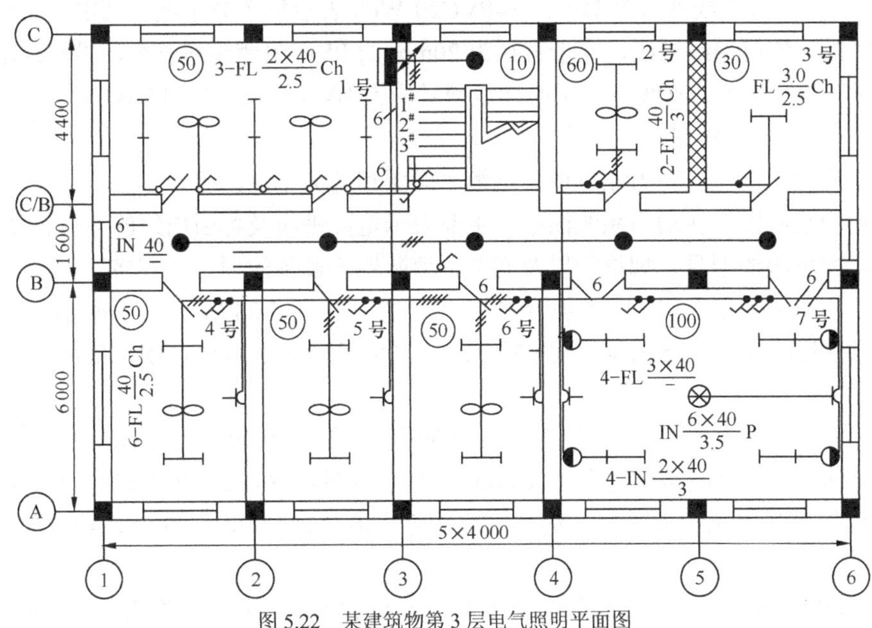

图 5.22　某建筑物第 3 层电气照明平面图

灯具的安装方式有链吊式（Ch）、管吊式（P）、吸顶式（W）等，例如 4 号房间标示的："$6-\text{FL}\dfrac{40}{2.5}\text{Ch}$"表示该房间有 6 盏荧光灯（FL），各盏均为 40W 的灯管，安装高度（灯具下端离房间地面）为 2.5m，采用链吊式（Ch）安装。

④ 照度。各房间的照度用圆圈中注阿拉伯数字表示，其单位为 lx（勒克斯）。如 1 号房间照度为 50 lx；3 号房间照度为 30 lx；7 号房间照度为 100lx。

⑤ 图上位置。由定位轴线和标的有关尺寸，可以很简便地确定设备、线路管线的安装位置，并计算出线管长度。

⑥ 该楼层电源引自第 2 层，按照图 5.23 所示的照明供电系统图接线。

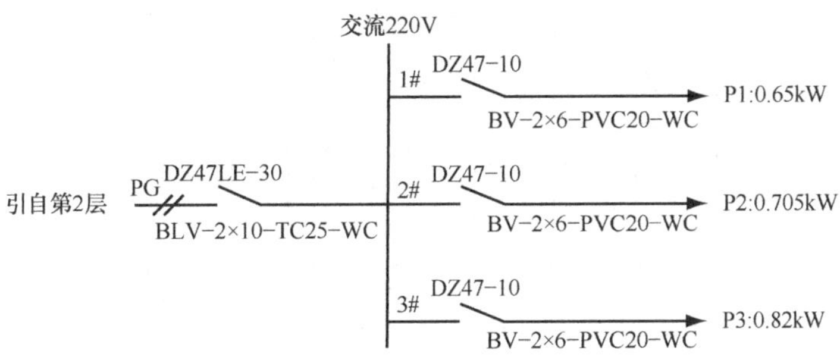

图 5.23　某建筑层第 3 层照明供电系统图

读图 5.23 可知，220V 的单相交流电源由第 2 层垂直引入线路标号为"PG"的配电干线，经型号为 XM1-6 的照明配电箱（图中未画出）分成 3 条分干线。配电箱内安装有一个带漏电保护的单相空气断路器，型号为 DZ47LE-30（额定电流 30A）和 3 个单相断路器 DZ47-10（额定电流 10A），分别控制总干线和 1＃、2＃、3＃分干线的出线。导线型号 BLV-2×10-TC25-WC 表示 2 根干线（一条相线、一条零线）采用的是截面积为 10mm^2 的 BLV 铝芯塑料绝缘导线，穿于直径为 25mm 的硬质塑料管内，沿墙内暗敷。

1#、2#、3#分干线型号是 BV-2×6-PVC20-WC，表示每个分干线均采用截面积为 6mm^2 的 2 根 BV 铝芯塑料绝缘导线，穿于直径为 20mm 的 PVC 阻燃塑料管内，沿墙内暗敷。

3 条分干线后的各分支线，采用的导线型号均为 BV-2×2.5-PVC15-WC。

2．识读动力配电图

动力工程图通常包括动力系统图、电缆平面图和动力平面图等。

（1）动力系统图。在动力系统图中，主要表示电源进线及各引出线的型号、规格、敷设方式，动力配电箱的型号、规格，以及开关、熔断器等设备的型号、规格等。

以某工厂机械加工车间 11 号动力配电箱系统图，如图 5.24 所示，为例进行说明。

① 电源进线。电源由 5 号动力配电箱 XL-15-8000 引入，引入线为 BX-500-（3×6+1×4）-SC25-WE。

② 动力配电箱。动力配电箱为 XL-15-8000 型，采用额定电流为 400A 的三极单投刀开关，有 8 个回路，每个回路额定电流为 60A，用填料密封式熔断器 RT0 进行短路保护。这里采用的熔件的额定电流均为 50A，熔体采用额定电流分别为 20A、30A、40A 的 RT0 型熔断器。

③ 负载引出线。车间供电负载有 7.5kW 的 CA6140 型车床 1 台单独用一条负载引出线，3kW 的 C1312 型车床 1 台和 4kW 的 Y3150 滚齿机 1 台共用一条负载引出线，5kW 的 M612K 型磨床 2 台分别各用一条负载引出线，2.8kW 的 Z535 型钻床 1 台和 3kW 的 CM1106 型车床 1 台共用一条负载引出线，4kW 的 Y2312A 型滚齿机 1 台用一条负载引出线，1.7kWS250、1.7kWS350 型螺纹加工机床各 1 台共用一条负载引出线；导线均采用 BX-500-4×2.5 型橡胶绝缘导线，每根截面积为 2.5mm^2，穿管内径为 20mm 的焊接钢管埋地坪暗敷。

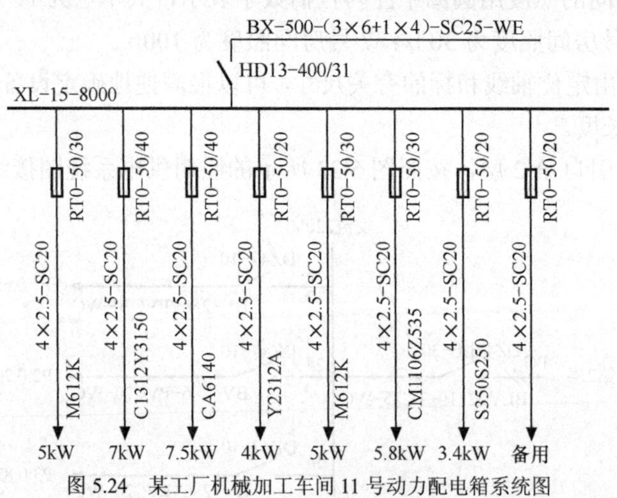

图 5.24　某工厂机械加工车间 11 号动力配电箱系统图

（2）电缆平面图。电缆平面图主要用于对电缆的识别，在图上要用电缆图形符号及文字说明把各种电缆予以区分：按构造和作用分为电力电缆、控制电缆、电话电缆、射频同轴电缆、移动式软电缆等；按电压可分为 0.5kV、1kV、6kV、10kV 等电缆。

（3）动力平面图。动力平面图是用来表示电动机等各类动力设备、配电箱的安装位置和供电线路敷设路径及方法的平面图，动力平面图是用得最为普遍的电气动力工程图。动力平面图与照明平面图一样，均画在简化了的土建平面图上，但是，照明平面图上表示的管线一般是敷设在本层顶棚或墙面上，而动力平面图中表示的管线通常是敷设在本层地板或地坪中。

动力管线要标注出导线的根数及型号、规格，设备的外形轮廓，位置要与实际相符，并在出线口按 ab/c 的格式标明设备编号（ab）、设备容量（c.kW），也可以用 b/c 简化形式表示。

检　测　题

一、填空题

1. 变电站常用的电气主接线主要有________、________和________3 种形式。

2. 电力网常用的接线方式有________接线、________接线和________接线 3 种。

3. 母线材质分有铜、铝和钢。其中________母线仅用在空气中含有腐蚀性气体的屋外配电装置中；________母线广泛应用于工厂企业的变电站，接地母线普遍采用________母线。

4. 电缆是一种特殊的导线，按芯线材质可分为________电缆和________电缆。电力电缆广泛应用于工厂配电网络，其结构主要由________、________和________3 部分组成。

5. 户外架空线路________以上电压等级一般采用裸导线，________电压等级一般采用绝缘导线。

6. 线路-变压器组接线适用于________变压器的小型变电站，其高压侧一般采用________的接线方式，因高压侧采用的开关电器通常有________、________、________和________4 种，所以有 4 种比较典型的电气主接线方案。

7. 电压为 35kV 及以上、电源线路较长、变压器不频繁操作的配电系统中采用的桥式接线为________式；________式一般应用于变压器频繁切换，输电线路比较短的 35kV 及以上系统中。

8. 架空线路上相邻两电杆中心线之间的距离称作挡距，380V 架空线路的挡距为________，6～10kV 架空线路的挡距为________。

9. 同杆导线的线距与电压等级及挡距等因素有关，380V 架空线路的线距为________，10kV 架空线路的线距为________。

10. 塑料绝缘导体的型号为 BLV，B 表示________，L 表示________，V 表示________。

二、判断正误题

1. 铜芯铝绞线不但机械强度好，而且对风雨和化学腐蚀作用的抵抗力也强。（　　）

2. 塑料绝缘导体的绝缘性能良好、价格低，广泛应用在户外架空线路上。（　　）

3. 架空线路要求所选截面不小于其最小允许截面，对电缆不必校验其机械强度。（　　）

4. 铝绞线多用于 35kV 及以上架空线路。（　　）

5. 在现代化城市配电网中，广泛采用环式接线的“开环”运行方式。（　　）

6. 配电干线沿线支接了几个车间变电站或用电设备的接线方式是放射式接线。（　　）

三、单项选择题

1. 适用于重要负荷和大型用电设备供电的接线方式是（　　）。

A. 放射式接线　　B. 树干式接线　　C. 环式接线　　D. 单母线接线

2. 用于抗腐蚀的高压和超高压架空线路的导线是（　　）。

A. 铜绞线　　B. 防腐铜芯铝绞线　　C. 铝绞线　　D. 钢芯铝绞线

3. 工厂变电站的电气主接线形式通常有（　　）3 种。

A. 放射式接线、树干式接线和环式接线

B. 放射式接线、线路-变压器组接线和单母线接线

C. 线路-变压器组接线、单母线接线和桥式接线

D. 树干式接线、单母线接线和桥式接线

4. 户外架空线路（　　）及以上电压等级一般采用裸导线。

A. 3kV　　B. 4kV　　C. 5kV　　D. 6kV

5. 电力网的电气主接线形式通常有（　　）。

A. 放射式接线、树干式接线和环式接线

B. 放射式接线、线路-变压器组接线和单母线接线

C. 线路-变压器组接线、单母线接线和桥式接线

D. 树干式接线、单母线接线和桥式接线

四、简答题

1. 内桥式接线和外桥式接线各适用于哪些电压等级及场合？

2. 比较放射式与树干式供配电接线的优缺点，并说明其适用范围。

3. 通常架空导线选用什么类型的导线？这种类型的导线按其结构不同可分为哪两种形式？工厂中最常用的是哪一种？在机械强度要求较高的 35kV 及以上架空线路多采用哪种绞线？

4. 什么叫一次回路？什么叫二次回路？

5. 什么叫变电站的主接线？对主接线有哪些基本要求？

6. 变压器室、电容器室和配电室的门应向内开还是向外开？为什么？

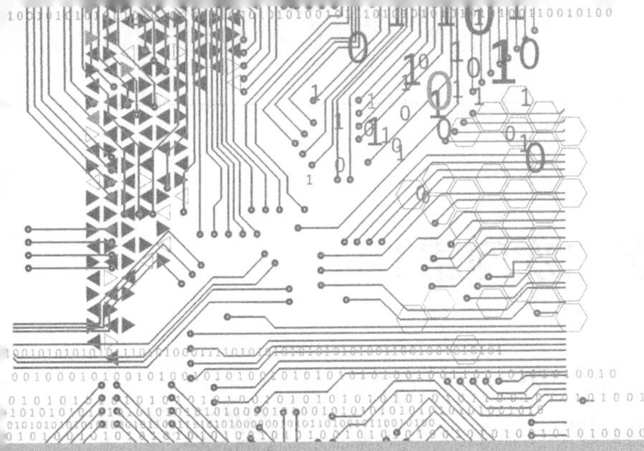

第 6 章 供配电二次回路和继电保护

知识目标

通过对本章的学习，希望学习者了解二次回路的构成及各部分的工作任务，熟练掌握二次回路的基本知识，包括二次回路图的分类、常用符号及元器件表示方式及变配电站二次设备的布置等；掌握继电保护的基本知识，包括继电保护装置的组成、任务、要求及基本工作原理；掌握带时限的过电流保护和速断过电流保护。

能力目标

通过技能训练项目，学习者应掌握二次回路图的识读图方法，具有检查电气二次回路的接线和走向的能力，具有正确识别和使用各种继电保护设备的能力。

素养目标

通过本章教学环节和实训环节，在完成专业教学的基础上，润物无声，入心入脑，锤炼学生团结、包容、不畏困难、吃苦耐劳、识大体、顾大局的优秀品格，塑造学生爱国、敬业、诚信、友善的价值观和人生观。

在供配电系统中，对一次设备进行监测、控制、调节和保护的电气回路称为二次回路或二次接线系统。

继电保护是用来提高供配电系统运行可靠性的反事故自动装置。继电保护与其他自动装置配合工作时，还可提高供配电系统运行的稳定性，所以，继电保护是电力系统自动化的重要内容之一。

供配电系统的二次回路是实现供配电系统安全、经济、稳定运行的重要保障。随着变电站自动化水平的提高，二次回路的作用越来越重要。

供配电系统的二次回路为现场技术工作人员对电气设备进行安装、调试、检修、试验、查线等操作提供重要的技术资料。

工厂供配电系统的电气设备运行时，由于受自然或人为因素的影响，不可避免地会发生各种形式的故障或出现不正常工作状态。最常见的不正常工作状态有过负荷、短路故障和变压器油温过高等，这些不正常工作状态如不及时发现和处理，就会造成重大事故。为此，供配电系统通常采用熔断器保护、低压断路器保护和继电保护等故障防范措施，当系统发生故障时，保护装置就会立刻发出信号，提醒运行人员注意采取必要的措施，从而保证了非故障部分的正常运行。

6.1 供配电系统的二次回路

对一次设备的工作状态进行监视、测量、控制和保护的辅助电气设备称为二次设备，二次设备包括测量仪表、控制与信号回路、继电保护装置以及远动装置等。由二次设备构成的系统称为二次系统或二次回路。当一次系统发生故障时，二次回路能够立即动作，使故障部分退出运行。二次回路按功能可分为断路器控制回路、信号回路、保护回路、监测回路和自动化回路。为保证二次回路的用电，系统中还专门设置有操作电源等。

供配电系统的二次回路

供配电系统的二次回路功能示意图如图 6.1 所示。

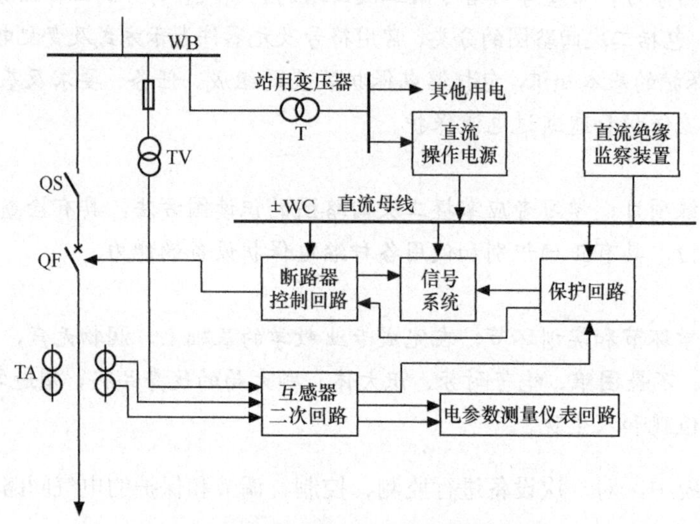

图 6.1　供配电系统的二次回路功能示意图

在图 6.1 中，断路器控制回路的主要功能是对断路器进行通、断操作，当线路发生短路故障时，相应继电保护动作，接通断路器控制回路中的跳闸回路，使断路器跳闸，启动信号回路发出声响和灯光信号。

直流操作电源

6.1.1　二次回路的操作电源

操作电源是向二次回路提供所需用电的电源。操作电源分为直流和交流两大类，其中直流操作电源主要用于大、中型变电站，按电源性质可分为由蓄电池组供电的独立直流电源和交流整流后的直流电源；交流操作电源通常用于小型变电站，包括向站用主变压器供电的交流电源和由仪用互感器供电的交流电源。

1．直流操作电源

（1）蓄电池组供电的直流操作电源。蓄电池组供电的直流操作电源是一种与电力系统运行方式无关的独立电源系统。即使在变电站完全停电的情况下，其仍能在 2h 内可靠供电，具有很高的供电可靠性。蓄电池直流操作电源的类型主要有铅酸蓄电池和镉镍蓄电池两种。

① 铅酸蓄电池组。单个铅酸蓄电池的额定端电压为 2V，充电后可达 2.7V，放电后可降

到 1.95V。为满足 220V 的操作电压，需要 230/1.95≈118 个蓄电池；考虑到充电后端电压升高，为保证直流系统正常电压，长期接入操作电源母线的蓄电池个数为 230/2.7≈85 个；而 118−85=33 个蓄电池用于调节电压，接于专门的调节开关上。

蓄电池使用一段时间后，电压下降，需用专门的充电装置来进行充电。由于铅酸蓄电池具有一定的危险性和污染性，需要在专门的蓄电池室内放置，因此投资较大，在现今的变电站中已不再采用。

② 镉镍蓄电池组。近年来我国发展的镉镍蓄电池克服了上述铅酸蓄电池的缺点，单个镉镍蓄电池的端电压为 1.2V，充电后可达 1.75V，对镉镍蓄电池组充电时，可采用硅整流设备对其进行浮充电或强充电。镉镍蓄电池组的特点是不受供电系统影响、工作可靠，其还有大电流放电性能好、腐蚀性小、功率大、强度高、寿命长等优点，并且不需专门的蓄电池室，可安装于控制室，因此占地面积小且便于安装维修，其在大、中型变电站中应用比较广泛。

（2）硅整流直流操作电源。硅整流直流操作电源在变电站应用比较普遍，按断路器操动机构的要求，可分为电磁操动的电容储能直流操作电源和弹簧操动的电动机储能直流操作电源等。本小节只介绍硅整流电容储能直流操作电源。

硅整流电源来自变电站的变压器母线，一般设一路电源进线，但为了保证直流操作电源的可靠性，也可采用两路电源和两台硅整流装置，如图 6.2 所示。

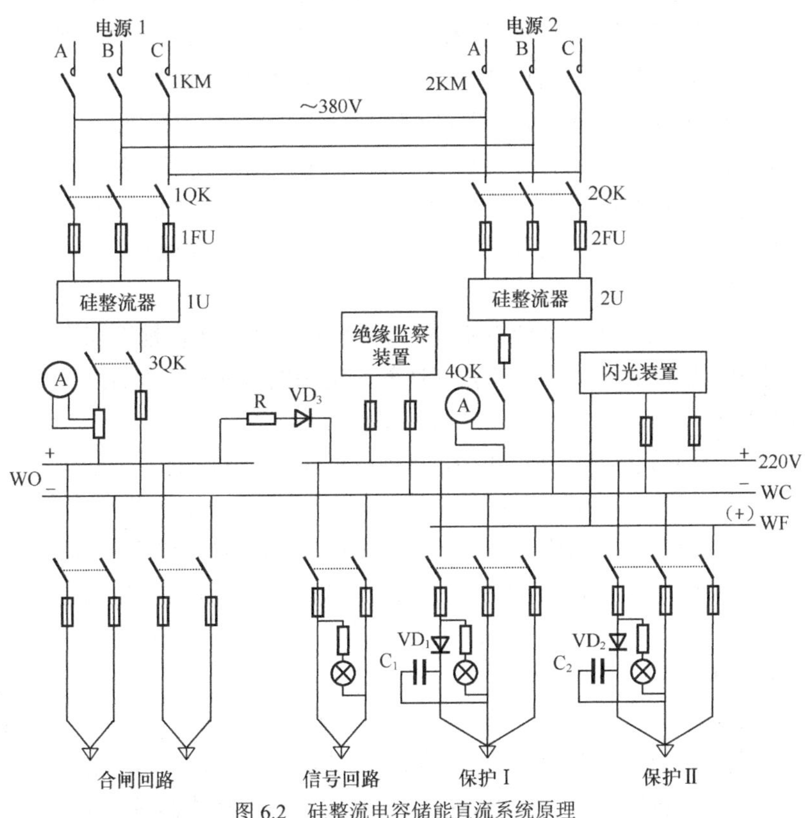

图 6.2　硅整流电容储能直流系统原理

硅整流器 1U 主要用作断路器合闸电源，向控制、保护、信号等回路供电，其容量较大。硅整流器 2U 仅向操作母线供电，容量较小。两组硅整流器之间用电阻 R 和二极管 VD_3 隔开，

VD_3起到逆止阀的作用，它只允许从合闸母线向控制母线供电而不能反向供电，以防在断路器合闸或合闸母线侧发生短路时，引起控制母线电压的大幅降低，从而影响控制和保护回路供电的可靠性。电阻 R 是限流电阻，用来限制在控制母线侧发生短路时流过硅整流器 1U 的电流，对 VD_3起保护作用。在硅整流器 1U 和 2U 前，也可以用整流变压器（图中未画）实现电压调节。整流电路一般采用三相桥式整流。

在直流母线上还接有直流绝缘监察装置和闪光装置，绝缘监察装置采用电桥结构，用以监测正负母线或直流回路对地绝缘电阻。当某一母线对地绝缘电阻降低时，电桥不平衡，检测继电器中有足够的电流流过，继电器动作发出信号。闪光装置主要提供闪光电源，其工作原理示意图如图 6.3 所示。

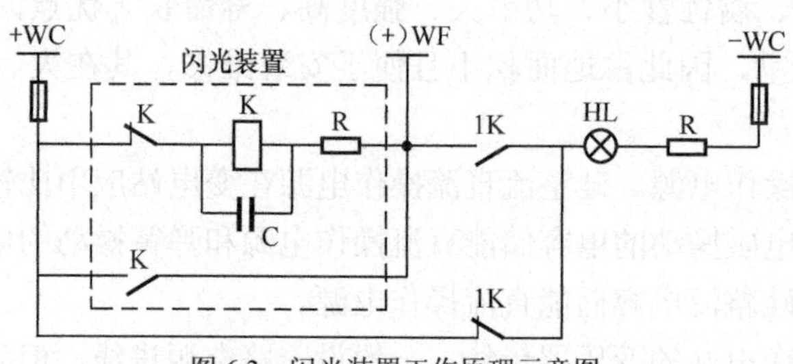

图 6.3　闪光装置工作原理示意图

在正常工作时闪光小母线（+）WF 悬空，当系统或二次回路发生故障时，相应继电器 1K 动作（其线圈在其他回路中），1K 常闭触点打开，1K 常开触点闭合，使信号灯 HL 接于闪光小母线上，（+）WF 的电压较低，HL 变暗，闪光装置电容充电，达到一定值后，继电器 K 动作，其常开触点闭合，使闪光小母线的电压与正母线相同，HL 变亮，常闭触点 K 打开，电容放电，使 K 电压降低，降低到一定值后，K“失电”动作，常开触点 K 打开，闪光小母线电压变低，闪光装置的电容又开始充电。重复上述过程时，信号指示灯就会发出闪光信号。可见，闪光小母线平时不带电，只有在闪光装置工作时，才间断地获得低电位和高电位，其间隔时间由电容的充放电时间决定。

硅整流直流操作电源的优点是价格便宜，与铅酸蓄电池相比占地面积小，维护工作量小，体积小，不需充电装置。其缺点是电源独立性差，电源的可靠性受交流电源影响，需加装补偿电容和交流电源自动投切装置，而且二次回路较为复杂。

实用中，还有一种复式硅整流操作电源，这种电源有两部分供电，一是由变压器或电压互感器供电，二是由反映故障电流的电流互感器电流源供电。两组电源都经铁磁式谐振稳压器供电给二次回路。由于复式硅整流直流操作电源有电压源和电流源，因此能保证交流供电系统在正常或故障情况下均能正常地供电。与电容储能式相比，复式硅整流直流操作电源能输出较大的功率，电压的稳定性也较好，目前广泛应用于具有单电源的中、小型工厂变电站。

2．交流操作电源

交流操作电源

交流操作电源可取自站用电主变压器，这是一种较为普遍的应用方式。当交流操作电源取自电压互感器的二次侧时，其容量较小，一般只作为油浸式变压器瓦斯保护的交流操作电源；当其取自于电流互感器时，主要给继电保护和跳闸回路供电。电流互感器对于短路故障和过负荷都非常灵敏，能有效实现交流操作电源的过电流保护。

（1）取自于站用主变压器的交流操作电源。变电站的用电一般应设置专门的变压器供电，简称站用变。变电站的用电主要有室外照明、室内照明、生活区用电、事故照明、操作电源用电等，上述用电一般都分别设置供电回路，如图 6.4（a）所示。

为保证操作电源的用电可靠性，站用变一般都接在电源的进线处，如图 6.4（b）所示。这样即使变电站母线或变压器发生故障，站用变仍能取得电源。一般情况下，采用一台站用变即可，但对一些重要的变电站，要求有可靠的站用电源，此电源不仅在正常情况下能保证给操作电源供电，而且应考虑在全站停电或站用电源发生故障时，仍能实现对电源进线断路器的操作和事故照明的用电，一般应设有两台互为备用的站用变。其中一台站用变应接至进线断路器的外侧电源进线处，另一台则应接至与本变电站无直接联系的备用电源上。在站用变低压侧可采用备用电源自动投入装置，以确保变电站用电的可靠性。值得注意的是，由于两台站用变所接电源中的相位关系，有时它们是不能并联运行的。

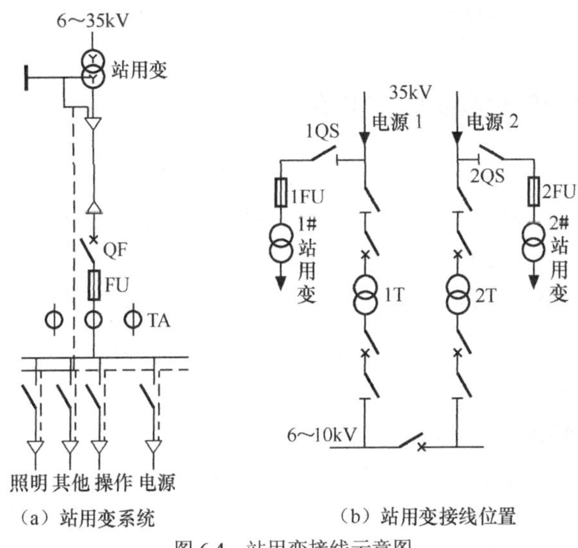

（a）站用变系统　　（b）站用变接线位置

图 6.4　站用变接线示意图

（2）交流操作电源供电的继电保护装置。交流操作电源供电的继电保护装置主要有直接动作式和去分流跳闸式两种操作方式。

① 直接动作式。直接动作式继电保护装置原理图如图 6.5（a）所示。直接动作式继电保护装置利用断路器手动操作机构内的过电流脱扣器 YR 直接动作于断路器 QF 跳闸，这种操作方式简单经济，但保护灵敏度低，实际工作中应用较少。

② 去分流跳闸式。去分流跳闸式继电保护装置的原理图如图 6.5（b）所示。正常运行时，电流继电器 KA 的常闭触点将跳闸线圈 YR 短路分流，YR 中无电流通过，断路器 QF 不会跳闸；当一次系统发生故障时，电流继电器 KA 动作，其常闭触点断开，从而使电流互感器的二次电流全部通过 YR，致使断路器 QF 跳闸。这种操作方式的接线比较简单且灵敏可靠，但要求电流继电器 KA 触点的容量足够大。目前生产的 GL-15、GL-16、GL-25、GL-26 等型号的电流继电器，其触点容量相当大，完全可以满足控制要求。因此，去分流跳闸的操作方式在工厂供配电系统中已经得到广泛的应用。

交流操作电源的优点是，接线简单、投资低廉、维修方便。缺点是，交流继电器性能没有直流继电器完善，不能构成复杂和完善的保护。因此，交流操作电源在小型变电站中应用较广，而对保护要求较高的中小型变电站应采用直流操作电源。

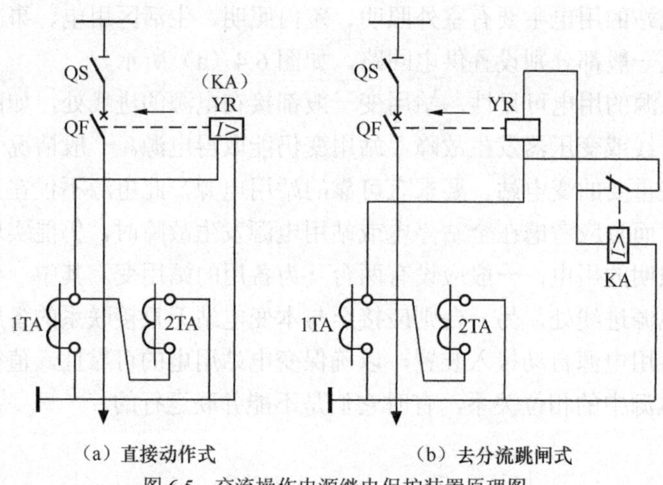

（a）直接动作式　　（b）去分流跳闸式

图 6.5　交流操作电源继电保护装置原理图

6.1.2　电测量仪表与绝缘监察装置

供配电系统的测量和绝缘监察回路是二次回路的重要组成部分，电测量仪表的配置应符合 GB/T 50063—2017《电力装置电测量仪表装置设计规范》的规定。

变电站的直流系统一般分布广泛，系统复杂并且外露部分较多，工作环境多样，易受外界环境因素的影响。因此，在工厂供配电二次回路中装设电测量仪表，以满足电气设备安全运行的需要，监视变电站电气设备的运行状况、电压质量等。

电测量仪表配置

1．电测量仪表配置

在电力系统和供配电系统中，进行电气测量有 3 个目的：一是计费测量，主要计量用电单位的用电量，如有功电能表、无功电能表；二是对供电系统运行状态、技术经济分析所进行的测量，如电压、电流、有功功率、无功功率、有功电能、无功电能等，这些参数通常都需要定时记录；三是对交、直流系统的安全状况（如绝缘电阻、三相电压是否平衡等）进行监测。测量目的不同，对测量仪表的要求也不一样。

计量仪表要求准确度高，其他测量仪表的准确度要求则相对低一些。

（1）变配电装置中测量仪表的配置。

① 在供配电系统的每一条电源进线上，必须装设计费用的有功电能表和无功电能表及反映电流大小的电流表。通常采用标准计量柜，计量柜内有计量专用电流互感器和电压互感器。

② 在变电站的每一段 3～10kV 的母线上，必须装设电压表 4 只，其中一只测量线电压，其他 3 只测量相电压。

③ 35kV/（6～10kV）变压器应在高压侧或低压侧装设电流表、有功功率表、无功功率表、有功电能表和无功电能表各一只；（6～10kV）/0.4kV 的配电变压器，应在高压侧或低压侧装设一只电流表和一只有功电能表，如为单独经济核算的单位变压器还应装设一只无功电能表。

④ 3～10kV 配电线路，应装设电流表、有功电能表和无功电能表各一只，如不是单独经济核算单位，无功电能表可不装设。当线路负荷大于或等于 5 000kV·A 时，还应装设一只有功功率表。

⑤ 低压动力线路上应装一只电流表。照明和动力混合供电的线路上照明负荷占总负荷的 15%或 20%以上时，应在每相上装一只电流表。如需电能计量，一般还应装设一只三相四线有功电能表。

⑥ 并联电容器总回路上，每相应装设一只电流表，且应在总回路上装设一只无功电能表。

（2）仪表的准确度要求。

① 电测量装置的准确度不应低于表 6-1 的规定。指针式仪表选用 1.5 级，数字式仪表选用 0.5 级。交流指示仪表的综合准确度不应低于 2.5 级，直流指示仪表的综合准确度不应低于 1.5 级，接于电测量变送器二次侧仪表的准确度不应低于 1.0 级。用于电测量装置的电流互感器、电压互感器及附件、配件的准确度不应低于表 6-2 的规定。

表 6-1　　电测量装置的准确度要求（GB/T 50063—2017）

仪表类型名称	准确度	仪表类型名称	准确度
指针式交流仪表	1.5 级	数字式仪表	0.5 级
指针式直流仪表	1.5 级	记录型仪表	应满足测量对象的准确度要求
指针式直流仪表	1.0 级 经变送器二次测量	计算机监控系统的 测量部分（交流采样）	误差不大于 0.5%

表 6-2　　电测量装置电流互感器、电压互感器及附件、配件的准确度要求（GB/T 50063—2017）

仪表准确度等级	准确度			
	电流互感器、电压互感器	变送器	分流器	中间互感器
0.5 级	0.5 级	0.5 级	0.5 级	0.2 级
1.0 级	0.5 级	0.5 级	0.5 级	0.2 级
1.5 级	1.0 级	0.5 级	0.5 级	0.2 级
2.5 级	1.0 级	0.5 级	0.5 级	0.5 级

② 电能计量装置按其计量对象的重要程度和计量电能的多少分为 5 类。I 类电能计量装置：月用电量 5 000MW·h 及以上或变压器容量为 10MV·A 及以上的高压用户，用户内部技术经济指标分析、考核用的电能计量装置；Ⅱ类电能计量装置：月用电量 1 000MW·h 及以上或变压器容量为 2MV·A 及以上的高压用户，用户内部技术经济指标分析、考核用的电能计量装置；Ⅲ类电能计量装置：月用电量 100MW·h 及以上或负荷容量为 315kV·A 及以上的计费用户，用户内部技术经济指标分析、考核用的电能计量装置；Ⅳ类电能计量装置：负荷容量为 315kV·A 及以下的计费用户，用户内部技术经济指标分析、考核用的电能计量装置；Ⅴ类电能计量装置：单相电力用户计费用的电能计量装置。

电能计量装置的准确度不应低于表 6-3 的规定。

表 6-3　　电能计量装置的准确度要求（GB/T 50063—2017）

电能计量装置类别	准确度（级）			
	有功电能表	无功电能表	电压互感器	电流互感器
Ⅰ	0.2S	2.0	0.2	0.2S
Ⅱ	0.5S	2.0	0.2	0.2S
Ⅲ	0.5S	2.0	0.5	0.5S
Ⅳ	1.0	2.0	0.5	0.5S
Ⅴ	2.0	—	—	0.5S

注：电能计量装置中电压互感器二次回路电压降应不大于其额定二次电压的 0.2%。

③ 指针式测量仪表的测量范围和电流互感器变比的选择，应当满足当电力装置回路以额

定值运行时，仪表的指示在标度尺的 2/3 处这一条件。对有可能过负荷运行的电力装置回路，仪表的测量范围应当留有适当的过负荷裕度。对重载起动的电动机和运行中有可能出现短时冲击电流的电力装置回路，应当采用具有过负荷标度尺的电流表。对有可能双向运行的电力装置回路，应采用具有双向标度尺的仪表。

2. 直流绝缘监察回路

在直流系统中，正、负母线对地是悬空的，当发生一点接地时，并不会引起任何危害，但必须及时消除，否则当另一点接地时，会引起信号回路、控制回路、继电保护回路和自动装置回路的误动作。如图 6.6 所示，A、B 两点接地会造成误跳闸情况。

图 6.6 中，当 A、B 两点接地时，就会使跳闸线圈 YR 得电而造成误跳闸事故。因此，直流系统中应装设绝缘监察装置，以及时发现直流系统的接地故障，尽快找出接地点，隔离故障点并排除故障。

图 6.6　两点接地情况示意图

图 6.7 所示直流绝缘监察装置是利用电桥原理进行监测的，正、负母线对地绝缘电阻作电桥的两个臂，如图 6.7（a）所示的等效电路。

正常状态下，直流母线正极和负极的对地绝缘良好，电阻 R+和 R–相等，接地信号继电器 KE 线圈中只有微小的不平衡电流通过，继电器不动作。当某一极的对地绝缘电阻（R+或 R–）下降时，电桥失去平衡，流过继电器 KE 线圈中的电流增大。当绝缘电阻下降到一定值时，继电器 KE 动作，其常开触点闭合，发出预告信号。

在图 6.7（b）中，1R、2R、3R 的阻值均为 1 000Ω。整个装置由信号和测量两部分组成，并通过绝缘监察转换开关 1SA 和母线电压表转换开关 2SA 进行工作状态的切换。电压表 1V 为高内阻直流电压表，量程 150～0～150V、0～∞～0kΩ；电压表 2V 为高内阻直流电压表，量程 0～250V。

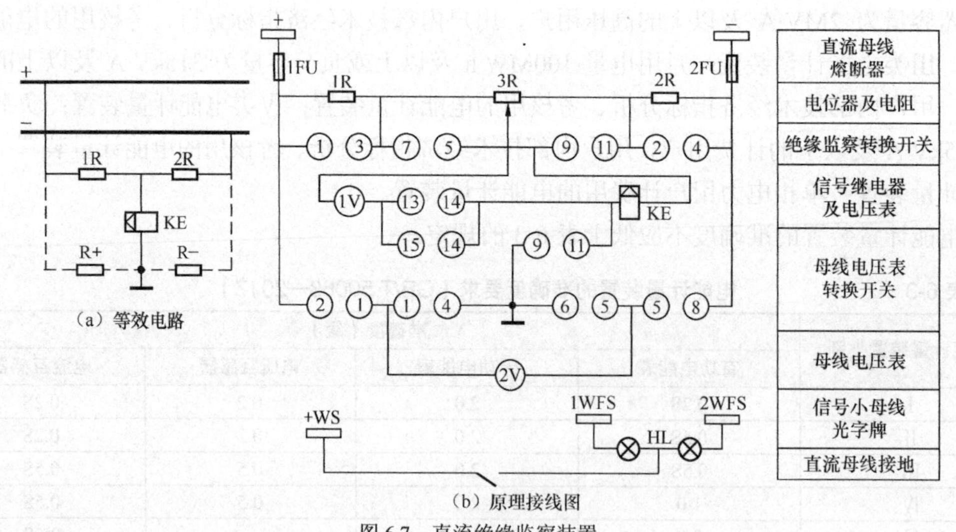

图 6.7　直流绝缘监察装置

母线电压表转换开关 2SA 有 3 个位置：“母线 M”位置、“正对地+”位置和“负对地–”位置。电路正常时不操作，手柄在竖直的“母线 M”位置，2SA 接点 9 和 11 接通、2 和 1

接通、5和8接通，电压表2V可测量正、负母线间电压。若将2SA手柄逆时针方向旋转45°，置于“正对地+”位置，则2SA接点1和2、5和6接通，电压表2V接到正极与地之间，测量正对地电压。若将2SA手柄顺时针旋转45°时，置于“负对地–”位置，则接点5和8、1和4接通，电压表2V接到负极与地之间，测量负对地电压。利用转换开关2SA和电压表2V，可判别哪一极接地。若两极绝缘良好，电压表2V的线圈不会形成回路，则无论正极对地电压还是负极对地电压，2V电压表均指示0V。如果正极接地，则正极对地电压为0V，负极对地电压指示220V。反之，当负极接地时，负极对地电压指示0V，正极对地电压指示220V。

绝缘监察转换开关1SA也有3个位置，即“信号X”位置、“测量1”位置、“测量2”位置。正常情况下，其手柄置于竖直的“信号X”位置，1SA的接点5和7、9和11接通，使电阻3R短接，而2SA应置于“母线M”位置，其接点9和11接通。接地信号继电器KE线圈在电桥检流计位置上，两极绝缘正常时，对地绝缘电阻基本相等，电桥平衡，接地信号继电器KE不动作；当某极绝缘电阻下降时，均可造成电桥不平衡，使继电器KE动作，其常开触点闭合，光字牌亮，同时发出预告音响信号。运行人员听到信号后，利用转换开关2SA和2V电压表，可判断出哪一极接地或哪一极绝缘电阻下降。

当1SA的接点1和3接通时，1R短接，3R和2R接通，为“测量1”位置；当1SA的接点2和4接通时，2R短接，3R和1R接通，为“测量2”位置。

随着科技的进步，变电站直流系统接地检测普遍使用微机直流系统绝缘监测仪。目前国内生产的ZJJ-3SA、ZJJ-4SA、ZJJ-4SB直流绝缘监察继电器采用了全硬件除法器运算电路，可直接显示接地电阻值，解决了老型号继电器无法显示或只能显示接地电流，必须手工对照查表格而给操作人员带来的困扰；报警阈值也可用电阻值直接显示。

6.1.3 中央信号回路

变电站的进出线、变压器和母线等的保护装置或绝缘监察装置动作后，都要通过中央信号系统发出相应的信号提示运行人员。信号有以下几种类型。

中央信号回路

（1）事故信号：断路器发生事故跳闸时，起动蜂鸣器（或电笛）发出声响，同时断路器的位置指示灯闪烁，事故类型光字牌亮，指示故障的位置和类型。

（2）预告信号：当电气设备出现不正常运行状态时，起动警铃发出声响信号，同时标有故障性质的光字牌亮，指示异常运行状态的类型，如变压器过负荷、控制回路断线等。

（3）位置信号：位置信号包括断路器位置（如灯光指示或操动机构分合闸位置指示器）和隔离开关位置信号等。

（4）指挥信号和联系信号：用于主控制室向其他控制室发出操作命令以及控制室之间的联系。

1．对中央信号回路的要求

为保证中央信号回路可靠和正确工作，对中央信号回路要求如下。

（1）中央事故信号装置应保证在任一断路器事故跳闸后，立即（不延时）发出音响信号和灯光信号或其他指示信号。

（2）中央预告信号装置应保证在任一电路发生故障时，能按要求（瞬时或延时）准确发出音响信号和灯光信号。

（3）中央事故音响信号与预告音响信号应有区别。一般事故音响信号用电笛或蜂鸣器，预告音响信号用电铃。

（4）中央信号装置在发出音响信号后，应能手动或自动复归（解除）音响，而灯光信号及其他指示信号应保持到消除故障为止。

（5）接线应简单、可靠，应能监视信号回路的完好性。

（6）应能对事故信号、预告信号及其光字牌是否完好进行试验。

（7）中央信号一般采用重复动作的信号装置，变电站主接线比较简单时可采用不重复动作的中央信号装置。

2. 中央事故信号回路

中央事故信号回路

中央事故信号回路是指在供电系统中，断路器因事故跳闸后发出的音响信号，常采用蜂鸣器或电笛。

中央事故信号回路按操作电源可分为交流和直流两类；按复归方法，分为中央复归和就地复归两种；按其能否重复动作可分为不重复动作和重复动作两种。

（1）中央复归不重复动作的事故信号回路。

中央复归不重复动作的事故信号回路如图 6.8 所示。

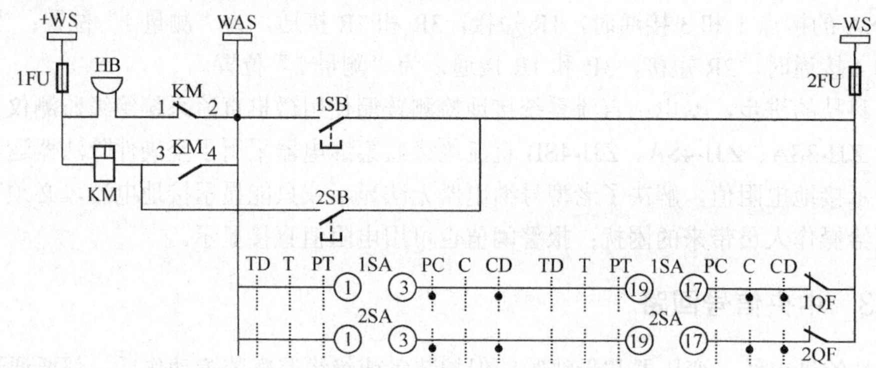

图 6.8　中央复归不重复动作的事故信号回路图

正常工作时，断路器合上，控制开关 1SA 的 1 和 3、19 和 17 触点是接通的，但 1QF 和 2QF 常闭辅助触点是断开的。若断路器 1QF 因事故跳闸，则 1QF 常闭辅助触点闭合，回路+WS→HB→KM 常闭触点 1 和 2→1SA 的触点 1 和 3 及 19 和 17→1QF→–WS 接通，蜂鸣器 HB 发出声响。按 2SB 复归按钮，KM 线圈通电，KM 常闭触点断开，蜂鸣器 HB 断电解除音响，KM 常开触点闭合，继电器 KM 自锁。若此时 2QF 又发生了事故跳闸，则蜂鸣器将不会发出声响，这就叫作“不重复动作”。能在控制室手动复归称为中央复归，又称为集中复归。1SB 为试验按钮，用于检查事故音响是否完好。这种信号回路适用于容量比较小的工厂变电站。

（2）中央复归重复动作的事故信号回路。

中央复归重复动作的事故信号回路如图 6.9 所示，该信号装置采用信号冲击继电器（或信号脉冲继电器）KI，型号为 ZC-23 型（或按电流积分原理工作的 BC-4（S）型），虚线框内为 ZC-23 型冲击继电器的内部接线图。

TA 为脉冲变流器，其一次侧并联的二极管 VD_2 和电容 C，用于抗干扰；二次侧并联的二极管 VD_1 起单向旁路作用。当 TA 的一次电流突然减小时，其二次侧感应的反向电流经 VD_1 而旁路，不让它流过干簧继电器 KR 的线圈。KR（单触点干簧继电器）为执行元件，KM（多触点干簧继电器）为出口中间元件。

当1QF、2QF断路器合上时，其辅助触点1QF、2QF（在图6.9中）均打开，各对应回路的触点1和3、19和17均接通，事故信号启动回路断开。

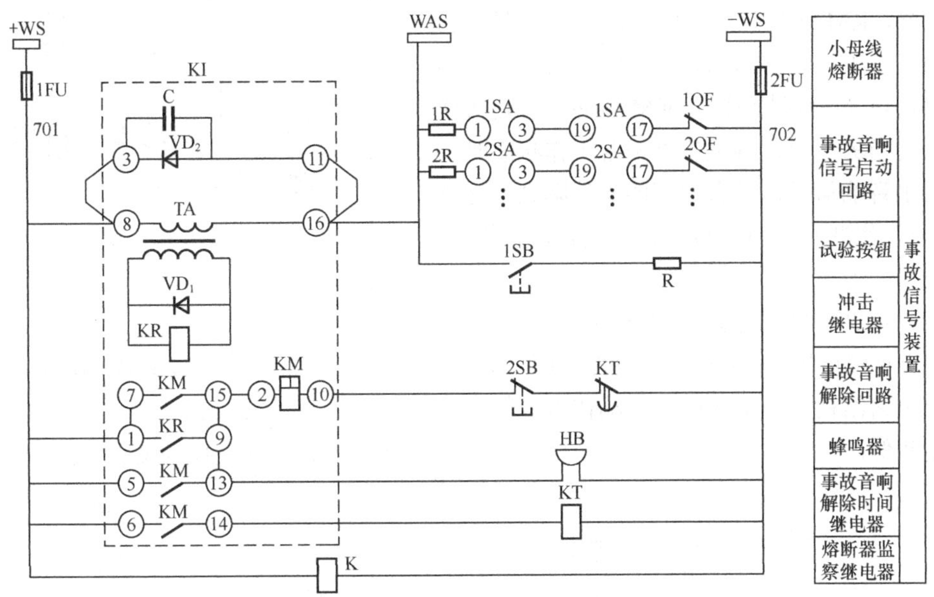

图6.9 中央复归重复动作的事故信号回路示意图

若断路器1QF因事故跳闸，则辅助常闭触点1QF闭合，冲击继电器的脉冲变流器一次绕组电流突增，在其二次侧绕组中产生感应电动势使干簧继电器KR动作。KR的常开触点（1和9）闭合，使中间继电器KM动作，KM的常开触点（7和15）闭合自锁，另一对常开触点（5和13）闭合，使蜂鸣器HB通电发出声响，同时常开触点（6和14）闭合，使时间继电器KT动作，其常闭触点延时打开，KM失电，使音响自动解除。

2SB为音响解除按钮，1SB为试验按钮。此时若另一台断路器2QF因事故跳闸，则流经KI的脉冲变流器的电流又增大使HB又发出音响，故称为“重复动作”的音响信号回路。

“重复动作”是利用控制开关与断路器辅助触点之间的不对应回路中的附加电阻来实现的。当断路器1QF事故跳闸，蜂鸣器发出音响，此时音响已被手动或自动解除，但1QF的控制开关尚未转到与断路器的实际状态相对应的位置，若断路器2QF又发生自动跳闸，则2QF断路器的不对应回路接通，与1QF断路器的不对应回路并联，不对应回路中串有电阻引起脉冲变流器TA的一次绕组电流突然增大，故在其二次侧产生一个感应电势，又使干簧继电器KR动作，蜂鸣器又发出音响。

3. 中央预告信号回路

中央预告信号是指在供电系统中，发生异常工作状态情况下发出的音响信号。常采用电铃发出音响，并利用灯光和光字牌来显示故障的性质和地点。中央预告信号装置有直流和交流两种，也有不重复动作和重复动作两种。

（1）中央复归不重复动作预告信号回路。

中央复归不重复动作预告信号回路如图6.10所示。图中KS为反映系统不正常状态的继电器常开触点，当系统处在不正常工作状态时，如变压器过负荷，经一定延时后，KS触点闭合，回路+WS→KS→HL→WFS→KM（1和2触点）→HA→–WS接通，电铃HA发出音响信号，同时HL光字牌亮，表明变压器过负荷。

图 6.10 中 1SB 为试验按钮，2SB 为音响解除按钮。2SB 被按下时，KM 线圈得电动作，KM 常闭触点（1 和 2）打开，电铃 HA 断电，音响被解除，KM 常开触点（3 和 4）闭合自锁，在系统不正常工作状态消除之前，KS、KM 常开触点（3 和 4）始终保持闭合，KM 线圈一直是接通的，此时当另一个设备发生不正常工作状态时，不会发出音响信号，只有相应的光字牌亮。这是“不重复动作”的中央复归式预告音响信号回路的特征。

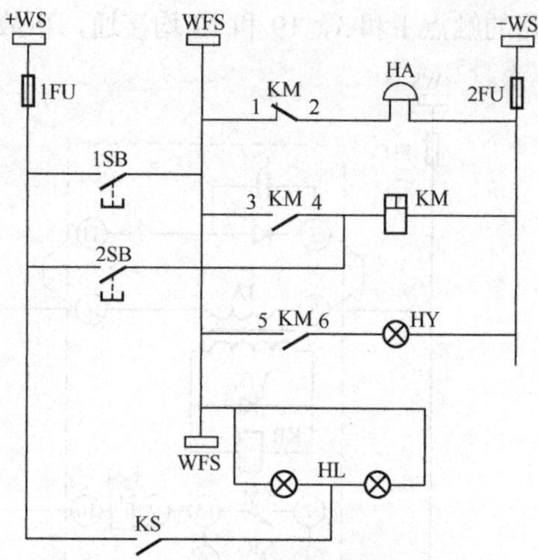

图 6.10　中央复归不重复动作预告信号回路

（2）中央复归重复动作预告信号回路。

中央复归重复动作预告信号回路如图 6.11 所示，其电路结构与中央复归重复动作事故信号回路基本相似。

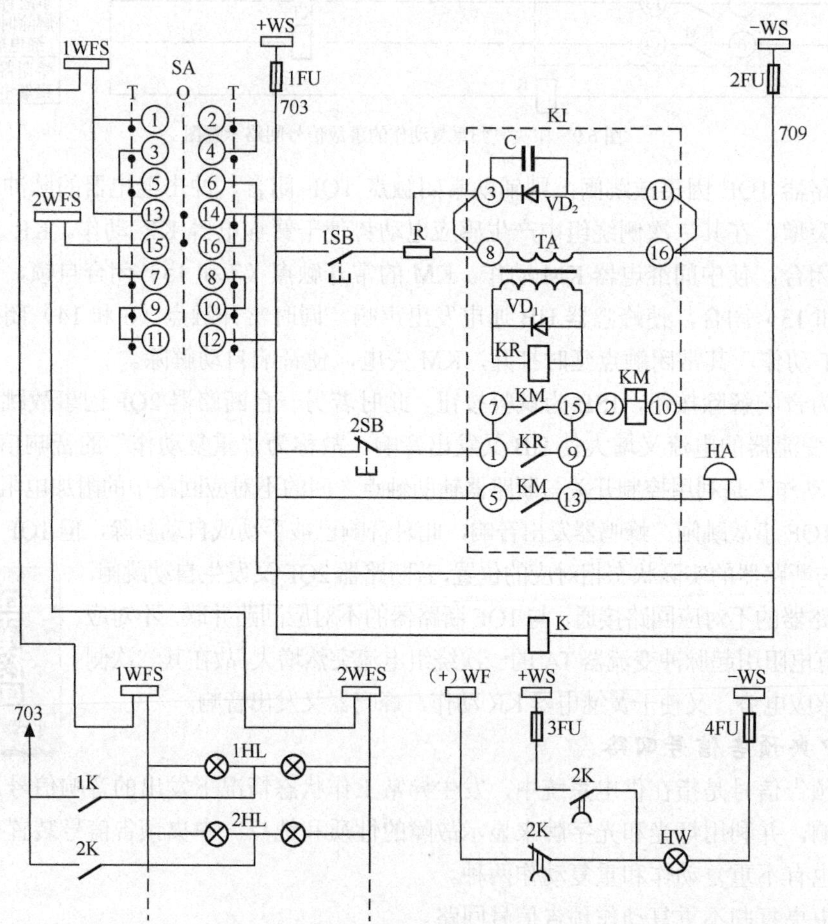

图 6.11　中央复归重复动作预告信号回路

图 6.11 中预告信号小母线分为 1WFS 和 2WFS，转换开关 SA 有 3 个位置，中间为工作位置，左右（±45°）为试验位置，SA 在中间工作位置时，其触点 13 和 14、15 和 16 接通，其他断开；在试验位置（向左或向右旋转 45°）时则相反，13 和 14、15 和 16 断开，其他接

通。当 SA 在工作位置时，若系统发生不正常工作状态，如过负荷动作 1K 闭合，+WS 经 1K、1HL（两灯并联）、SA 的 13 和 14、KI 到–WS，使冲击继电器 KI 的脉冲变流器一次绕组通电，则电铃发出音响信号，同时光字牌 1HL 亮。

转动 SA 至试验位置时，试验回路为+WS→8A（12-11）→8A（9-10）→8A（8-7）→2WFS→HL 光字牌（因 1K 和 2K 为打开位置，因此为两两灯串联）→1WFS→8A（1-2）→8A（4-3）→8A（5-6）→–WS，所有光字牌亮，表明光字牌灯泡完好，如有不亮表示光字牌灯泡损坏，应更换灯泡。

预告信号音响部分的重复动作也是靠突然并入启动回路一电阻，使流过冲击继电器的电流发生突变来实现的。启动回路的电阻用光字牌中的灯泡代替。

6.1.4 高压断路器控制及信号回路

高压断路器控制及信号回路

断路器的控制方式，可分为远端控制和现场控制。远端控制指操作人员在变电站主控制室或单元控制室内通过控制屏上的控制开关对几十米甚至几百米以外的断路器进行跳、合闸控制。现场控制是在断路器附近对断路器进行跳、合闸控制。为了实现对断路器的控制，必须有发出跳、合闸命令的控制机构（如控制开关或控制按钮等），执行操作命令的断路器的操动机构，以及传送命令到执行机构的中间传送机构（如继电器、接触器的触点等）。由这几部分构成的电路，即为断路器控制回路。

1．高压断路器控制回路的要求

断路器控制回路的直接控制对象为断路器的操动（作）机构。操动机构主要有电磁操动机构（CD）、弹簧操动机构（CT）和液压操动机构（CY）等。本小节仅对电磁操动机构的断路器控制回路进行介绍。断路器控制回路的基本要求如下。

（1）能手动和自动实现跳闸与合闸。

（2）能监视控制回路操作电源及跳、合闸回路的完好性，能对二次回路短路或过负荷进行保护。

（3）断路器操动机构中的跳、合闸线圈是按短时通电设计的，在跳闸或合闸完成后，应能自动解除命令脉冲，切断跳闸或合闸电源。

（4）应有反映断路器手动和自动跳、合闸的位置信号。

（5）应具有防止断路器多次跳、合闸的“防跳”措施。

（6）断路器的事故跳闸回路，应按“不对应原理”接线。

（7）对于采用气压、液压和弹簧操动机构的断路器，应有压力是否正常、弹簧是否拉紧到位的监视和闭锁回路。

2．电磁操动机构的断路器控制回路

（1）控制开关。

控制开关是断路器控制回路的主要控制元件，由运行人员操作使断路器跳、合闸，在变电站中常用的是 LW2 型系列自动复位控制开关，如图 6.12 所示。

控制开关的手柄和安装面板安装在控制屏前面，与手柄固定连接的转轴上有数节（层）触点盒，安装于屏后。触点盒的节数（每节内部触点形式不同）和形式可以根据控制回路的要求进行组合。每个触点盒内有 4 个静触点和一个旋转式动触点，静触点分布在盒的四角，盒外有供接线用的 4 个引出线端子；动触点处于盒的中心。动触点有两种基本类型，一种是

触点片固定在轴上，随轴一起转动，如图 6.13（a）所示；另一种是触点片与轴有一定角度的自由行程，如图 6.13（b）所示，当手柄转动角度在其自由行程内时，其可保持在原来位置上不动，自由行程有 45°、90°、135° 3 种。

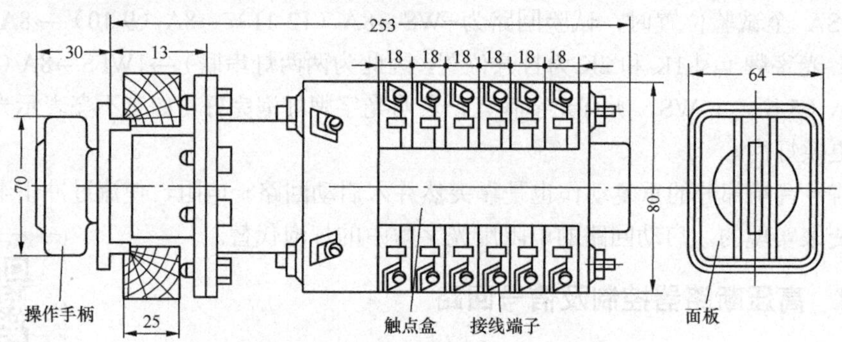

图 6.12 LW2 型自动复位控制开关结构示意图

控制开关共有 6 个位置，其中“跳闸后”和“合闸后”为固定位置，其他为操作时的过渡位置。有时用字母表示 6 种位置，如“C”表示合闸中，“T”表示跳闸中，“P”表示预备合闸，“D”表示合闸后。

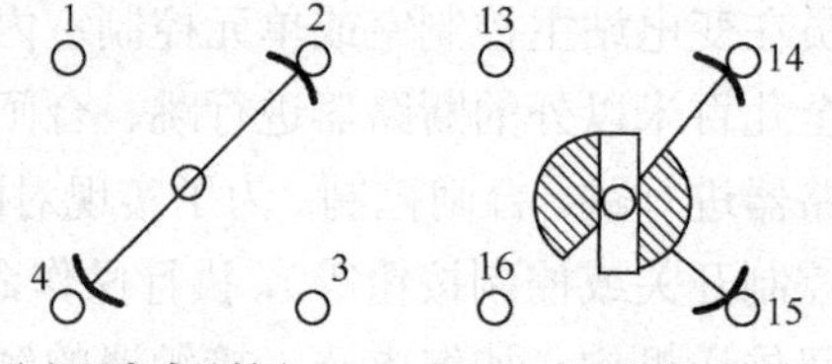

（a）固定式动触点　（b）有自由行程的动触点

图 6.13 两种动触点示意图

（2）控制回路。

电磁操动机构的断路器控制回路如图 6.14 所示。图中虚线上打黑点（•）的触点，表示在此位置时该触点接通。其工作原理如下所述。

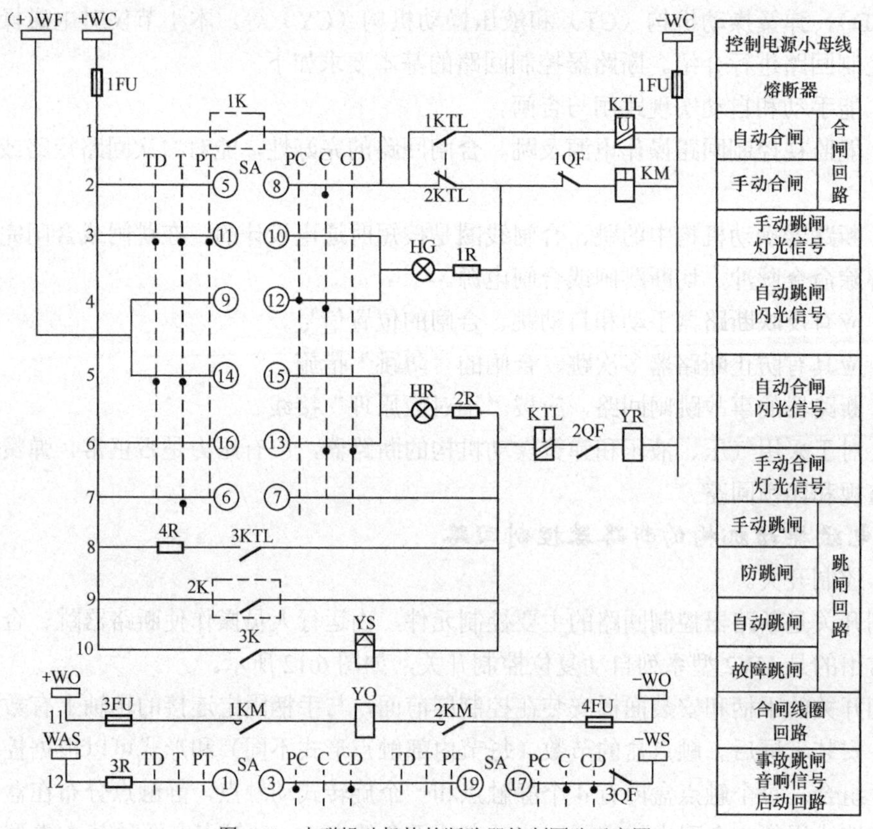

图 6.14 电磁操动机构的断路器控制回路示意图

① 断路器的手动控制。

a．手动合闸：设断路器处于跳闸状态，此时控制开关 SA 处于“跳闸后”位置（TD），其触点 10 和 11 接通，1QF 闭合，HG 绿灯亮，表明断路器是断开状态，且控制回路的熔断器 1FU 和 2FU 完好。因电阻 1R 存在，故流过合闸接触器线圈 KM 的电流很小，不足以使其动作。

将控制开关 SA 顺时针旋转 90°，至“预备合闸”位置（PC），9 和 12 接通，将信号灯接于闪光小母线（+）WF 上，绿灯 HG 闪光，表明控制开关的位置与“合闸后”位置相同，但断路器仍处于跳闸后状态，这是利用“不对应原理”接线，提醒运行人员核对操作对象是否有误，如无误后，可继续顺时针旋转 45° 将 SA 置于“合闸”位置（C）。SA 的 5 和 8 接通，使合闸接触器 KM 接通于+WC 和−WC 之间，KM 动作，其触点 1KM 和 2KM 闭合，合闸线圈 YO 通电，断路器合闸。断路器合闸后，1QF 断开使绿灯熄灭，2QF 闭合，由于 13 和 16 接通，红灯 HR 亮。当松开 SA 后，在弹簧作用下，SA 自动回到“合闸后”位置（CD），13 和 16 接通，使红灯发出平光，表明断路器手动合闸，且跳闸回路完好及控制回路的熔断器 1FU 和 2FU 完好。在此通路中，因电阻 2R 存在，故流过跳闸线圈 YR 的电流很小，不足以使其动作。

b．手动跳闸：将控制开关 SA 逆时针旋转 90° 置于“预备跳闸”位置（PT），13 和 16 断开，而 13 和 14 接通闪光母线，使红灯 HR 发出闪光，表明 SA 的位置与跳闸后的位置相同，但断路器仍处于合闸状态。将 SA 继续旋转 45° 而置于“跳闸”位置（T），6 和 7 接通，使跳闸线圈 YR 接通，此回路中的（KTL 线圈为防跳继电器 KTL 的电流线圈）YR 通电跳闸，1QF 合上，2QF 断开，红灯熄灭。当松开 SA 后，SA 自动回到“跳闸后”位置（TD），10 和 11 接通，绿灯发出平光，表明断路器手动跳闸，合闸回路完好。

② 断路器的自动控制。断路器的自动控制通过自动装置的继电器触点（如图 6.14 中 1K 和 2K，分别与 5 和 8、6 和 7 并联）的闭合分别实现合、跳闸控制。自动控制完成后，信号灯 HR 或 HG 将出现闪光，表示断路器自动合闸或跳闸，且合闸回路或跳闸回路完好，运行人员须将 SA 旋转到相应的位置上，使相应的信号灯发出平光。

当断路器因故障跳闸时，保护出口继电器触点 3K 闭合，SA 的 6 和 7 触点被短接，YR 通电，断路器跳闸，HG 发出闪光，表明断路器因故障跳闸。与 3K 串联的 YS 为信号继电器电流型线圈，电阻很小。YS 通电后将发出信号。同时由于 3QF 闭合（12 支路）且 SA 是置“合闸后”位置（CD），故 1 和 3、17 和 19 接通，事故音响小母线 WAS 与信号回路中负电源接通（成为负电源），启动事故音响装置，发出事故音响信号，使电笛或蜂鸣器发出声响。

③ 断路器的“防跳”。若没有 KTL 防跳继电器，在合闸后，如果控制开关 SA 的触点 5 和 8 或自动装置触点 1K 被卡死，而此时又遇到一次系统永久性故障，继电保护使断路器跳闸，1QF 闭合，合闸回路又被接通，则出现多次“跳闸-合闸”现象，这种现象称为“跳跃”。如果断路器发生多次跳跃现象，会使其毁坏，造成事故扩大。所以在控制回路中增设了防跳继电器 KTL。

防跳继电器 KTL 有两个线圈，一个是电流启动线圈，串联于跳闸回路；另一个是电压自保持线圈，经自身的常开触点与合闸回路并联，其常闭触点则串入合闸回路中。当用控制开关 SA 合闸（5 和 8 接通）或自动装置触点 1K 合闸时，如合在短路故障上，则继电保护动作，其触点 2K 闭合，使断路器跳闸。跳闸电流流过防跳继电器 KTL 的电流线圈，使其启动，1KTL 常开触点闭合（自锁），2KTL 常闭触点打开，其 KTL 电压线圈也动作，自保持。断路器跳开后，1QF 闭合，如果此时合闸脉冲未解除，即控制开关 SA 的触点 5 和 8 或自动装置触点 1K 被卡死，则因 2KTL 常闭触点已断开，所以断路器不会合闸。只有当触点 5 和 8 或 1K 断开，防跳继电器 KTL 电压线圈失电后，常闭触点才闭合。这样就防止了跳跃现象。

6.2 供配电系统的继电保护

继电保护的任务及要求

在工厂的供配电系统中，由于电气设备内部绝缘的老化、损坏或雷击、外力破坏以及工作人员的误操作等，可能使运行中的供配电系统发生故障和不正常运行的情况。最常见的故障是各种形式的短路。很大的短路电流及短路点燃引起的电弧，会损坏设备的绝缘甚至烧毁设备，同时引起电力系统的供电电压下降，造成严重后果。如果在供配电系统中装设一定数量和不同类型的继电保护设备，可将故障部分迅速地从系统中切除，保证供配电系统的安全运行。

工程案例

某 35kV 变电站采用常规保护装置，当二次回路作改动后，没有按规程要求进行整组试验和带负荷测试。实际上是改动后的电压互感器 C 相极性不慎接反导致的，在电源线路过负荷时，两相三继电器接线方式中的 N 相为差电流，电流值增大 $\sqrt{3}$ 倍，从而造成保护误动作而发生跳闸，导致全站失压。

此例是没有按照规程要求行事，因二次回路出问题造成事故的典型案例。

6.2.1 供配电系统继电保护的任务、要求及基本原理

1. 继电保护的任务

继电保护是对电力系统中发生的故障或异常情况进行检测，从而发出报警信号，或直接将故障部分隔离、切除的一种重要措施，非常适用于对供电可靠性要求较高、操作灵活方便，尤其是自动化程度较高的高压供配电系统，特别是在保护范围内发生短路时，相应的断路器跳闸，迅速切断故障电路，保证系统设备不受损坏。在不正常工作状态动作时，一般只发出警告信号，提醒值班人员注意。

继电保护的任务有以下几个方面。

（1）当被保护线路或设备发生故障时，能自动、迅速且有选择性地将故障元件从供配电系统中切除，以免故障元件继续遭到破坏，同时保证其他非故障线路迅速恢复正常运行。

（2）当供配电系统出现不正常运行状态时，根据保护装置的性能和运行维护条件，有的作用于信号，如变压器的继电保护、轻瓦斯保护等；有的经过一段时间的不正常状态不能自行消除，作用于开关跳闸，将电路切断，如断路器、自动空气开关保护等。

2. 继电保护的要求

根据继电保护所担负的主要任务，供配电系统对继电保护提出以下基本要求。

（1）选择性。当供配电系统发生短路故障时，继电保护装置动作，应只切除故障元件，使停电范围最小，以减小故障停电造成的损失。

（2）速动性。为了减小由于故障引起的损失，减少用户在故障时低电压下的工作时间，以及提高供配电系统运行的稳定性，要求继电保护在发生故障时应能尽快动作，切除故障。快速地切除故障部分可以防止故障扩大，减轻故障电流对电气设备的损坏，加快供配电系统电压的恢复，提高供配电系统运行的可靠性。

由于既要满足选择性，又要满足速动性，所以工厂供配电系统的继电保护允许带一定时限，以满足保护的选择性而牺牲一点速动性。对于工厂供配电系统，允许延时切除故障的时间一般为 0.5～2.0s。

（3）灵敏性。灵敏性是指在保护范围内发生故障或不正常工作状态时，保护装置的反应能力。即在保护范围内发生故障时，不论短路点的位置以及短路的类型如何，保护装置都应当敏锐且正确地做出反应。

继电保护的灵敏性是用灵敏度来衡量的。不同作用的保护装置和被保护设备，所要求的灵敏度是不同的，可以参考 GB/T 50062—2008《电力装置的继电保护和自动装置设计规范》。

（4）可靠性。可靠性是指继电保护装置在其所规定的保护范围内发生故障或不正常工作时，一定要准确动作，即不能拒动；而不属其保护范围的故障或不正常工作时，一定不要动作，即不能误动。

除了上述 4 个基本要求外，还要求供配电系统继电保护装置投资少，便于调试和运行维护，并尽可能满足用电设备运行的条件。继电保护的 4 个基本要求，既相互联系，又相互矛盾。在考虑继电保护方案时，要正确处理它们之间的关系，使继电保护方案在技术上安全可靠，在经济上合理。

3．继电保护的基本原理

电力系统运行中的电流、电压、功率、频率、功率因数角等电气量的正常运行值和故障情况下的运行值有着明显的区别，利用继电保护装置对这些参数进行反映、检测，根据其变化判断电力系统是否存在故障或故障的性质和范围，进而做出相应反应和处理（如发出警告信号或令断路器跳闸等）的过程称为电力系统的继电保护。供配电系统的继电保护装置种类多样，但基本上都包括测量部分（和定值调整部分）、逻辑部分、执行部分，如图 6.15 所示。

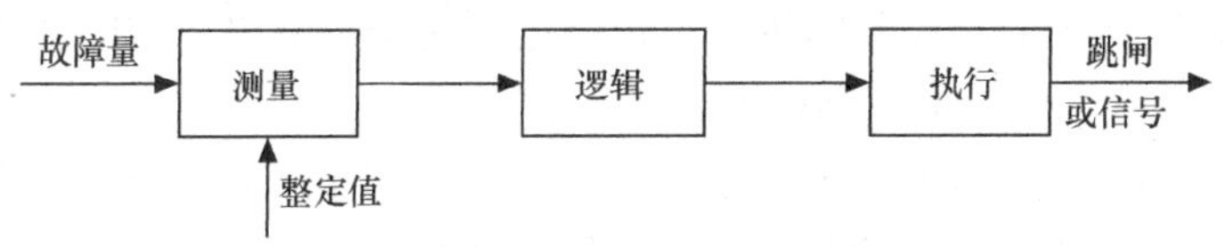

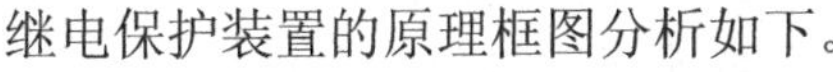
图 6.15　继电保护装置基本组成框图

继电保护的基本原理

继电保护装置的原理框图分析如下。

故障量是指由一台或几台如电流互感器、电压互感器组成的采样单元对被保护系统设备运行中的某些物理量或参数进行采集，并且经过电气隔离转换为继电保护装置可以接收的信号；整定值是由 4 个电流继电器（其中两个起速断保护作用，另外两个起过电流保护作用）构成的比较鉴别单元提供的，电流继电器的整定值即为给定的整定值。

（1）测量部分。电流继电器的电流线圈接收到采样单元送来的电流信号后，立即进行比较鉴别：当电流信号达到电流整定值时，电流继电器动作，通过其接点向下一级处理单元发出使断路器最终跳闸的信号；若电流信号小于整定值，则电流继电器不动作，传向下级单元的信号也不动作，即鉴别判断被保护系统设备是否发生故障，然后由比较信号“速断”“过电流”的信息传送到下一单元处理。

（2）逻辑部分。逻辑部分由时间继电器、中间继电器等构成。逻辑部分按照测量部分输出量的大小、性质、组合方式及出现的先后顺序，判断和确定保护装置应如何动作：需要速断保护时，相应中间继电器动作；需要过电流保护时，相应时间继电器（延时）动作。

（3）执行部分。执行单元一般分为两类：一类是电笛、电铃、闪光信号灯等声、光信号继电器；另一类为断路器操动机构的跳闸线圈，使断路器跳闸。按照逻辑部分输出信号的驱动要求，执行部分发出信号或使断路器跳闸。

常见的继电保护类型

6.2.2 常见的继电保护类型与继电保护装置

1. 常见的继电保护类型

（1）电流保护。电流保护是按照继电保护的整定原则、保护范围及保护的原理特点所设定的一种保护，其中包括如下类型。

① 过电流保护。它是按照躲过被保护设备或线路中可能出现的最大负荷电流（如大电机的短时起动电流和穿越性短路电流之类的非故障性电流）来整定的，以确保设备和线路的正常运行。为使上、下级过电流保护能获得选择性，其在时限上设有一个相应的级差。

② 电流速断保护。它是按照被保护设备或线路末端可能出现的最大短路电流或变压器二次侧发生三相短路电流而整定的。速断保护动作，理论上电流速断保护没有时限，即以零秒及以下时限动作来切断断路器。

过电流保护和电流速断保护通常配合使用，作为设备或线路的主保护和相邻线路的备用保护。

③ 定时限过电流保护。被保护线路在正常运行中流过最大负荷电流时，电流继电器不应动作，而本级线路上发生故障时，电流继电器应可靠动作。定时限过电流保护由电流继电器、时间继电器和信号继电器三元件组成，其中电流互感器二次侧的电流继电器测量电流大小，时间继电器设定动作时间，信号继电器则发出动作信号。

定时限过电流保护的动作时间与短路电流的大小无关，动作时间是人为设定的恒定值。

④ 反时限过电流保护。反时限过电流保护中，继电保护的动作时间与短路电流的大小成反比。即短路电流越大，继电保护的动作时间越短，短路电流越小，继电保护的动作时间越长。在10kV的系统中常采用感应型过电流继电器。

⑤ 无时限电流速断。无时限电流速断不能保护线路全长，它只能保护线路的一部分。系统运行方式的变化，会影响电流速断的保护范围，为了保证动作的选择性，其起动电流必须按最大运行方式（即通过本线路的电流为最大的运行方式）来整定，但这样对其他运行方式的保护范围就缩小了。因此，规程要求最小保护范围不应小于线路全长的15%。另外，被保护线路的长短也影响速断保护的特性，当线路较长时，保护范围较大，而且受系统运行方式的影响较小；反之，线路较短时，所受影响就较大，保护范围甚至会缩短为零。

（2）电压保护。电压保护是按照系统电压发生异常或故障时的变化而动作的继电保护。电压保护包括以下几种。

① 过电压保护。当电压超过预定最大值时，使电源断开或使受控设备电压降低的保护方式称为过电压保护。防止由雷击、高电位侵入、事故过电压、操作过电压等可能导致电气设备损坏而装设的10kV开闭所端头，变压器高压侧装设的避雷器，还有系统中装设的击穿保险器、接地装置等都是常用的过电压保护装置。其中，以避雷器最为重要。

② 欠电压保护。系统中某一大容量负荷的投入或某一电容器组的断开，或因无功严重不足都可能引起欠电压。欠电压保护是防止电压突然降低致使电气设备的正常运行受损而设的。

③ 零序电压保护。零序电压保护是为防止变压器一相绝缘破坏造成单相接地故障的一种继电保护，主要用于三相三线制中性点绝缘（不接地）的电力系统中。零序电流互感器的一

次侧为被保护线路（如电缆三根相线），铁心套在电缆上，二次绕组接至电流继电器；电缆相线必须对地绝缘，电缆头的接地线也必须穿过零序电流互感器。

保护原理：变压器零序电流互感器串接于零线端子出线铜排。正常运行及相间短路时，一次侧零序电流相量和为零，二次侧内有很小的不平衡电流。当线路发生单相接地时，接地零序电流反映到二次侧，并流入电流继电器，当达到或超过整定值时，电流继电器动作并发出信号。

（3）瓦斯保护。油浸式变压器内部发生故障时，短路电流所产生的电弧使变压器油和其他绝缘物分解，并产生瓦斯。保护原理：利用气体压力或冲力使气体继电器动作。

容量在 800kV·A 及以上的变压器应装设瓦斯保护。当发生重瓦斯故障时，气体继电器触点动作，使断路器跳闸并发出报警信号；当发生轻瓦斯故障时，一般只触发信号报警而不发出跳闸动作。

由于变压器初次投入、长途运输、加油、换油等原因，变压器油中也可能混入气体，这些气体会积聚在气体继电器的上部，遇到此类情况时可利用瓦斯继电器顶部的放气阀放气，直至瓦斯继电器内充满油。为安全起见，最好在变压器停电时进行放气。

（4）差动保护。差动保护是一种按照电力系统中，被保护设备发生短路故障，在保护中产生差电流而动作的一种保护装置。常用来作主变压器、发电机和并联电力电容器组的保护装置，按其装置方式的不同可分为以下两种。

① 横联差动保护。常用作发电机的短路保护和并联电力电容器组的保护，一般设备的每相均为双绕组或双母线时，采用这种差动保护。

② 纵联差动保护。常用作主变压器的保护，是专门保护变压器内部和外部故障的主保护。

（5）高频保护。高频保护是一种作为主系统、高压长线路的高可靠性的继电保护装置。目前我国已建成的多条 500kV 及其以上的超高压输电线路，就要求使用这种高可行性、高选择性、高灵敏性和动作迅速的保护装置。高频保护分为相差高频保护和方向高频保护。

① 相差高频保护。其基本原理是通过比较两端电流的相位进行保护。规定电流方向由母线流向线路为正，从线路流向母线为负。也就是说，当线路内部故障时，两侧电流同相位；而外部故障时，两侧电流相位差 180°。

② 方向高频保护。它是以比较被保护线路两端的功率方向，来判别输电线路的内部或外部故障的一种保护装置。

（6）距离保护。距离保护也是主系统的高可靠性、高灵敏度的继电保护，又称为阻抗保护，这种保护是按照长线路故障点不同的阻抗值而整定的。

（7）平衡保护。平衡保护常作为高压并联电容器的保护装置。继电保护有较高的灵敏度，对于采用双星形接线的并联电容器组，采用这种保护较为适宜。平衡保护是根据并联电容器发生故障时产生的不平衡电流而动作的一种保护装置。

（8）负序及零序保护。负序和零序保护是三相电力系统中发生不对称短路故障和接地故障时的主要保护装置。

（9）方向保护。方向保护是一种具有方向性的继电保护。对于环形电网或双回线供电的系统，某部分线路发生故障时，若故障电流的方向符合继电保护整定的电流方向，则保护装置可靠动作，切除故障点。

电磁式继电保护装置

2．继电保护装置

供配电系统的继电保护装置由各种保护用继电器构成，其种类繁多。

按继电器的结构原理分，有电磁式继电器、感应式继电器、数字式继电器、微机式继电器等；按继电器在保护装置中的功能分，有启动继电器、时间继电器、信号继电器和中间继电器等。

（1）电磁式继电保护装置。

① 电磁式电流继电器。DL 型电磁式电流继电器的内部结构如图 6.16 所示。图 6.17 所示为其内部接线图和图形符号，电流继电器的文字符号为 KA。

如图 6.16 所示，当电流通过继电器线圈 1 时，电磁铁 2 中产生磁通，对 Z 形铁片 3 产生电磁吸力，若电磁吸力大于弹簧 9 的反作用力，Z 形铁片就转动，带动同轴的动触点 5 转动，使常开触点闭合，继电器动作。

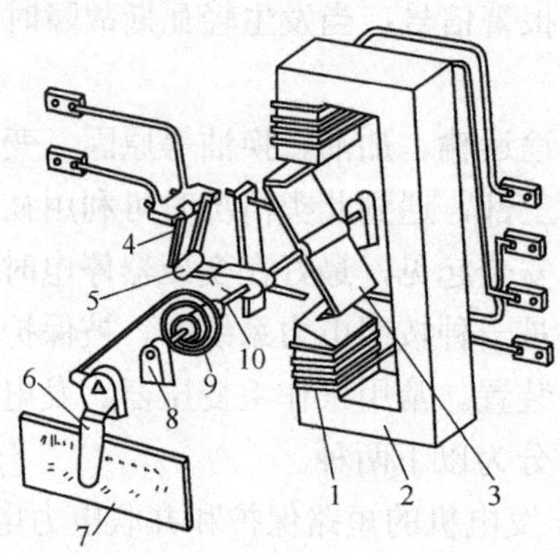

图 6.16 DL 型电磁式电流继电器内部结构示意图
1—线圈；2—电磁铁；3—Z 形铁片；4—静触点；5—动触点；6—动作电流调整杆；7—标度盘；8—轴承；9—反作用弹簧；10—轴

使电流继电器动作的最小电流称为继电器的动作电流，用 I_{opKA} 表示。继电器动作后，逐渐减小流入继电器的电流到某一电流值时，Z 形铁片因电磁力小于弹簧的反作力而返回到起始位置，常开触点断开。使继电器返回到起始位置的最大电流，称为继电器的返回电流，用 I_{reKA} 表示。

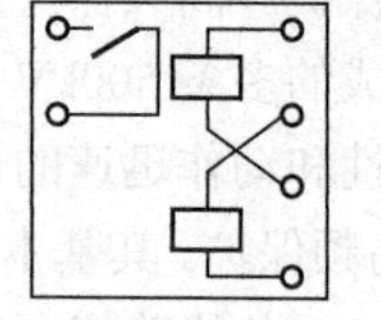

（a）DL-11型内部接线

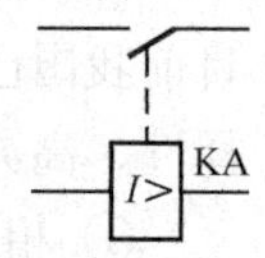

（b）图形符号

图 6.17 DL 型电磁式电流继电器的内部接线和图形符号

继电器的返回电流与动作电流之比称为返回系数 K_{re}，即

$$K_{re}=\frac{I_{reKA}}{I_{opKA}} \tag{6-1}$$

显然，电流继电器的返回系数小于 1，返回系数越大，继电器越灵敏，电磁式电流继电器的返回系数通常为 0.85。

调节电磁式电流继电器的动作电流的方法有两种：一是改变调整杆 6 的位置来改变弹簧的反作用力，进行平滑调节；二是改变继电器线圈的连接。当线圈由串联改为并联时，继电器的动作电流增大一倍，进行级进调节。

电磁式电流继电器的动作极为迅速，动作时间为百分之几秒，可认为是瞬时动作的继电器。

② 电磁式电压继电器。DJ 型电磁式电压继电器的结构和工作原理与 DL 型电磁式电流继电器基本相同。不同之处仅是电压继电器的线圈为电压线圈，匝数多，导线细，与电压互感器的二次绕组并联。电压继电器文字符号用 KV 表示。

电磁式电压继电器有过电压继电器和欠电压继电器两种。过电压继电器返回系数小于 1，通常为 0.8，欠电压继电器返回系数大于 1，通常为 1.25。

③ 电磁式时间继电器。时间继电器用于继电保护装置中，使继电保护获得需要的延时，以满足选择性要求。DS 型电磁式时间继电器的内部结构如图 6.18 所示。

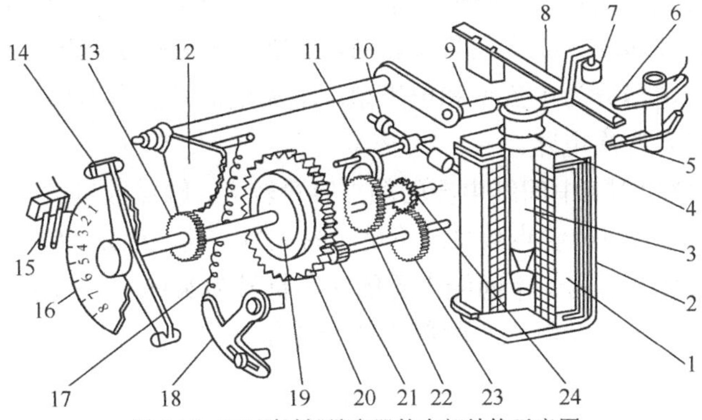

图 6.18　DS 型时间继电器的内部结构示意图

1—线圈；2—电磁铁；3—可动铁心；4—返回弹簧；5、6—瞬时静触头；7—绝缘件；8—瞬时动触点；9—压杆；10—平衡锤；11—摆动卡板；12—扇形齿轮；13—传动齿轮；14—主动触点；15—主静触点；16—标度盘；17—拉引弹簧；18—弹簧拉力调节器；19—摩擦离合器；20—主齿轮；21—小齿轮；22—掣轮；23、24—钟表机构传动齿轮

显然，电磁式时间继电器是由电磁系统、传动系统、钟表机构、触点系统和时间调整系统等组成。

图 6.19 所示为 DS-110 型、DS-112 型时间继电器的内部接线图和图形符号。时间继电器的文字符号为 KT。DS-110 型为直流时间继电器，DS-120 型为交流时间继电器，延时范围均为 0.1～9s。

在图 6.18 中，当时间继电器的线圈 1 接通工作电压后，可动铁心 3 吸入，使被卡住的传动系统运动。传动系统通过齿轮带动钟表机构以一定速度顺时针转动，带动动触点运动，经过预定的行程，动触点和静触点闭合，完成延时目的。时间继电器的时限调整通过改变主静触点 15 的位置，即改变主动触点 14 的行程获得。

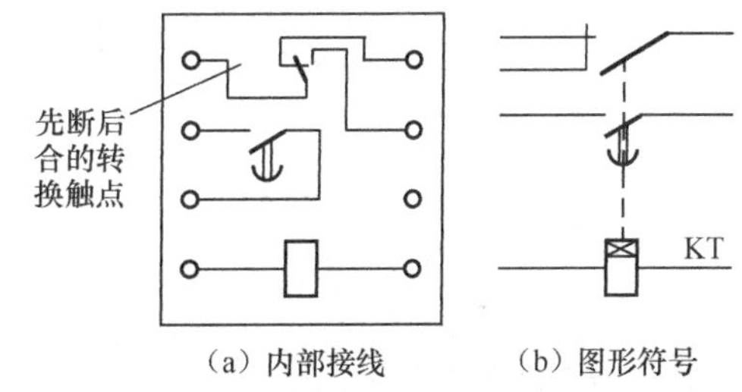

（a）内部接线　　（b）图形符号

图 6.19　DS 型时间继电器内部接线和图形符号

④ 电磁式信号继电器。信号继电器在继电保护装置中用于发出指示信号，表示保护动作，同时接通信号回路，发出灯光或者音响信号。DX.11 型信号继电器的内部结构及其内部接线和图形符号如图 6.20 所示。图 6.20（a）所示为其内部接线图，图 6.20（b）所示为其图形符号。信号继电器的文字符号为 KS。

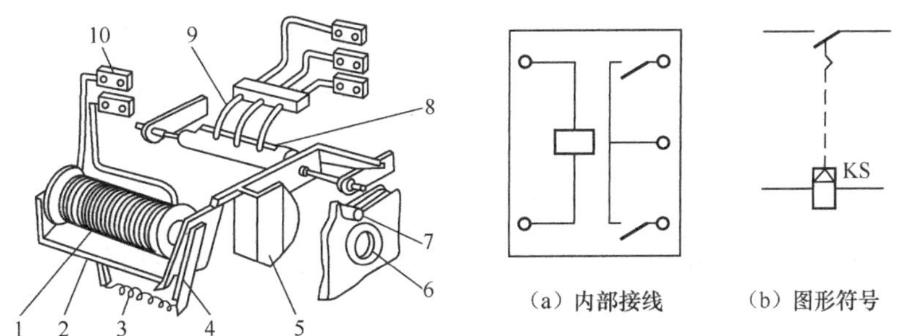

（a）内部接线　　（b）图形符号

图 6.20　DX-11 型信号继电器及其内部接线和图形符号

1—线圈；2—电磁铁；3—短路环；4—衔铁；5—信号牌；6—玻璃窗孔；7—复位旋钮；8—动触点；9—静触点；10—接线端子

信号继电器线圈1未通电时，信号牌5由衔铁4支持。当线圈通电时，电磁铁2吸合衔铁，从玻璃窗孔6中可观察到信号牌掉下，表示保护装置动作，同时带动转轴旋转，使转轴上的动触点8与静触点9闭合，启动中央信号回路，发出信号。信号继电器动作后，要解除信号，需手动复位，即转动外壳上的复位旋钮7，使其常开触点断开，同时信号牌复位。

DX-11型信号继电器分为电流型和电压型。电流型信号继电器串联接入二次电路，电压型信号继电器并联接入二次电路。

⑤ 电磁式中间继电器。中间继电器的触点容量较大，触点数量较多，在继电保护装置中用于弥补主继电器触点容量或触点数量的不足。图6.21所示为DZ-10型中间继电器的内部结构图及其内部接线和图形符号。中间继电器的文字符号为KM。当中间继电器的线圈通电时，衔铁动作，带动触点系统使动触点与静触点闭合或断开。

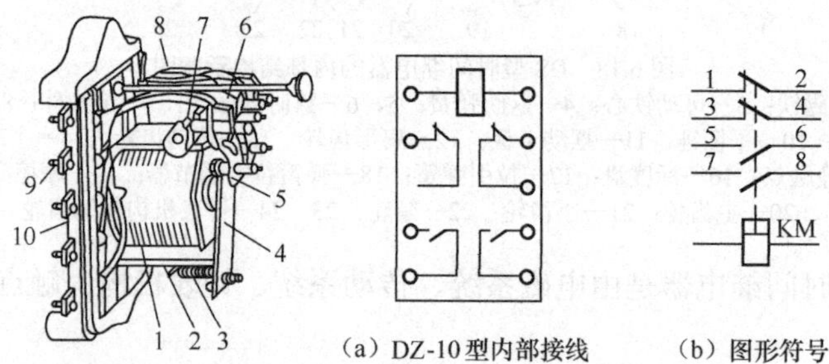

（a）DZ-10型内部接线　　（b）图形符号

图6.21　DZ-10型电磁式中间继电器及其内部接线、图形符号

1—线圈；2—电磁铁；3—弹簧；4—衔铁；5—动触点；6、7—静触点；8—连接线；9—接线端子；10—底座

（2）感应式继电保护装置。

GL型感应式电流继电器的内部结构与产品外形如图6.22所示。

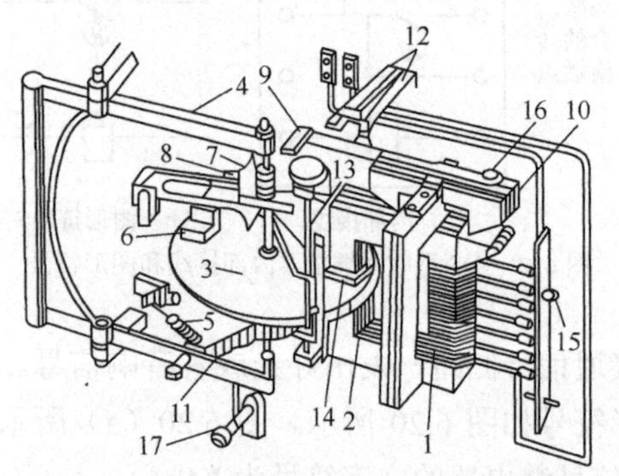

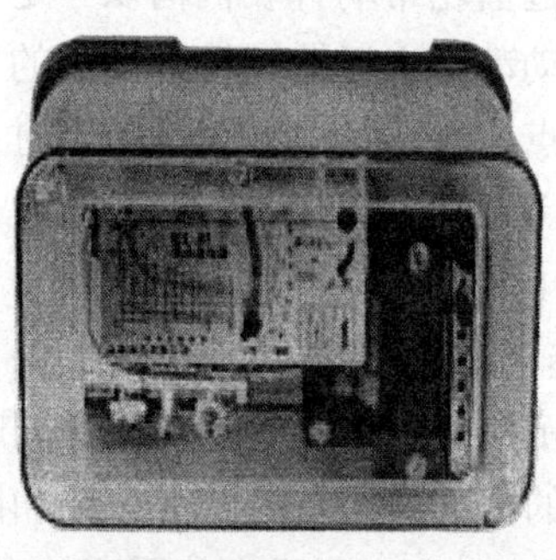

图6.22　GL型感应式电流继电器的内部结构与产品外形

1—线圈；2—电磁铁；3—铝盘；4—铝框架；5—调节弹簧；6—接线端子；7—扇形齿轮与蜗杆；8—制动永久磁铁；9—扁杆；10—衔铁；11—钢片；12—继电器触点；13—时限调节螺杆；14—短路环；15—动作电流调节插销；16—速断电流调节螺钉；17—固定螺钉

感应式电流继电器有两个系统：感应系统和电磁系统。

继电器的感应系统主要由线圈1、带短路环14的电磁铁2和装在可偏转的框架（包括扇形齿轮7、制动永久磁铁8以及铝盘3）组成。继电器的电磁系统由线圈1、电磁铁2和衔铁10组成。

当继电器的线圈中通过电流时，电磁铁在无短路环的磁极内产生磁通Φ_1，在带短路环的磁极内产生磁通Φ_2，两个磁通作用于铝盘，产生转矩M_1，使铝盘开始转动。同时铝盘转动切割制动永久磁铁 8 的磁通，在铝盘上产生涡流，涡流与永久磁铁的磁通作用，又产生一个与转矩 M_1 方向相反的制动力矩 M_2，当铝盘转速增大到某一定值时，$M_1=M_2$，这时铝盘匀速转动。

继电器的铝盘在上述 M_1 和 M_2 的作用下，铝盘受力有使框架绕轴顺时针偏转的趋势，但受到调节弹簧 5 的阻力，当通过继电器线圈中的电流增大到继电器的动作电流时，铝盘受力增大，克服弹簧阻力，框架顺时针偏转，铝盘前移，使蜗杆与扇形齿轮啮合，这就是继电器的感应系统动作。

由于铝盘的转动，扇形齿轮沿着蜗杆上升，最后使继电器触点 12 闭合，同时信号牌掉下，从观察孔中可看到红色的信号指示，表示继电器已动作。从继电器感应系统动作到触点闭合的时间就是继电器的动作时限。铝盘受力示意图如图 6.23 所示。

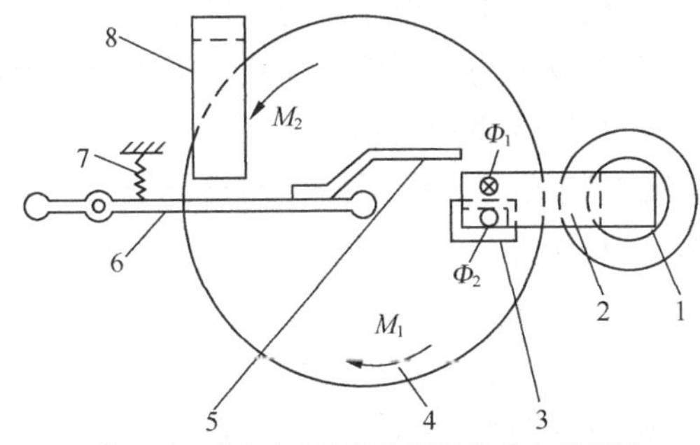

图 6.23　感应式电流继电器铝盘受力示意图

1—线圈；2—电磁铁；3—短路环；4—铝盘；5—钢片；6—铝框架；7—框架弹簧；8—制动永久磁铁

继电器线圈中的电流越大，铝盘转速越快，扇形齿轮上升速度也越快，因此动作时限越短。这就是感应式电流继电器的反时限特性。

当继电器线圈中的电流继续增大时，电磁铁中的磁通逐渐达到饱和，作用于铝盘的转矩不再增大，使继电器的动作时限基本不变。这一阶段的动作特性称为定时限特性。

当继电器线圈中的电流进一步增大到继电器的速断电流整定值时，电磁铁 2 瞬时将衔铁吸下，触点闭合，同时也使信号牌掉下。这是感应式继电器的速断特性。继电器电磁系统的速断动作电流与继电器的感应系统动作电流之比，称为速断电流倍数，用 n_{qb} 表示。

感应式电流继电器的这种有一定限度的反时限动作特性，称为“有限反时限特性”。综上所述，感应式电流继电器具有前述电磁式电流继电器、时间继电器、信号继电器、中间继电器的功能，从而使继电保护装置使用元件少、接线简单，在供配电系统中得到广泛应用。

（3）数字式继电保护装置。

近年来，继电保护专业技术人员借助各种先进科学技术手段做出了不懈的努力。在继电保护原理日益完善的同时，构成继电保护装置的元件、材料等也发生了巨大的变革，数字式继电器便是在这种形势下应运而生的。数字式继电器采用了数字电路设计，既能实现各种单功能型继电器的保护功能，又带有数显表的数据显示功能。作为传统电磁式继电器、感应式继电器的替代产品，数字式继电器兼顾了方便灵活和智能的特点，具有保护功能较多，灵敏度高，动作时间整定灵活，过、欠模式同机整定，实时测量并显示当前电参量的值等优点，相当于在智能电测仪表的基础上增加了保护继电器的功能。当用户只需要单个保护功能，又要实现网络化、智能化时，数字式继电器能较好地满足要求。

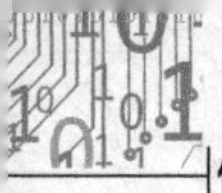

（4）微机式继电保护装置。

我国从 20 世纪 70 年代末即已开始了对微机继电保护的研究，1984 年，我国研制的输电线路微机保护装置通过鉴定，并在系统中获得应用，揭开了我国继电保护发展史上新的一页，也为微机保护的推广开辟了道路。随着对微机保护装置研究的深入，在微机保护软件、算法等方面也取得了很多理论成果。可以说从 20 世纪 90 年代开始，我国继电保护技术进入微机保护时代。

随着电力系统对微机保护要求的不断提高，微机保护除了继电保护的基本功能外，还应具备大容量故障信息和数据的长期存放空间，快速的数据处理功能，强大的通信能力，与其他保护、控制装置和调度联网以共享全系统数据、信息和网络资源的能力，使用高级语言编程等功能。这就要求微机保护装置具有相当于一台个人计算机（PC）的功能。在计算机保护发展初期，曾设想过用一台小型计算机做成继电保护装置。由于当时研制的小型机体积大、成本高、可靠性差，因此无法投入使用。现在，同微机保护装置大小相似的工控机的功能、速度、存储容量大大超过了当年设想的小型机，因此，用成套工控机做成继电保护的技术已经不成问题，同样微机保护的发展也逐步成熟化。

目前生产的微机继电保护装置，其通用硬件平台通常采用新一代基于数字信号处理（DSP）技术的全封闭机箱，硬件电路采用后插拔式的插件结构，插件通常包括电源插件、信息量插件、CPU 插件、交流插件、人机对话插件等。

微机继电保护装置的软件平台通常采用实时多任务操作系统，在充分保证软件系统高度可靠的基础上，利用计算机技术的高速运算能力和完备的存储记忆能力，以及成熟的数据采集，模数（A/D）转换、数字滤波和抗干扰措施等技术，使其在速动性、可靠性方面均优于以往传统的常规继电保护，显示了强大的生命力。

（5）继电保护的发展趋势。

1949 年以来，我国电力系统继电保护技术经历了 4 个时代。随着电力系统的高速发展和计算机技术、通信技术的进步，继电保护技术面临着进一步发展的趋势。国内外继电保护技术发展的趋势为：计算机化，网络化，保护、控制、测量、数据通信一体化和人工智能化。这一发展趋势显然对我国继电保护工作者提出了更加艰巨的任务。

我国常规继电保护起始于 20 世纪 50 年代，其发展和进步经历了近 50 年的时间，到 2000 年继电保护基本实现了综合自动化，而综合自动化只经过了 2 年的时间就过渡到了数字自动化阶段，数字自动化只经历了 1 年的时间，我国出台的继电保护技术标准和设计规范又提出了智能化发展的新要求。

目前继电保护技术中，为了测量、保护和控制的需要，室外变电站的所有设备，如变压器、线路等的二次电压、电流都必须用控制电缆引到主控室。所敷设的大量控制电缆不但需要大量投资，而且使二次回路非常复杂。但是如果能将上述的保护、控制、测量、数据通信一体化的计算机装置，就地安装在室外变电站的被保护设备旁，将被保护设备的电压、电流量在此装置内转换成数字量后，通过计算机网络送到主控室，则可免除大量的控制电缆。

研究发现和证明，如果用光纤作为网络的传输介质，可免除电磁干扰。现在光电流互感器（OTA）和光电压互感器（OTV）已在研究试验阶段，不久的将来必然会在电力系统中得到普遍应用。在采用 OTA 和 OTV 的情况下，保护装置可放置在距 OTA 和 OTV 最近的被保护设备附近。OTA 和 OTV 的光信号输入到此一体化装置中并转换成电信号后，一方面用作保护的计算判断；另一方面作为测量参量，通过网络送到主控室。从主控室通过网络可将对被保护设备的操作控制命令送到此一体化装置，由此一体化装置执行断路器的操作。

上述一次技术的革新，引领了继电保护的智能化。近年来，人工智能技术如神经网络、遗传算法、进化规划、模糊逻辑等在电力系统各个领域都得到了应用，在继电保护领域应用的研究也已开始。神经网络是一种非线性映射的方法，很多难以列出方程式或难以求解的复杂非线性问题，应用神经网络方法均可迎刃而解。例如在输电线两侧系统电势角度摆开情况下发生经过渡电阻的短路就是一个非线性问题，距离保护很难正确做出故障位置的判别，从而造成误动或拒动。如果用神经网络方法，经过大量故障样本的训练，只要样本集中充分考虑了各种情况，则在发生任何故障时都可正确判别。其他如遗传算法、进化规划等也都有其独特的求解复杂问题的能力。将这些人工智能方法适当结合可使求解速度更快。可以预见，人工智能技术在继电保护领域必将得到广泛的应用，以解决用常规方法难以解决的问题。

继电保护装置的接线方式

6.2.3　继电保护装置的接线方式

由于工厂内的供配电线路一般不是很长，电压也不太高，而且多采用单电源供电的放射式供电方式，因此工厂供配电系统的继电保护装置接线方式通常比较简单。一般只需装设相间短路保护、单相接地保护和过负荷保护。

线路发生短路时，线路中的电流会突然增大，电压会突然降低。当流过被保护元件中的电流超过预先整定值时，断路器就会跳闸或发出报警信号，由此来构成线路的电流保护。电流保护的接线方式是指电流继电器与电流互感器的连接方式。继电保护装置可靠动作的前提是电流互感器能正确反映外部情况，这与电流保护的接线方式有很大的关系。接线方式不同，流入继电器线圈中的电流也不一样。分析正常情况及各种故障时，继电器线圈中的电流与电流互感器二次电流的关系，可以判断不同接线方式时继电器对各种故障的灵敏度。工厂供配电系统的继电保护中，常用的接线方式有以下几种。

1．三相三继电器接线

其接线方式如图 6.24 所示。

在被保护线路的每一相上都装有电流互感器和电流继电器，分别反映每相电流的变化。这种接线方式，对各种形式的短路故障都有反映。当发生任何形式的相间短路时，最少有两个电流互感器二次侧的继电器中流过故障相对应的二次故障电流，故至少有两个继电器动作。

在中性点直接接地系统中，若发生单相接地时，短路电流只流过接在故障相电流互感器二次侧的继电器，并使之动作。

由上述讨论可见，三相三继电器式接线方式，在发生任何形式的短路时，都有相应的二次故障电流流入继电器，因此可以保护各种形式的相间短路和单相接地短路故障。但是这种接线方式所用设备较多，接线较复杂，因此主要用于大接地电流系统中。

2．两相两继电器接线

其接线方式如图 6.25 所示。

两相两继电器接线方式将两只电流继电器分别与装设在 A、C 两相的电流互感器连接，因此又称为不完全星形接线。由于 B 相没有装设电流互感器和电流继电器，因此，它不能反应单相短路，只能反应相间短路，其接线系数在各种相间短路时均为 1。

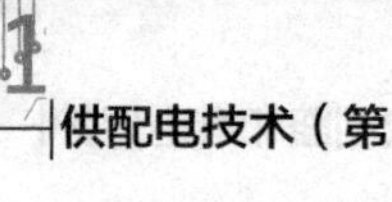

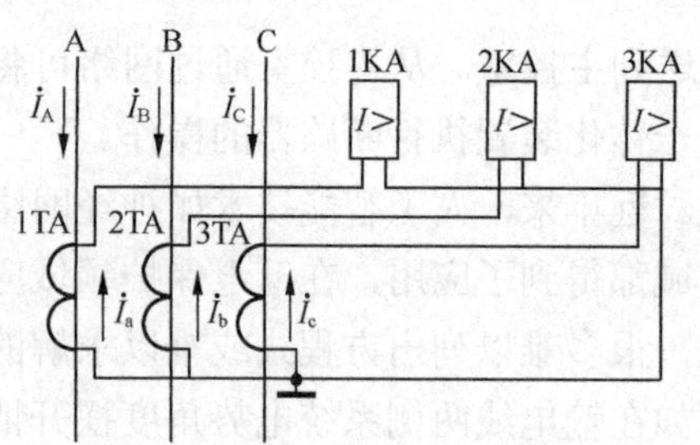

图 6.24　三相三继电器完全星形接线方式

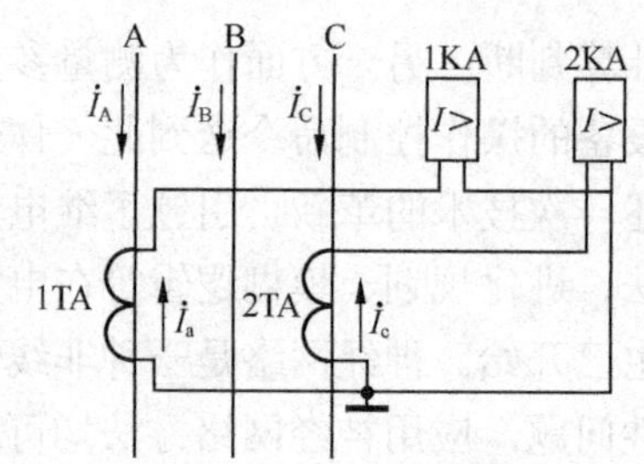

图 6.25　两相（两电流互感器）两继电器不完全星形接线方式

两相两继电器式接线方式，能保护各种相间短路，但不能保护某些两相接地短路和未装电流互感器那一相的单相接地短路故障。这种接线方式比较简单、所用设备较少，通常用于中性点不接地或经消弧线圈接地的系统中。

3．两相一继电器接线

其接线方式如图 6.26（a）所示。

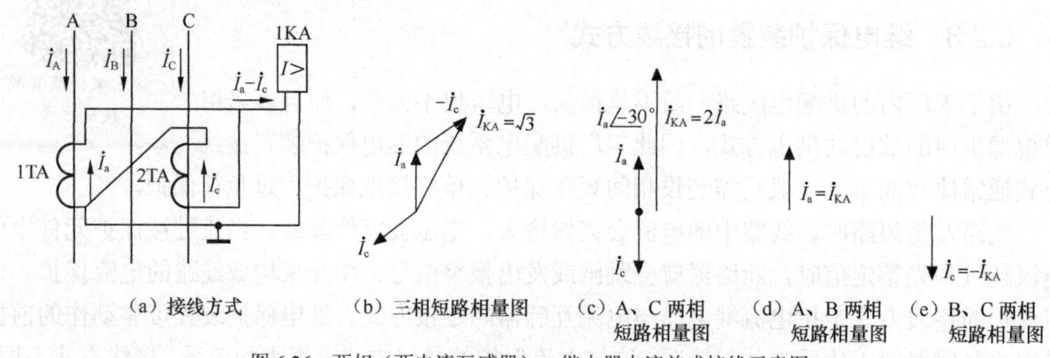

（a）接线方式　（b）三相短路相量图　（c）A、C 两相短路相量图　（d）A、B 两相短路相量图　（e）B、C 两相短路相量图

图 6.26　两相（两电流互感器）一继电器电流差式接线示意图

这种接线方式中，电流互感器通常接在 A 相和 C 相，继电器中流过的电流为两相电流的相量之差，即 $\dot{I}_{KA}=\dot{I}_a-\dot{I}_c$，因此又称为两相电流差式接线。

当发生三相短路时，由于三相电流对称，流过继电器的电流为电流互感器二次电流的 $\sqrt{3}$ 倍，即 $I_{KA}^{(3)}=\left|\dot{I}_a-\dot{I}_c\right|=\sqrt{3}I_a$，如图 6.26（b）所示。

当装有电流互感器的 A、C 两相发生短路时，A 相和 C 相电流大小相等，方向相反，所以 $I_{KA}^{(3)}=\left|\dot{I}_a-\dot{I}_c\right|=2I_a$，如图 6.26（c）所示。

A、B 或 B、C 两相短路时，由于 B 相无电流互感器，流入继电器的电流与电流互感器二次电流相等，所以 $I_{KA}^{(3)}=\left|\dot{I}_a-\dot{I}_c\right|=\dot{I}_a$ 或 $I_{KA}^{(3)}=\left|\dot{I}_a-\dot{I}_c\right|=-\dot{I}_c$，如图 6.26（d）和（e）所示。因为故障电流只有一相反映到电流互感器二次侧，所以流过继电器线圈的电流等于相应的二次故障电流，此时，继电器保护装置动作。

这种接线方式可反映各种相间短路，但其接线系数随短路种类不同而不同，保护灵敏度也不同，主要用于高压小容量电动机的保护。

4．接线系数

不同的接线方式在不同的短路类型下，实际流过继电器的电流与电流互感器的二次电流不一定相同。为了表明流过继电器的电流 I_{KA} 与电流互感器二次电流 I_2 之间的关系，引入一

个接线系数的参量，其表达式为

$$K_W = I_{KA} / I_2 \tag{6-2}$$

在三相三继电器接线方式和两相两继电器接线方式中，$K_W = 1$。对于两相一继电器接线方式，当三相短路时，$K_W = \sqrt{3}$；只有一相装电流互感器的两相短路时，$K_W = 1$；两相都装有电流互感器的两相短路时，$K_W = 2$。

6.2.4　过电流保护类型及其原理

1．定时限过电流保护及其保护原理

定时限过电流保护
及其保护原理

定时限过电流保护是指保护装置的动作时间不随短路电流的大小而变化的一种保护。定时限过电流保护常用于工厂配电线路的保护。

定时限过电流保护的实例如图 6.27 所示。其中图 6.27（a）所示为原理图，原理图中所有元件的组成部分都集中表示出来；图 6.27（b）所示为展开图，展开图中所有元件的组成部分按所属回路分开表示。显然展开图简明清晰，因此工厂配电线路的二次回路图通常采用展开图说明。

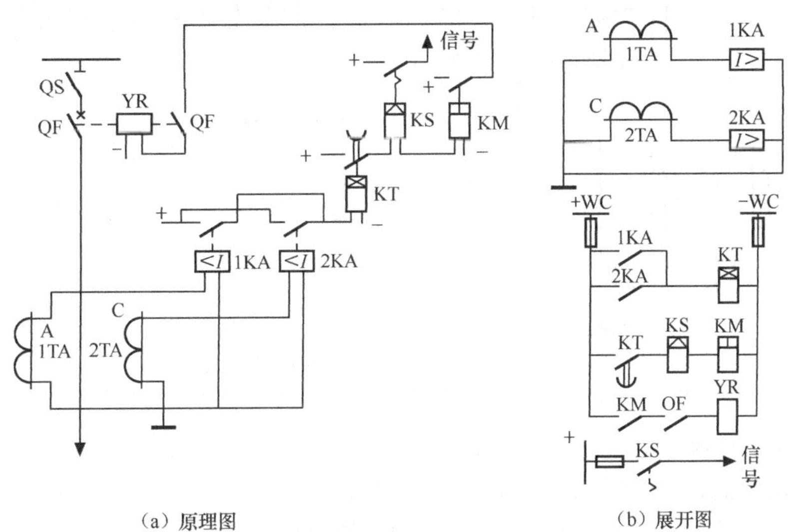

（a）原理图　　（b）展开图

图 6.27　定时限过电流保护的接线图

QF—断路器；TA—电流互感器；KA—电流继电器；KT—时间继电器；
KS—信号继电器；KM—中间继电器；YR—跳闸线圈

由图 6.27（b）展开图分析：当电力系统的一次线路发生短路时，通过线路的电流突然增大，与一次线路中的电流互感器相连的电流继电器 1KA（或 2KA）中的电流也突然增大，当大于其设定的动作电流值时，就会引起电流继电器 1KA（或 2KA）动作，使其连接在二次回路中的常开触点闭合，时间继电器 KT 线圈得电，经过一定的延时，KT 延时触点闭合，使信号继电器 KS 线圈得电，信号牌掉下，KS 常开触点闭合，启动信号回路，发出灯光和音响信号；中间继电器 KM 的线圈与 KS 同时得电，其常开触点闭合，接通断路器跳闸线圈 YR 的回路，使断路器 QF 跳闸，切除短路故障线路。

反时限过电流保护
及其保护原理

由于工厂配电线路一般都不是太长，因此，线路各点的短路电流区别不是太大，为了保证过电流保护的选择性，通常要求工厂与线路相连的变压器到车间、工段、生产线，均应设置时间继电器，并分别逐步减少各线路段保护装置确定的动作时间，使之有效地选择先切除线路上靠近发生相

间短路故障点上游的保护装置。显然，定时限保护是一种由各个保护装置具有不同的延时动作时间来保证工厂配电线路安全的继电保护方式。

2. 反时限过电流保护及其保护原理

反时限过电流保护是指保护装置的动作时间与短路电流的大小成反比。当流过电流继电器的电流值越大时，动作时间就越短；反之动作时间就长。这种动作时限方式称为反时限，具有这一特性的继电器称为反时限过电流继电器。常用的反时限过电流继电器为感应式 GL 型继电器，最常用的型号有 JGL-15、HGL-15、JGL-12、HGL-12 静态反时限过电流继电器。

以图 6.28 所示的接线图为例，说明反时限过电流保护原理。

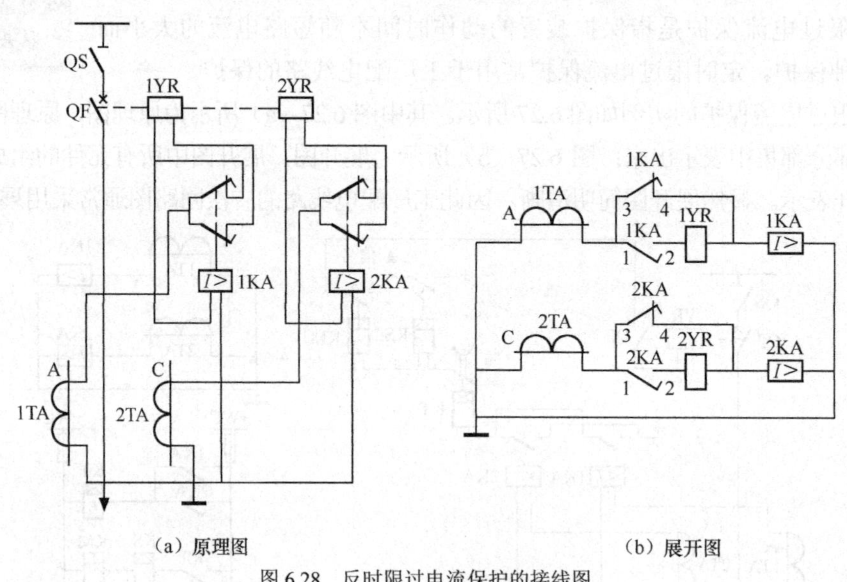

图 6.28　反时限过电流保护的接线图

QF—断路器；TA—电流互感器；KA—电流继电器；YR—跳闸线圈

图 6.28 中的电流继电器 1KA 和 2KA 均为 GL 型感应式过电流继电器。

分析：由图 6.28（b）所示的展开图可知，当线路正常运行时，跳闸线圈被 1KA 和 2KA 的常闭触点短路，电流互感器二次侧电流经继电器线圈及常闭触点直接构成回路，保护不动作。当线路发生短路时，1KA（或 2KA）继电器动作，其常闭触点打开、常开触点闭合，电流互感器二次侧电流流经跳闸线圈 1YR（或 2YR），由图 6.28（a）可读得，1YR 和 2YR 直接控制断路器 QF 的跳闸，因此当过电流直接流经 1YR（或 2YR）时，就会使断路器跳闸切除故障线路。

3. 定时限与反时限过电流保护的比较

定时限过电流保护的优点是：动作时间较为准确，容易整定，误差小。缺点是：所用继电器数目较多，因此接线复杂，继电器触点容量较小，需要直流操作电源，投资较大，另外靠近电源处的保护动作时间太长。

反时限过电流保护的优点是：继电器的数量大大减少，接线简单，只用一套 GL 系列继电器就可实现不带时限的电流速断保护和带时限的过电流保护。由于 GL 继电器触点容量大，因此可直接接通断路器的跳闸线圈，而且适用于交流操作。缺点是：运作时间的整定和配合比较麻烦，而且误差较大，尤其是瞬动部分，难以进行配合；当短路电流较小时，其动作时间可能会很长，从而延长故障持续的时间。

通过以上比较可知，反时限过电流保护装置具有继电器数目少、接线简单以及可直接采用交流操作跳闸等优点，故常用于大容量电动机的保护。

4．速断保护

在带时限的过电流保护装置中，为了保证动作的配合性，其整定时限必须逐级增加，因而越靠近电源处，短路电流越大，相应动作时限也越长。这种情况对于切除靠近电源处的故障是不允许的。因此一般规定，当过电流保护的动作时限超过 1s 时，应该装设电流速断保护装置。

速断保护

电流速断保护中不加时限，电流继电器可以瞬时动作。但是，无时限电流速断保护只能保护线路的一部分，不能保护线路全长。所以，为了保证动作的选择性，速断保护中的电流继电器启动电流必须按最大运行方式来整定（即通过本线路的电流为最大电流），这种整定值显然存在着保护的死区。为了弥补速断保护无法保护线路全长的缺点，工程实际中通常采用略带时限的速断保护，即延时速断保护。这种保护一般与瞬时速断保护配合使用，其特点与定时限过电流保护装置基本相同，所不同的是其动作时间比定时限过电流保护的整定时间短。为了使保护具有一定的选择性，其动作时间应比下一级线路的瞬时速断大一个时限级差，这个级差一般取 0.5s。

6.2.5　过电流保护的动作电流整定及保护灵敏度校验

动作电流的整定

1．动作电流的整定

带时限过电流保护，包括定时限和反时限两种动作电流 I_{op}，即指继电器动作的最小电流。过电流保护的动作电流整定，必须满足下面两个条件。

① 为避免在最大负荷通过时保护装置误动作，过电流保护的动作电流整定应该躲过线路的最大负荷电流（包括正常过负荷电流和尖峰电流）I_{lmax}。

② 为保证保护装置在外部故障切除后，能可靠地返回到原始位置，防止发生误动作，保护装置的返回电流 I_{re} 也应该躲过线路的最大负荷电流 I_{lmax}。为说明这一点，现以图 6.29 所示的电路为例来加以阐述。

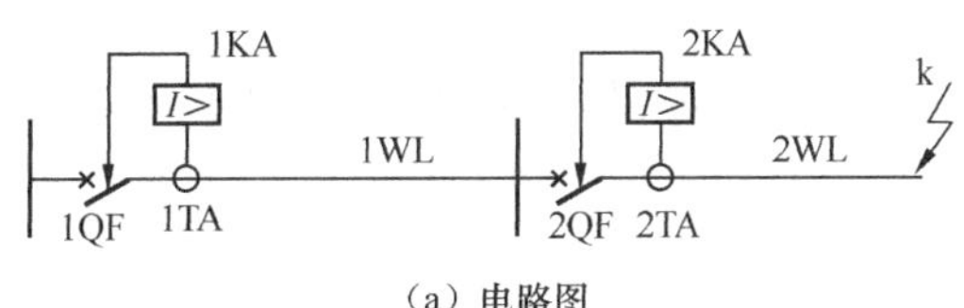

（a）电路图

（b）时限整定说明

图 6.29　定时限过电流保护时限整定计算说明

当线路 2WL 的首端 k 发生短路时，由于短路电流远远大于正常最大负荷电流，所以沿线路的过电流保护装置 1KA、2KA 都要启动。在正确动作情况下，应该是靠近故障点 k 的保护装置 2KA 首先断开 2QF，切除故障线路 2WL。这时继电保护装置 1KA 应返回，使 1WL 仍能正常运行。若 1KA 在整定时其返回电流未躲过线路 1WL 的最大负荷电流，即 1KA 的返回系数过低时，则2KA切除2WL后，1WL虽然恢复正常运行，但1KA继续保持启动状态（这是因为1WL在2WL切除后，还有其他出线，因此还存在负荷电流），从而达到它所整定的时限（1KA的动作时限比2KA的动作时限长）后，必将错误地断开1QF，造成1WL也停电，扩大了故障停电范围，这是不允许的。所以保护装置的返回电流也必须躲过线路的最大负荷电流。

线路的最大负荷电流I_{lmax}应根据线路实际的过负荷情况来定，特别是尖峰电流，包括电动机的自启动电流。

设电流互感器的变比为K_i，保护装置的接线系数为K_w，保护装置的返回系数为K_{re}，则负荷电流换算到继电器中的电流为K_wI_{lmax}/K_i。由于要求继电器的返回电流I_{re}也要躲过I_{lmax}，即$I_{re}>K_wI_{lmax}/K_i$，而$I_{re}=K_{re}I_{op}$，因此$I_{re}I_{op}>K_wI_{lmax}/K_i$，也就是$I_{op}>K_wI_{lmax}/K_iK_{re}$。将此式写成等式，计入一个可靠系数$K_{rel}$，由此可得到过电流保护动作电流整定公式为

$$I_{op}=\frac{K_{rel}K_w}{K_{re}K_i}I_{lmax} \tag{6-3}$$

式中，K_{rel}为保护装置的可靠系数，对DL型继电器可取1.2；对GL型继电器可取1.3。K_w为保护装置的接线系数，按三相短路来考虑，对两相两继电器接线为1；对两相一继电器接线或两相电流差式接线均为$\sqrt{3}$。I_{lmax}为含尖峰电流的线路最大负荷电流，可取（1.5～3）I_{30}，I_{30}为线路计算电流。

如果用断路器手动操作机构中的过电流脱扣器作过电流保护，则脱扣器动作电流应按下式整定

$$I_{op}=\frac{K_{rel}K_w}{K_i}I_{lmax} \tag{6-4}$$

式中，K_{rel}可取2～2.5，这里已考虑了脱扣器的返回系数。

【例6-1】 某高压线路的计算电流为100A，线路末端的三相短路电流为1 200A。现采用GL-15/GL-10型电流继电器，组成两相电流差式接线的相间短路保护，电流互感器变比为320/5。试整定此继电器的动作电流。

解：取K_{re}=0.8，$K_w=\sqrt{3}$，K_{rel}=1.3，$I_{lmax}=2I_i=2\times100=200(A)$。再由式（6-3）得

$$I_{op}=\frac{K_{rel}K_w}{K_{re}K_i}I_{lmax}=\frac{1.3\times\sqrt{3}}{0.8\times(320/5)}\times200\approx8.795(A)$$

即此继电器的动作电流可取为整数9A。

为了保证前后级保护装置动作时间的选择性，过电流保护装置的动作时限应按“阶梯原则”进行整定。即在后一组保护装置所保护的线路首端发生三相短路时，前一组保护的动作时间应比后一组保护中最长的动作时间长一个时间级差Δt，如图6.29（b）所示，即$t_1>t_2+\Delta t$。这一时间级差Δt，应考虑到前一组保护动作时间t_1可能发生的负偏差，即可能提前动作一段时间Δt_1；而后一组保护动作时间t_2又可能发生正偏差，即可能延后动作一段时间Δt_2。此外应考虑到保护的动作，特别是采用GL型电流继电器时，还有一定的惯性误差Δt_3。为了确保前后级保护的动作选择性，还应再加上一个保险时间Δt_4，一般取0.1～0.15s。因此，$\Delta t=\Delta t_1+\Delta t_2+\Delta t_3+\Delta t_4$=0.5～0.7s。

对于定时限过电流保护，可取Δt=0.5s；对于反时限过电流保护，可取Δt=0.7s。

定时限过电流保护的动作时间，利用时间继电器来整定。

反时限过电流保护的动作时间，由于 GL 型继电器的时限调节机构是按 10 倍动作电流的动作时间来标度的，而实际通过继电器的电流一般不会恰恰为动作电流的 10 倍，因此必须根据继电器的动作特性曲线图来整定。

图 6.30（a）中线路 2WL 保护 2 的继电器特性曲线为图 6.30（b）中的曲线 2；保护 2 的动作电流为 $I_{op.KA2}$，线路 1WL 保护 1 的动作电流为 $I_{op.KA1}$。动作时限整定的具体步骤如下。

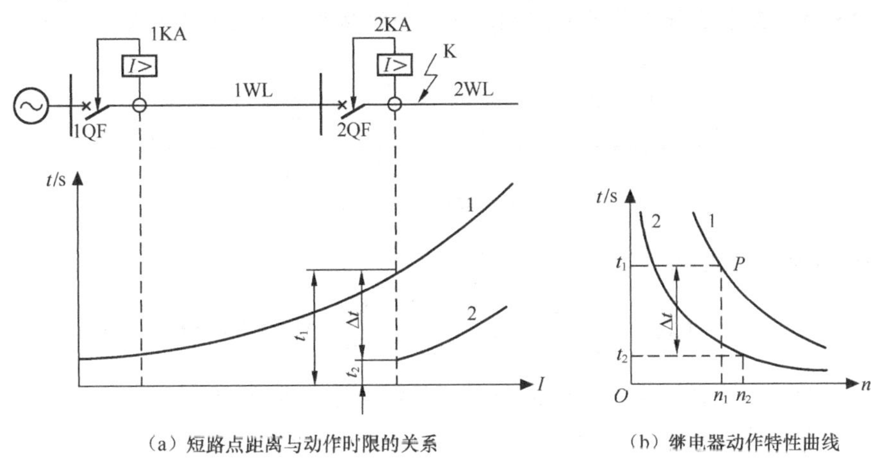

（a）短路点距离与动作时限的关系　　（b）继电器动作特性曲线

图 6.30　反时限过电流保护动作时限的整定

a．计算线路 2WL 首端 K 点三相短路时保护 2 的动作电流倍数 n_2。

$$n_2 = \frac{I_{K.KA2}}{I_{op.KA2}} \tag{6-5}$$

式中，$I_{K.KA2}$ 为 K 点三相短路时，流经保护 2 继电器的电流，$I_{K.KA2} = K_{w.2} I_K / K_{i.2}$，$K_{w.2}$ 和 $K_{i.2}$ 分别为保护 2 的接线系数和电流互感器变比。

b．由 n_2 从特性曲线 2 求 K 点三相短路时保护 2 的动作时限 t_2。

c．计算 K 点三相短路时保护 1 的实际动作时限 t_1，t_1 应较 t_2 大一个时限级差 Δt，以保证动作的选择性，即 $t_1 = t_2 + \Delta t = t_2 + 0.7$。

d．计算 K 点三相短路时，保护 1 的实际动作电流倍数 n_1。

$$n_1 = \frac{I_{K.KA1}}{I_{op.KA1}} \tag{6-6}$$

式中，$I_{K.KA1}$ 为 K 点三相短路时，流经保护 1 继电器的电流，$I_{K.KA1} = K_{w.1} I_k / K_{i.1}$，$K_{w.1}$ 和 $K_{i.1}$ 分别为保护 1 的接线系数和电流互感器变比。

e．由 t_1 和 n_1 可以确定保护 1 继电器的特性曲线上的一个点 P，由 P 点找出保护 1 的特性曲线 1，并确定 10 倍动作电流倍数下的动作时限。

由图 6.30（a）可见，K 点是线路 2WL 的首端和线路 1WL 的末端，也是上、下级保护的时限配合点，若在该点 K 的时限配合满足要求，则在其他各点短路时，都能保证动作的选择性。

2．保护灵敏度校验

过电流保护的灵敏度用系统最小运行方式下线路末端的两相短路电流 $I_{K.min}^{(2)}$ 进行校验。灵敏系数 $S_p = I_{K.min}^{(2)} / I_{op1}$。式中 I_{op1} 为保护装置一次侧动作电流。

若过电流保护的灵敏度达不到要求，可采用带低电压闭锁的过电流保护，此时电流继电器动作电流按线路的计算电流整定，以提高保护的灵敏度。

【例6-2】 试整定图6.31所示线路1WL的定时限过电流保护。已知1TA的变比为750/5，线路最大负荷电流（含自启动电流）为670A，保护采用两相两继电器接线，线路2WL定时限过电流保护的动作时限为0.7s，最大运行方式时K_1点三相短路电流为4kA，K_2点三相短路电流为2.5kA，最小运行方式时K_1和K_2点三相短路电流分别为3.2kA和2kA。

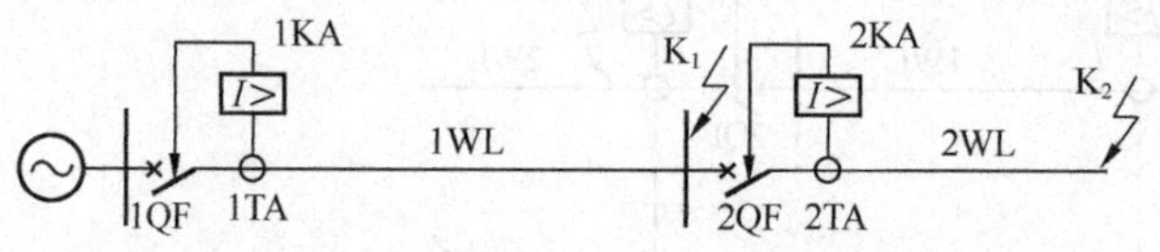

图6.31　例6-2的电力线路

解：① 整定动作电流。

$$I_{\text{op.KA}}=\frac{K_{\text{rel}}K_{\text{w}}}{K_{\text{re}}K_{\text{i}}}I_{\text{lmax}}=\frac{1.2\times1.0}{0.85\times150}\times670\approx6.3(\text{A})$$

选DL-11/DL-10电流继电器，线圈并联，整定动作电流为7A。

过电流保护一次侧动作电流为

$$I_{\text{opl}}=\frac{K_{\text{i}}}{K_{\text{w}}}I_{\text{opKA}}=\frac{150}{1.0}\times7=1050(\text{A})$$

② 整定动作时限。

线路1WL定时限过电流保护的动作时限应较线路2WL定时限过电流保护动作时限大一个时限级差Δt。

$$t_1=t_2+\Delta t=0.7+0.5=1.2(\text{s})$$

③ 校验保护灵敏度。

按规定，主保护$S_{\text{p}}>1.5$，后备保护的$S_{\text{p}}\geqslant1.25$。

保护线路1WL的灵敏度按线路1WL末端最小两相短路电流校验：

$$S_{\text{p}}=I_{\text{K.min}}^{(2)}/I_{\text{opl}}=0.87\times3.2/1.05\approx2.65>1.5$$

线路2WL后备保护灵敏度，用线路2WL末端最小两相短路电流校验：

$$S_{\text{p}}=I_{\text{K.min}}^{(2)}/I_{\text{opl}}=0.87\times2/1.05\approx1.66>1.25$$

由此可见，保护整定满足灵敏度要求。

图6.32所示为定时限过电流保护和电流速断保护接线。其中定时限过电流保护和电流速断保护共用一套电流互感器和中间继电器，电流速断保护还单独使用电流继电器3KA、4KA和信号继电器2KS。

当线路发生短路，流经继电器的电流大于电流速断的动作电流时，电流继电器动作，其常开触点闭合，接通信号继电器2KS和中间继电器KM回路，KM动作使断路器跳闸，2KS动作表示电流速断保护动作，并启动信号回路发出灯光和音响信号。

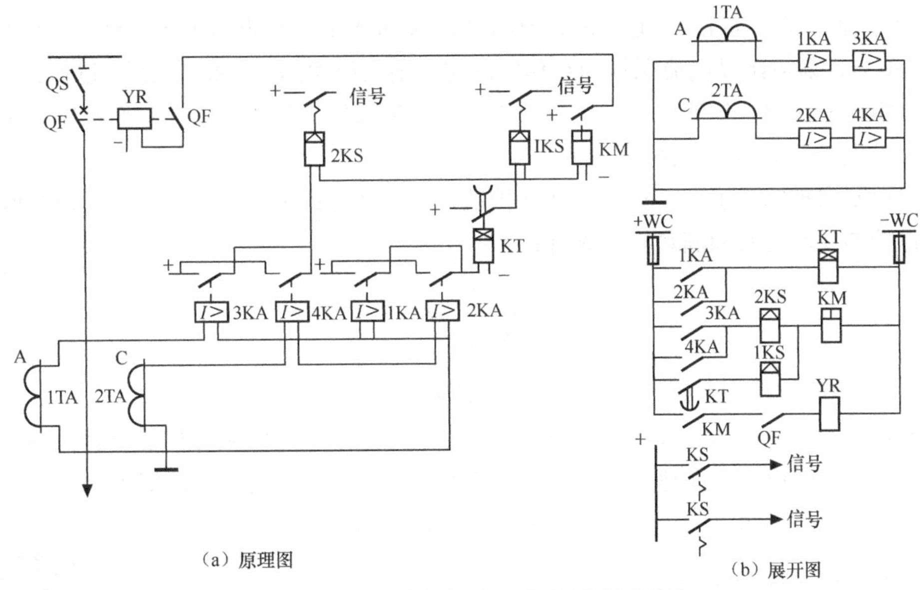

图 6.32　定时限过电流保护和电流速断保护接线

由于电流速断保护动作不带时限，因此为了保证速断保护动作的选择性，在下一级线路首端发生最大短路电流时电流速断保护不应动作，即速断保护动作电流 $I_{op1} > I_{K.max}$，因此，速断保护继电器的动作电流整定值为

$$I_{op.KA} = \frac{K_{rel}K_w}{K_i} I_{K.max} \tag{6-7}$$

式中，$I_{K.max}$ 为线路末端最大三相短路电流；K_{rel} 为可靠系数，DL 型继电器取 1.3，GL 型继电器取 1.5；K_w 为接线系数；K_i 为电流互感器变比。

由式（6-7）求得的动作电流整定计算值，整定继电器的动作电流。对 GL 型电流继电器，还要整定速断动作电流倍数，即

$$n_{qb} = \frac{I_{op.KA(qb)}}{I_{op.KA(oc)}} \tag{6-8}$$

式中，$I_{op.KA(qb)}$ 为电流速断保护继电器动作电流整定值；$I_{op.KA(oc)}$ 为过电流保护继电器动作电流整定值。

显然，电流速断保护的动作电流大于线路末端的最大三相短路电流，所以电流速断保护不能保护线路全长，只能保护线路的一部分，线路不能被保护的部分称为保护死区，线路能被保护的部分称为保护区。

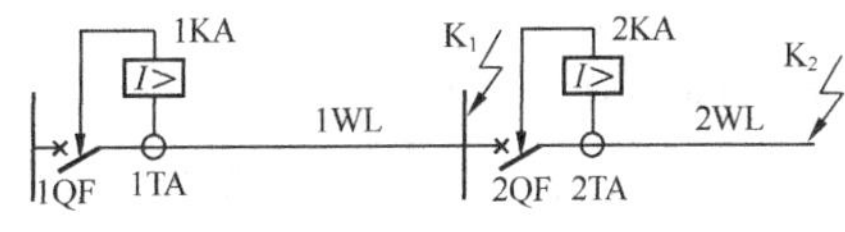

由于电流速断的动作电流是按躲过线路末端的最大短路电流来整定的，因此在靠近线路末端的一段线路上发生的不一定是最大的短路电流，例如为两相短路电流时，电流速断保护装置就不可能动作，也就是说，电流速断保护实际上不能保护线路的全长。这种速断装置不能保护的区域称为“死区”，如图 6.33 所示。

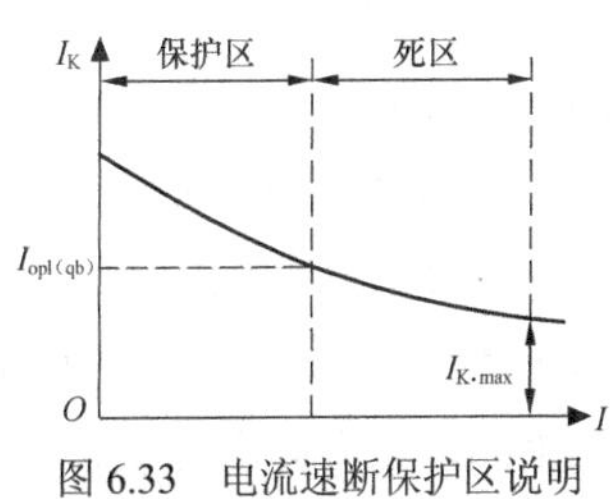

图 6.33　电流速断保护区说明

为了弥补速断存在死区的缺陷，一般规定，凡装设电流速断保护的线路，都必须装设带

时限的过电流保护。而且，过电流保护的动作时间比电流速断保护至少长一个时间级差 Δt=0.5～0.7s，前后级过电流保护的动作时间符合前面所说的“阶梯原则”，以保证选择性。

在速断保护区内，速断保护作为主保护，过电流保护作为后备保护；而在电流速断的死区内，则过电流保护为基本保护。

电流速断保护的灵敏度，按规定其保护装置安装处的最小短路电流可作为校验值，即电流速断保护的灵敏度必须满足以下条件：

$$S_p = \frac{K_w I_k^{(2)}}{K_i I_{qb}} \geqslant 1.5 \sim 2 \tag{6-9}$$

式中，$I_k^{(2)}$ 为线路首端在系统最小运行方式下的两相短路电流。

在图 6.32（a）所示的原理图中，1KA、2KA 为定时限过电流保护继电器，3KA、4KA 为电流速断保护继电器。在速断保护的范围内发生短路时，由速断保护继电器动作，瞬时跳闸；在线路末端发生短路时，则由过电流保护继电器动作。

6.2.6 高频保护装置

高频保护装置

为了实现远距离输电线路全线快速切除故障，必须采用一种新的继电保护装置——高频保护。

1．高频保护的基本原理

高频保护即将线路两端的电流相位或功率方向转化为高频信号，然后利用输电线路本身构成的高频电流通道，将此信号送至对端，比较两端电流相位或功率方向来确定保护是否应该跳闸。从原理上看，高频保护和纵差保护的工作原理相似，它不反映保护范围以外的故障，同时在定值及动作时限选择上无须和下一条线路相配合，能瞬时切除被保护线路内任何一点的各种类型的故障。因而能快速动作，保护线路全长。

目前，广泛采用的高频保护按其工作原理不同可分为高频闭锁方向保护和相差动高频保护两大类。由于高频闭锁方向保护不能作相邻线路保护的后备，故在距离保护上加上收发信机、高频通道设备组成高频距离保护，即高频闭锁距离保护。

（1）高频闭锁方向保护基本原理。通过高频通道传送两侧的功率方向，在每侧借助于高频信号判别故障是处于保护范围之内还是之外。一般规定：从母线流向线路的功率方向为正方向，从线路流向母线的功率方向为负方向。比较被保护线路两端的短路功率方向，即传送来的高频信号代表对侧的功率方向信号，当线路两端的功率方向都是由母线指向线路时，称为方向相同，保护装置动作；当线路外部发生故障时，一侧的功率方向指向母线，说明故障发生在被保护线路外，该侧保护启动收发信机，发出闭锁信号。

（2）相差动高频保护的基本原理。利用高频信号将电流的相位传送到对侧，比较被保护线路两侧的电流相位，根据比较的结果产生速断动作或不动作。

2．高频保护的结构

高频保护的结构由继电部分和通信部分组成。

（1）继电部分。对反映工频电气量的高频保护来说，这类高频保护是在原有的保护原理上发展起来的，如方向高频保护、距离高频保护、电流相位差动高频保护等，其继电部分与原有的保护原理相似，而对于不反映工频电气量的高频保护来说，则其继电部分则是根据新原理构成的。

（2）通信部分。通信部分由收发信机和通道组成。

实现高频保护首先要解决如何利用输电线路作为高频通道的问题。输电线路的载波频率为 50～300kHz，当频率低于 50kHz 时受工频电压的干扰大，各结合设备的构成也困难；当频率高于 300kHz 时高频能量衰减大为增加，由于输电线路绝缘水平高、机械强度大、导线截面大，使得通道的可靠性得到充分保障，但是输电线是传送高压工频电流的，要适应于传输高频信号必须增加一套结合设备，即高频收发信机。将高频收发信机与输电线路连接，用输电线路作为高频通道有两种方式：一种是利用“导线—大地”作为高频通道，另一种是利用“导线—导线”作为高频通道。前一种只需要在一相上装设构成通道的设备，因而投资少，但高频通道对高频信号的衰减以及干扰都较大。后一种需要在两相上装设构成通道的设备，因而投资较多，但高频信号的衰减及干扰均比前一种要小。在我国的电力系统中，目前广泛采用投资较小的“导线—大地”的通道方式。

利用输电线路构成的“导线—大地”制高频通道，电力线载波通道如图 6.34 所示。现以此图为例说明高频通道组成及其各部分的作用。

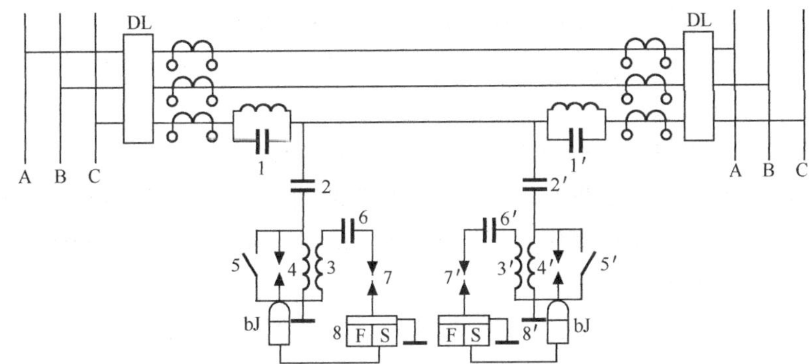

图 6.34　“导线—大地”制电力线载波通道的构成

1，1′—高频阻波器；2，2′—耦合电容器；3，3′—结合滤波器中的变压器；4，4′—放电间隙；5，5′—接地刀闸；6，6′—结合滤波器中的电容；7，7′—高频电缆；8，8′—收发信机

① 阻波器是一个由电感电容组成的并联谐振回路。当它并联谐振时呈现的阻抗最大，利用这一特性可达到阻止高频电流向母线方向分流的目的，由于阻波器对 50Hz 工频电流的阻抗很小，所以不影响工频电流的传送。

② 耦合电容的电容量很小，因此对工频呈现出较大的阻抗，能阻止工频电压侵入收发信机，耦合电容与结合滤波器配合起来能使高频电流顺利地传送出去。

③ 结合滤波器是由一个可调节的空心变压器和电容器组成的“带通滤波器”。它除了可以减少其他频率信号的干扰外，还可使收发信机与高压设备进一步隔离，以保证高压设备及人身安全。结合滤波器又是一个阻抗匹配器，它可使高频电缆的输入阻抗与输电线路的输入阻抗相匹配，使高频能量的传输效率最高。

④ 高频电缆将位于主控室内的收发信机和高压配电装置中的结合滤波器连接起来，组成一个单芯同轴电缆。该段电缆并不很长，一般不超过几百米，但工作频率很高，波长较短，若采用普通电缆将引起很大的衰减和损耗，而采用高频电缆其特性阻抗通常只有 100Ω。

⑤ 接地开关用于高频收发信机调整时进行安全接地。正常运行时，接地闸处于断开位置。

⑥ 放电间隙在线路过电压时放电，可使收发信机免遭击毁。

⑦ 高频收发信机的作用是发送和接收高频信号。在收发信机中再将高频信号进行解调，

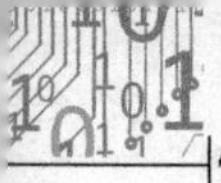

变成保护所用的信号。

3. 高频通道的工作方式和高频信号的作用

（1）高频电流与高频信号。高频保护按通道工作方式可分为正常有高频电流通过时的长期发信方式和正常无高频电流通过时的故障再启动发信方式。

① 对于长期发信的高频保护，线路在正常运行时一直有高频电流，但这连续的高频电流不给任何信号，既没有闭锁信号，也没有允许跳闸信号。当线路上发生故障后，由操作电源调制高频电流，以使高频电流出现中断间隙信号。因此对长期发信的高频保护来说，有高频电流，表示无信号，而无高频电流却表明有信号。

② 对于故障时启动发信的高频保护，线路在正常运行时没有高频电流，一旦发生故障，线路上才会有高频信号。

（2）传递高频信号的性质。传递的高频信号分别有以下 3 种类型。

① 闭锁信号：能阻止保护动作于跳闸的信号。无闭锁信号存在是保护动作于跳闸的必要条件，但必须同时满足本端保护元件动作和没有闭锁信号两个条件时，保护才能动作于跳闸。

利用闭锁信号构成的高频保护方框图如图 6.35（a）所示。

② 允许信号：允许信号的存在是保护能动作于跳闸的必要条件，欲使保护动作于跳闸，必须满足本端保护元件动作和有允许信号存在这两个条件。

利用允许信号构成的高频保护的方框图如图 6.35（b）所示。

③ 跳闸信号：能直接使断路器跳闸的信号称为跳闸信号。跳闸信号与保护元件是否动作无关，跳闸信号是保护能动作于跳闸的充分条件。跳闸信号与允许信号相比，除直接动作于跳闸外，其他性质与允许信号相同。

利用跳闸信号构成的高频保护方框图如图 6.35（c）所示。

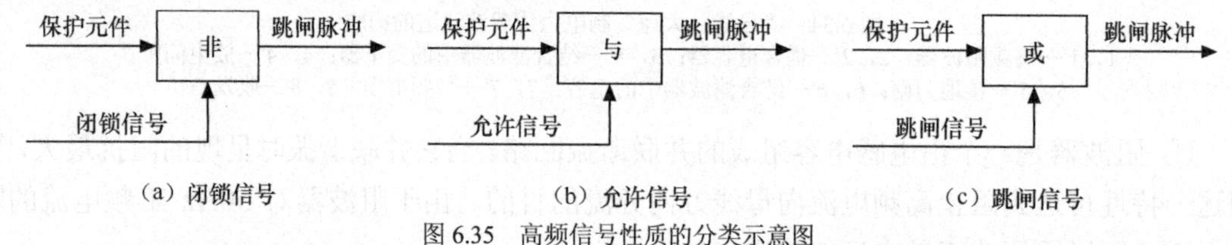

图 6.35　高频信号性质的分类示意图

4. 高频保护的特点

（1）在被保护线路两侧各装半套高频保护，通过高频信号的传递和比较来实现保护。保护区只限于本线路，动作时限不必与相邻元件保护相配合，全线切除故障都是瞬动的。

（2）高频保护不能反映被保护线路以外的故障，因此，不能作下一段线路的后备保护，所以线路上还需要装设其他保护作为本段及下一段线路的后备保护。

（3）选择性好，灵敏度高，广泛应用在 110～220kV 及以上超高压电网中作线路主保护。

（4）高频保护因有收发信机等部分，故比较复杂，价格也比较昂贵。

5. 高频保护的运行

（1）高频保护的投入与退出。线路两端的厂站运行值班员，应在调度员的命令下同时执行高频保护投入、退出运行操作。高频保护投入、退出运行的操作应通过操作保护压板来执行，除特殊情况外一般不关闭收发信机的电源。当高频通道衰耗超过规定范围时，规定当收信电平较正常值降低 6dB 时，应将高频保护退出运行。

（2）高频通道的检测。高频通道检测功能一般宜通过保护来实现，也可由收发信机单独完成。

① 高频保护应定期交换信号回路，以检查两侧保护和通道情况。在交换过程中应不影响保护装置的正常工作，一旦线路发生故障时，就自动断开交换信号回路，接入正常工作回路。一般每日交换一次。每天手动进行一次高频通道检测，结束后应及时将信号复归，并对检测结果进行详细记录。不允许将高频收发信机的通道检测放在“自动”位置。

② 为防止信号衰减，使受端收信可靠，检查高频通道的规定裕量范围为 0.7～1.5dB。

③ 对于闭锁式高频保护，通道检测过程为按下“发信”或“通道检测”按钮，本侧收发信机发信 0.2s 后停信 5s，接收对侧发信 10s、本侧停信 5s 后再发信 10s，通道检测过程结束。

（3）运行监护。

① 运行人员应每天对收发信机及其回路进行巡视。

② 检查装置的信号灯、表计指示是否正确，数码管或液晶显示内容是否正确，面板上电源指示灯是否亮。

③ 检查收发信机的电源电压、各电子管灯丝电流、晶体管发射极电流以及发信机的输出功率是否正常，有无告警等异常信号。

④ 检查回路有无打火、接触不良、短路等明显异常。

⑤ 检查插件外观是否完整，有没有振动、发出异常声音、发热、散发明显异味等异常现象。

⑥ 当天气异常时，如雷、雨、风、雪等天气时，应加强对高频通道及高频收发信机的巡视。

⑦ 高频保护因故退出运行时，每日高频通道的检测及巡视仍应照常进行。

⑧ 检查高频相差保护操作元件的操作电压是否符合要求。

⑨ 通过交换信号检查两侧保护的相互关系。对于方向高频和高频闭锁距离保护，主要是通过交换信号检查远方启动对侧发信机是否可靠；对于相差高频保护，则检查电流相位之间的关系是否正确。利用负荷电流同时进行对试时，由于负荷电流与外部故障情况相似，线路两侧相位为 180°，相位比较回路不应动作。如果有一侧动作，则说明整定或操作元件存在问题。

（4）异常情况处理。

① 当高频收发信机动作时，无论是何种原因引起的，都要搞清启动原因。对当时的系统情况及收发信机的信号等进行详细记录，确认记录无误后将信号复归。必要时向调度汇报并申请退出高频保护。

② 收发信机直流电源出现告警信号时，应立即向调度汇报并申请退出该高频保护，检查电源开关及其回路是否正常。

③ 高频通道检测出现通道异常告警信号时，说明通道衰耗已大于 6dB，应立即向调度汇报并申请退出高频保护，检查收发信机及通道设备有无明显异常，若无法处理，应及时通知继电保护人员。

④ 收发信机出现其他异常告警时，应根据装置的具体情况进行处理。

技能训练一　二次回路图识读训练

1. 二次回路图

二次回路图主要有二次回路原理接线图、二次回路原理展开图、二次回路安装接线图。

（1）原理接线图。二次回路原理图主要用来表示继电保护、断路器控制、信号等回路的工作原理，以原件的整体形式表示二次设备间的电气连接关系，原理接线图通常画出了相应的一次设备，便于了解各设备间的相互联系。

某10kV线路的过电流保护原理接线如图6.36所示。其工作原理和动作顺序为：当线路过负荷或发生故障时，流过它的电流增大，使流过接于电流互感器二次侧的电流继电器的电流也相应增大；在电流超过保护装置的整定值时，电流继电器1KA、2KA动作，其常开触点接通时间继电器KT，时间继电器KT线圈通电，经过预定的时限，KT的触点闭合发出跳闸脉冲信号，使断路器跳闸线圈YT带电，断路器QF跳闸，同时跳闸脉冲电流流经信号继电器KS的线圈，其触点闭合发出信号。

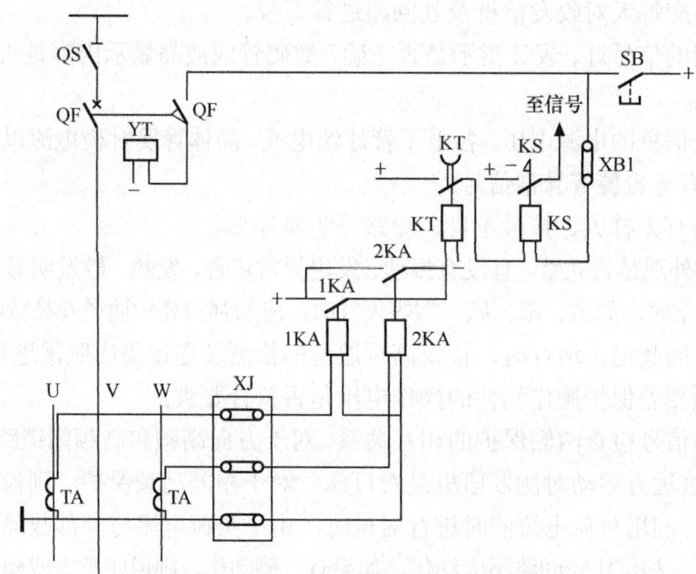

图6.36 某10kV线路的过电流保护原理接线

由以上分析可知，一次设备和二次设备都以完整的图形符号来表示，这有利于了解整套保护装置的工作原理，不过这样很难看清楚继电保护装置实际的接线及继电器线圈和接点之间的因果关系，特别是遇到复杂的继电保护装置（如距离保护装置）时，缺点就更加明显了。因此，接线原理图只用在设计初期。

（2）原理展开图。原理展开图将二次回路中的交流回路与直流回路分开来画。交流回路分为电流回路和电压回路，直流回路分为直流操作回路与信号回路。在展开图中继电器线圈和触点分别画在相应的回路，用规定的图形和文字符号表示。在展开图的右侧，有回路文字说明，方便阅读。二次回路安装接线图画出了二次回路中各设备的安装位置及控制电缆和二次回路的连接方式，是现场施工安装、维护必不可少的图纸。图6.36对应的展开接线图如图6.37所示。

绘制展开接线图有如下规律。

① 直流母线或交流电压母线用粗线条表示，以区别于其他回路的联络线。

② 继电器和各种电气元件的文字符号与相应原理接线图中的文字符号一致。

③ 继电器作用和每一个小的逻辑回路的作用都在展开接线图的右侧注明。

④ 继电器触点和电气元件之间的连接线段都有回路标号。

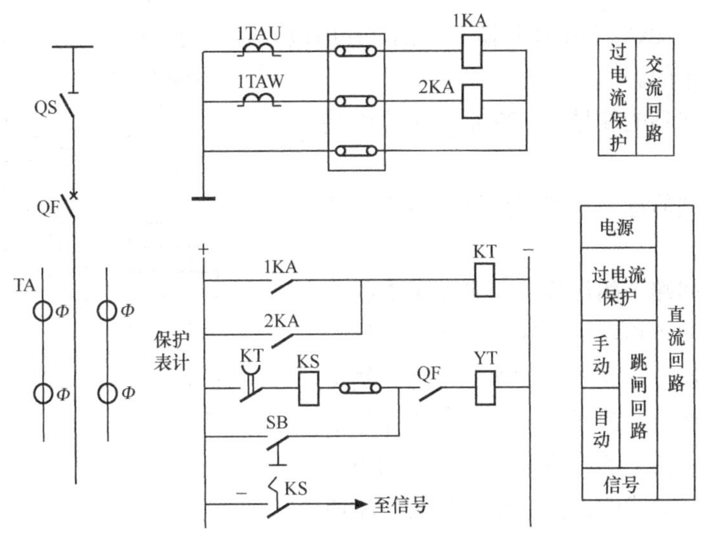

图 6.37　10kV 线路过电流保护展开接线图（右侧为一次电路）

⑤ 同一个继电器的线圈与触点采用相同的文字符号表示。

⑥ 各种小母线和辅助小母线都有标号。

⑦ 对于个别继电器或触点不论是在另一张图中表示，还是在其他安装单位中有表示，都应在图纸中说明去向，对任何引进触点或回路也应说明出处。

⑧ 直流“+”极按奇数顺序标号，“–”极按偶数标号。回路经过电气元件后，如线圈、电阻、电容等，其标号性质随之改变。

⑨ 常用的回路都有固定的标号，如断路器 QF 的跳闸回路用 33 表示，合闸回路用 3 表示等。

⑩ 交流回路的标号表示除用 3 位数字外，前面还应加注文字符号。交流电流回路标号的数字范围为 400～599，电压回路标号的数字范围为 600～799。其中个位数表示不同回路，十位数表示互感器组数。回路使用的标号组，要与互感器文字后的“序号”相对应。如：电流互感器 1TA 的 U 相回路标号可以是 U411～U419；电压互感器 2TV 的 U 相回路标号可以是 U621～U629。

（3）安装接线图。原理接线图或原理展开图通常是按功能电路（如控制回路、保护回路以及信号回路等）来绘制的，而安装接线图是按设备（如开关柜、继电器屏以及信号屏等）为对象绘制的。

安装接线图是用来表示屏内或设备中各元器件之间连接关系的一种图形，在设备安装、维护时提供导线连接位置。图中设备的布局与屏上设备布置后的视图是一致的，设备、元件的端子和导线、电缆的走向均用符号、标号加以标记。

安装接线图包括：屏面布置图，它表示设备和器件在屏面的安装位置，屏和屏上的设备、器件及其布置均按比例绘制；屏后接线图，用来表示屏内的设备、器件之间和与屏外设备之间的电气连接关系；端子排图，用来表示屏内与屏外设备间的连接端子、同一屏内不同安装单位设备间的连接端子以及屏面设备与安装于屏后顶部设备间的连接端子的组合。

2．看端子排图的要领

端子排图是一系列的数字和文字符号的集合，把它与展开图结合起来看就可以清楚地了解它的连接回路。

三列式端子排图如图 6.38 所示。

图 6.38 中左列是标号，表示连接电缆的去向和电缆所连接设备接线柱的标号。如 U411、

V411、W411 是由 10kV 电流互感器引入的，并用编号为 1 的二次电缆将 10kV 电流互感器和端子排Ⅰ连接起来的。

端子排图中间列的编号 1～20 是端子排中端子的顺序号。

端子排图右列的标号是表示到屏内各设备的编号。

两端连接不同端子的导线，为了便于查找其走向，采用专门的“相对标号法”。“相对标号法”是指每一条连接导线的任一端标以另一侧所接设备的标号或代号，故同一导线两端的标号是不同的，并与展开图上的回路标号无关。利用这种方法很容易查找导线的走向，由已知的一端便可知另一端接到何处。如 I4-1 表示连接到屏内安装单位为 I，设备序号为 4 的第 1 号接线端子。按照“相对标号法”，屏内设备 I4 的第 1 号接线端子侧应标 I-5，即端子排 I 中顺序号为 5 的端子。

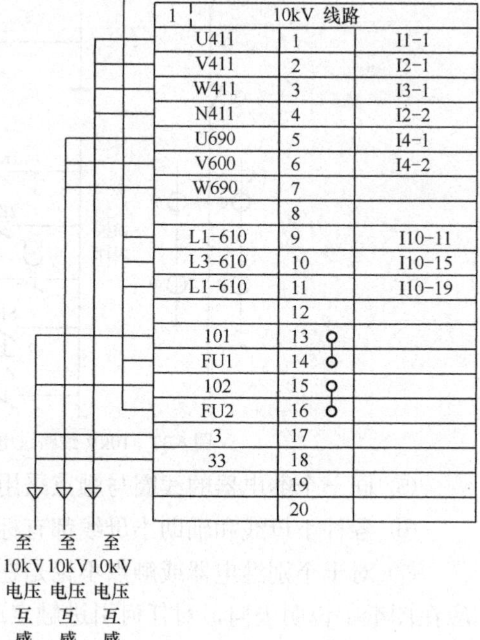

图 6.38　某 10kV 线路三列式端子排图

看端子排图的要领有以下几个方面。

① 屏内与屏外二次回路的连接、同一屏上各安装单位的连接以及过渡回路等均应经过端子排。

② 屏内设备与接于小母线上的设备，如熔断器、电阻、小开关等的连接一般应经过端子排。

③ 各安装单位的“+”电源一般经过端子排，保护装置的“−”电源应在屏内设备之间接成环形，环的两端再分别接至端子排。

④ 交流电流回路、信号回路及其他需要断开的回路，一般需用试验端子。

⑤ 屏内设备与屏顶较重要的控制、信号、电压等小母线，或者在运行、调试中需要拆卸的接至小母线的设备，均需经过端子排连接。

⑥ 同一屏上的各安装单位均应有独立的端子排，各端子排的排列应与屏面设备的布置相配合。一般按照下列回路的顺序排列：交流电流回路、交流电压回路、信号回路、控制回路、其他回路以及转接回路。

⑦ 每一安装单位的端子排应在最后留 2～5 个端子备用。正、负电源之间，经常带电的正电源与跳闸或合闸回路之间的端子排应不相邻或者以一个空端子隔开。

⑧ 一个端子的每一端一般只接一根导线，在特殊情况下 B1 型端子最多接两根。连接导线的截面积，对 B1 型和 D1-20 型的端子不应大于 6mm²；对 D1-10 型的端子不应大于 2.5mm²。

技能训练二　检查电气二次回路的接线和电缆走向

1．技能掌握要求

通过学习应会检查电气二次回路的接线和判断控制电缆的走向。

2. 工作程序

（1）二次回路接线的检查。检查二次接线的主要内容有以下几个方面。

① 检查接线是否松动，以防止发生电流互感器开路运行而将电流互感器烧掉。

② 检查控制按钮、控制开关等触点及其连接是否与设计要求一致，辅助开关触点的转换是否与一次设备或机械部件的动作相对应。

③ 检查盘内接线是否绑扎并固定完好，检查其绝缘性是否良好。

④ 室外、潮湿、污秽的场所，还应检查其防雨、防潮、防污、防尘和防腐等措施是否完备。

（2）检查控制电缆。变电站中的电缆，特别是控制电缆的数量较大，容量大的变电站中的电缆可能多达几十千米，要将电缆编号，以防弄错。检查控制电缆的内容主要有以下几个方面。

① 检查控制电缆的固定是否牢固。

② 检查电缆标示牌字迹是否清楚。

③ 检查电缆有无发热现象。

④ 检查电缆进入沟道、隧道等构筑物和屏、柜内以及穿入管子时，出口密封是否良好。

3. 注意事项

控制电缆的编号由安装单位或安装设备符号及数字组成。数字编号为 3 位数字，根据不同的用途分组。

电缆编号是识别电缆的标志，故要求全厂或全站的编号不能重复，并具有明确含义和规律，应能表达电缆的特征。

每根电缆的编号列入电缆清册内。电缆牌上应标明电缆编号、规格、长度、起点、终点。电缆标示牌的大小以 60mm×40mm 左右为宜，可用白铁皮制作，但目前大都采用烫塑，书写采用打印方法，以保持工整。

技能训练三　各种继电器的认识和实验

1. 技能掌握要求

观察各种继电器的结构，掌握电磁型电流继电器的动作值和返回值的检验方法。

2. 实验仪器仪表

各种电磁型电流继电器、电压继电器、时间继电器、中间继电器、信号继电器及 GL-10 型继电器；万用表、电压表、401 型秒表；滑线变阻器、刀开关等。

3. 实验内容

（1）观察以上各种继电器的结构。

（2）检验与调整电磁型电流继电器动作值、返回值。实验电路如图 6.39 所示。

实验步骤与方法如下。

① 按实验电路接线，将调压器指在零位，限流电阻器调到阻值最大位置。

② 将继电器线圈串联，整定值调整把手置于最小刻度，根据整定电流选择好电流表的量程。

③ 测定动作电流。先经老师查线无问题后，再合上刀开关 QK，调节调压器及滑线变阻器，使回路中的电流逐渐增加，直至动合触点刚好闭合，灯亮为止，此时电流表的指示值即为继电器在该整定值下的动作电流值，记录电流的指示值于表 6-4 中。动作值与整定值之间

的误差 ΔI%不应超过继电器规定的允许值。

④ 返回电流的测定。先使继电器处于动作状态，然后缓慢平滑地降低通入继电器线圈的电流，使动合触点刚好打开，此时灯熄灭，电流表的读数即为继电器在该整定值下的返回电流值，记录电流表的指示值于表6-4中。

⑤ 每一整定值下的动作电流与返回电流应重复测定3次，取其平均值，作为该整定点的动作电流与返回电流。

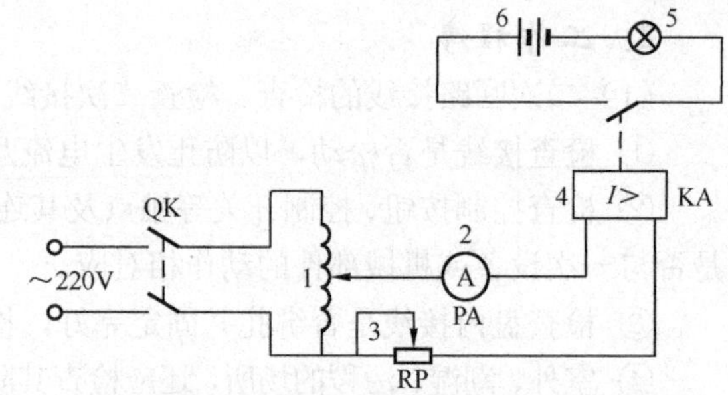

图6.39 电磁型电流继电器实验电路
1—自耦调压器；2—电流表；3—限流电阻器；4—电流继电器；5—指示灯；6—电源

⑥ 将继电器调整把手放在其他刻度上，重复③、④、⑤步骤，测得继电器在不同整定值时的动作电流值和返回电流值，将实验数据填入表6-4中。

⑦ 将继电器线圈改为并联，重复③、④、⑤步骤，测定在其他整定值时的动作电流值和返回电流值，将实验数据填入表6-4中。

表6-4　　实验记录表

序号	线圈连接	动作电流（A）					返回电流（A）					返回系数
		1	2	3	平均值	ΔI/%	1	2	3	平均值	ΔI/%	
1	串联											
2												
3												
4	并联											
5												
6												

4．注意事项

（1）继电器线圈有串联与并联两种连接方法，刻度盘所标刻度值为线圈串联时的动作整定值，并联使用时，其动作整定值=刻度值×2。

（2）准确读取数据。动作电流是指使继电器动作的最小电流值。返回电流是指使继电器返回连接点时打开的最大电流值。

（3）在检测动作电流或返回电流时，要平滑单方向调整电流数值。

（4）每次实验完毕应将调压器调至零位，然后打开电源刀开关。

问题与思考

1. 什么是电流继电器的动作电流？什么是其返回电流？
2. 什么是继电保护装置？其用途是什么？
3. 分析本技能训练中的实验结果是否符合要求。
4. 试说明GL-10型继电器中各符号的含义。

检　测　题

一、填空题

1. 由二次设备所组成的回路称为________回路，按电源性质可分为________回路和________回路。

2. 直流操作电源中，蓄电池的运行方式有________运行方式和________运行方式。

3. 绝缘监察装置主要用来监察________系统相对地的绝缘情况。

4. 信号按用途可分为________信号、________信号、________信号和________信号。

5. 在中央信号回路中，事故音响采用________发出音响，而预报信号则采用________发出音响。

6. 对继电保护的要求包括________要求、________要求、________要求和________要求。

7. 继电保护装置主要由________单元、________单元和________单元 3 部分组成。

8. 继电器按结构原理可分为________、________、________和________继电器。

9. 使过电流继电器动作的最小电流称为继电器的________电流，用 $I_{op.KA}$ 表示；使继电器返回到起始位置的最大电流，称为继电器的________电流，用 $I_{re.KA}$ 表示；二者之比称为________。

10. 过电流保护装置中，电磁式电流继电器的时限特性为________过电流保护，由感应式电流继电器构成的时限特性为________过电流保护。

11. 从继电器感应系统动作到触点闭合的时间称为继电器的________。其中继电器线圈中的电流增大时，继电器动作时限基本不变的动作特性称为________特性；继电器线圈中的电流越大，继电器动作时限越短的动作特性称为________特性。

12. 电力线路装设绝缘监察装置可起到________保护和________保护。

13. 电流保护的接线方式有________接线方式、________接线方式和________接线方式。用于高压大接地电流系统、保护相间短路和单相的接线方式是________接线方式。

二、判断正误题

1. 断路器事故跳闸时，事故信号启动警铃发出声响，同时事故类型光字牌点亮。（　　）

2. 二次回路的操作电源都是直流电源，主要有铅酸蓄电池和镉镍蓄电池两种。（　　）

3. 高压断路器控制回路的主要功能是控制断路器的合闸和分闸。（　　）

4. 位置信号主要用于主控制室向其他控制室发出操作命令和控制室之间的联系。（　　）

5. 差动保护就是发生短路故障时，变压器一、二次侧的断路器跳闸，切除故障的保护。（　　）

6. 线路的电流速断保护存在死区，变压器的速断保护则不存在死区。（　　）

7. 电动机的过负荷保护和电流速断保护广泛采用两相两继电器式接线。（　　）

8. 电容器组的过负荷保护的动作电流时限应较过电流保护小一级时限。（　　）

三、单项选择题

1. 采用蜂鸣器作为报警的信号是（　　）。

A. 预告信号　　B. 事故信号　　C. 位置信号　　D. 指挥和联系信号

2. 二次回路接线的表示方法是（　　）。

A. 绝对编号法　　B. 直接编号法　　C. 间接编号法　　D. 相对编号法

3. 在变电站的每段 3～10kV 母线上，必须装置电压表（　　），其中一只测量线电压，其他测量相电压。

A. 4 只　　B. 2 只　　C. 3 只　　D. 5 只

4. 电流继电器的返回系数越大，继电器越灵敏，电磁式电流继电器的返回系数通常为（　　）。

A. 0.65　　B. 0.75　　C. 0.85　　D. 0.95

5. 电力线路的过电流速断保护，为保证选择性，其动作电流按躲过保护线路末端的（　　）整定。

A. 一相短路电流　　B. 二相短路电流

C. 最大负荷电流　　D. 最大短路电流

6. 电力线路的过电流保护，其动作电流按大于保护线路的（　　）整定。

A. 最大短路电流　　B. 最大负荷电流

C. 二相短路电流　　D. 一相短路电流

7. 在反时限过电流保护电路中，短路电流越大，则动作时限（　　）。

A. 越小　　B. 越大　　C. 不变　　D. 没有关系

8. 继电保护装置适用于（　　）。

A. 可靠性要求高的高压供电系统　　B. 可靠性要求高的低压供电系统

C. 可靠性无要求的高压供电系统　　D. 可靠性无要求的低压供电系统

9. 高压大接地电流系统常采用（　　）式接线的继电保护方式。

A. 三相三继电器　　B. 两相两继电器

C. 两相一继电器　　D. 均可

四、简答题

1. 何谓操作电源？操作电源分有哪几类？其作用有何不同？

2. 复式整流装置为什么可以保证在短路时仍能可靠供电？

3. 电气回路中为什么要装设绝缘监察装置？直流绝缘监察装置是如何发出音响和灯光信号的？

4. 直流回路一点接地后还能继续运行吗？两点接地呢？

5. 断路器控制回路应满足哪些基本要求？

6. 供配电系统继电保护的基本要求有哪些？何谓选择性动作？什么是灵敏度？

7. 为什么电流速断保护有的带时限，有的不带时限？

8. 何谓保护装置的接线系数？三相短路时，两相两继电器式接线的接线系数为多少？两相一继电器式接线的接线系数又为多少？

9. 为什么要求继电器的动作电流和返回电流均应躲过线路的最大负荷电流？

10. 何谓速断保护？速断保护和过电流保护有什么区别？

11. 高频保护的基本原理是什么？说明高频通道的构成。高频保护有何特点？

五、分析计算题

某高压线路采用两相两继电器式接线去分流跳闸原理的反时限过电流保护装置，电流互感器的变比为250/5，线路最大负荷电流为220A，首端三相短路电流有效值为5 100A，末端三相短路电流有效值为1 900A。试整定计算其采用GL-15型电流继电器的动作电流和速断电流倍数，并校验其过电流保护和速断保护的灵敏度。

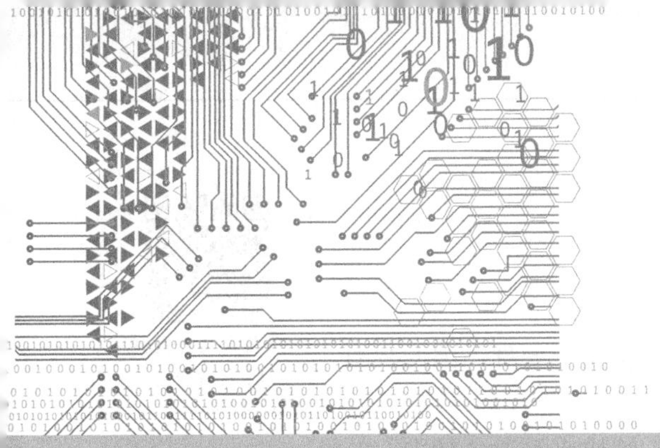

第7章 高层民用建筑供电及安全技术

知识目标

通过对本章的学习，希望学习者能够理解高层民用建筑供配电系统的供电电源及变压器的选择；掌握高层民用建筑供配电系统的配电方式；了解高层民用建筑电气技术中的防雷、电涌及漏电保护等安全技术；掌握火灾自动报警与消防联动控制系统等相关技术。

能力目标

具有对现代高层民用建筑中供配电系统进行设计的能力；具有对高层民用建筑中的接地电阻进行正确测量的能力。

素养目标

通过本章教学，了解现代高层建筑的供配电情况及先进的安全技术，领会科技兴国的含义，塑造学生正确的世界观、人生观、价值观，培养学生研究求实的科学态度与不畏困难刻苦钻研的精神，强化学生的创新精神与团队意识。

随着我国国民经济的飞速发展，城市化进程发展十分迅速，对城市用地的需求量也在日益提升。为了保证土地的整体利用效率，民用建筑也趋向大面积、高层、超高层方向发展。根据《高层民用建筑钢结构技术规程》的规定，高层民用建筑包括10层及10层以上或房屋高度大于28m的住宅建筑，以及高度超过24m的其他民用建筑。

由于在高层建筑中设有电梯、生活用水泵、消防用喷洒泵、消火栓用水泵，事故照明灯，独立的天线系统、电话系统、火灾报警系统，因此，科学合理地为高层建筑设置相应的供配电电气系统，充分满足高层建筑居民的日常电力需求，首先应根据高层建筑对供配电电气系统的特殊要求进行合理的设计。

高层民用建筑中供配电系统的安全可靠和经济性是民用建筑供配电系统设计的两个重要指标。在具体的施工过程中，由于受到建筑布局、电气设备、设计人员水平等多方面因素的影响，很难有效地平衡供配电系统设计方案的可靠性与经济性，因此，学习高层民用建筑供配电系统及安全技术，详细探讨高层建筑供配电系统设计方案的可靠性和经济性，更多地掌握一些高层建筑供配系统设计要点，掌握更多的高层建筑施工技能已迫在眉睫。

7.1 高层民用建筑的供配电设计特点

高层民用建筑与其他民用建筑或工业建筑相比，既有相似之处，又有自身特点。

7.1.1 高层民用建筑的特点

高层民用建筑的特点

特点与分类

高层民用建筑的特点有如下几方面。

（1）人员密集，建筑面积大且楼层高。

（2）高层民用建筑往往集办公、娱乐、商业等功能于一身，因此具有多元化功能。

（3）与现代化管理手段相配套的消防、空调、给排水等设备较多。

（4）高层民用建筑由于要营造出舒适的生活环境，故内部建筑装修标准高，装饰复杂。

（5）高层民用建筑火灾隐患多，必须强调符合其要求的消防措施。

7.1.2 高层民用建筑的分类

高层民用建筑可分为居住建筑和公共建筑，其中居住建筑中19层和19层以上的高级住宅属于一类建筑，10～18层的普通住宅属于二类建筑。公共建筑包括医院、百货楼、展览楼、财贸金融楼、电信楼、广播楼、省级邮政楼、高级旅馆、重要办公楼、科研楼、图书馆及档案楼等。这些公共建筑中若建筑高度超过50m，则属于一类建筑；建筑高度不超过50m属于二类建筑。

7.1.3 高层民用建筑的电力负荷

高层民用建筑的电力负荷

高层民用建筑的电力负荷可分为照明负荷和动力负荷两大类，包括照明、插座、空调等住宅用电和消防设备、保安设备等公共用电两部分。

1．电力负荷等级

高层民用建筑的用电负荷分为3级：一类建筑的消防用电设备为一级负荷；二类建筑的消防用电设备为二级负荷；一、二类建筑中，非消防电梯为二级负荷，其余为三级负荷。

2．照明负荷的计算

照明负荷的计算采用需要系数法确定。例如，住宅建筑的一般用电水平，需要系数由接在同一相电源上的户数确定。

其中需要系数的选择应遵循以下原则。

（1）20户以下取0.6以上。

（2）20～50户取0.5～0.6。

（3）50～100户取0.4～0.5。

（4）100户以上取0.4以下。

功率因数可综合考虑在0.6～0.9范围内选取。

3．动力负荷的计算

动力负荷的计算可用需要系数法确定。但是当动力设备之间的设备容量差值较大、动力设备的总容量较小或设备台数较少时，宜采用二项式法计算负荷。在进行负荷计算之前，必须对各种动力负荷的运行工况进行分析，使计算的结果更接近于实际。为了保证安全可靠，一般情况下，楼内电梯、空调机组、生活水泵等设备，除备用设备外，均应全部运行。

7.1.4 高层民用建筑对供配电系统的要求

为保证高层民用建筑供配电系统的可靠性和住房人员的人身安全以及设备安全，对高层民用建筑的供配电系统提出如下要求。

高层民用建筑对供配电系统的要求

1．保证供电电源的可靠性

高层民用建筑由于用电设备多、用电负荷大，其中还包括一、二级负荷，因此要求取两路或两路以上的独立电源供电，并设置柴油发电机组作为应急电源。

2．满足电能质量要求

高层民用建筑由于建筑高，所以供配电线路长，为了减少线路损耗及电压损失，配电变压器可以根据设备情况按楼层分层布置。

3．满足安全、可靠、经济、灵活的要求

高层民用建筑的供配电系统正常工作电源与柴油发电机组的应急电源应自成系统，独立配电，发生事故时应能自动切换。除此之外，高层民用建筑的供配电系统应力求简单可靠，操作安全，运行灵活，检修方便。高层民用建筑内的消防用电等一级负荷在火灾情况下，由应急电源保证连续供电；二级负荷应保证两回路切换供电。

高层民用建筑的配电级数不宜过多。如从变电站的低压配电装置算起，其配电级数一般不要多于四级，重要负荷不超过一级。总配电长度一般要求不超过 200m，每路干线的负荷计算电流一般不宜大于 200A。

4．选用设备尽可能与 IEC 标准取得一致

高层民用建筑选用的设备、元件和材料应符合国家有关规定，既要安全可靠又要结构紧凑，要求尽可能与国际电工委员会（IEC）标准取得一致。

5．变配电设备的布置应便于安装和维护

高层民用建筑的地下层通常有两层，宜将总配电室或变电站设置在地下一层。柴油发电机组的机房最好设置在地下一层，宜采用风冷式，以方便通风冷却，同时也可方便与变配电室中的设备共用运输通道。

为防火的需要，高层民用建筑不宜设置可燃油浸式的电力变压器、高压电容器和油断路器，应采用干式变压器和高压真空断路器。

高层民用建筑的各楼层配电室宜设在电气竖井内，一般情况下配电箱与电缆分装在竖井内的不同侧面。

6．供配电系统的网络设计应合理

高层民用建筑中的低压配电网络多采用混合式配电系统。其中地下室与裙楼部分采用放射式配电，主体部分采用树干式配电。根据负荷大小和楼层层数的多少，决定选用分区树干式还是母线树干式配电系统。树干式的配电形式一般为电缆或插接式绝缘母线槽沿垂直的电气竖井内敷设。

7．适应高层民用建筑的扩建发展

随着经济的飞速发展，新设备、新材料、新功能等不断增加到高层民用建筑中，为适应高层民用建筑的发展，考虑扩建需求，要求高层民用建筑的供配电系统应适应不断发展的需要。

7.2 高层民用建筑的供电电源及变压器的选择

7.2.1 高层民用建筑的供电电源

高层民用建筑的
供电电源

高层民用建筑按其负荷等级选择供电电源。通常一级负荷采用双电源供电，二级负荷采用双回路供电。

1．双电源供电

由两个独立变电站引来两路电源，或者由一个变电站两台变压器的两段母线上分别引一路电源，保证各路电源的独立性，当一路电源因故障停电时，另一路电源还能保证建筑物的可靠供电。

2．双回路供电

这种供电方式可以是双电源供电，也可以是单电源双回路供电。当单电源双回路供电时，若供电电源或母线发生故障，则整个建筑的供电电源将会中断。

为了保证高层民用建筑供电的可靠性，一般采用两个高压电源供电。高压电源的电压等级由当地供电部门所能给出的电压来决定，多为 10kV 或 6kV。有些地区电力供应比较紧张，只能供给高层建筑一个电源时，应在建筑群内设立柴油发电机组作为高层民用建筑的第二电源。

变压器的选择

7.2.2 变压器的选择

高层民用建筑的面积比较大，负荷比较重，供电局通常提供给高层建筑物 10kV 或 6kV 的高压电源，因此高层民用建筑物内必须建立变电站，将高压电源变换为380V/220V 等级的电压，才能供给民用住宅使用。

高层民用建筑物的变电站一般有两条进线、两条出线，其主要技术参数是：高压负荷开关柜两组，每组一个进线柜、一个出线柜、一个带高压熔断器的变压器馈线柜。变压器容量一般为 630kV·A，最大不超过 1 000kV·A。低压负荷开关柜、进线及联络柜三面，电容柜两面，出线柜六面。

高层建筑物的变电站一般设在主体建筑物内，也可设在裙房内。

1．设在主体建筑物内的变电站

这种变电站一般应考虑设在首层，这样高压电源的进线、低压输电线的出线、变压器与开关柜运输、维修都很方便。但由于高层建筑物首层多为大厅或营业用，有时也考虑将其设在地下层。无论设在首层还是地下层，设计时都必须考虑到变电站的防火要求。

设在主体建筑物内的变电站主变压器，应选择干式变压器或非燃液体变压器，以降低引发火灾的可能性。若确实需要采用油浸式变压器，应选择安全部位，采取防火分隔和防止油流散的设施，并应设置火灾自动报警和灭火装置。

2．设在裙房内的变电站

这种变电站可以采用干式变压器，也可以采用油浸变压器。当采用油浸变压器时，变电间必须为一级耐火等级建筑。各变压器设在独立的小间内，不要将高压负荷开关柜、低压负荷开关柜放在同一个房间里，以免引起火灾。

7.2.3　高层民用建筑的配电系统

高层民用建筑的电力负荷中增加了电梯、水泵等动力负荷，因此提高了建筑物的供电负荷等级。同时，由于设置了消防设备，因此增加了一系列的消防报警及控制要求。

1. 配电方式

（1）对非消防电梯要求双电源供电，双路电源在配电室互投（即在普通的照明配电箱前端加装了一个双电源切换开关，正常时主电源供电，当主电源停电时，双电源开关自动切换到备用电源上，保证了供电的可靠性），而未要求末端配电箱互投。

（2）对消防水系统，要求其配电系统都应为二路电源进线，末端配电箱互投。

（3）对消防电梯要求双电源供电，末端配电箱互投。

（4）在配电设计时，一般将高层住宅的照明配电采用干线分段供电，如图 7.1 所示。在火灾或其他特殊情况出现时，可以将楼层分段停电。

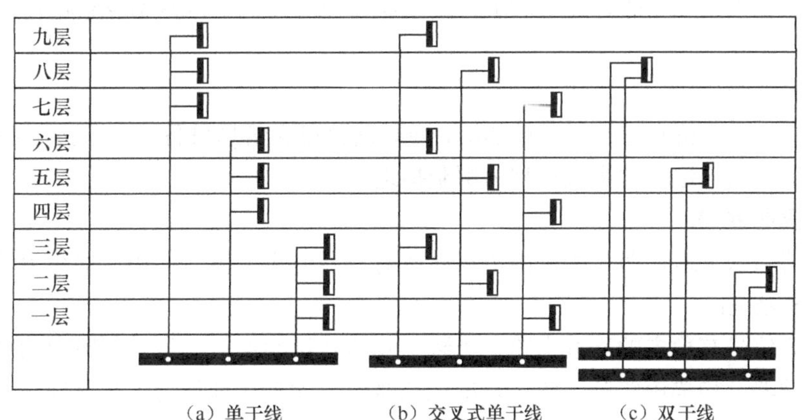

（a）单干线　　（b）交叉式单干线　　（c）双干线

图 7.1　照明配电干线分段供电示意图

2. 配电间

高层建筑一般在每层设置有 1～2 个配电小间，专供电力配电箱、照明配电箱、电话汇接箱、计算机数据采集盘、电力干线、电话线、共用天线、闭路电视系统和计算机控制系统等强电、弱电系统管线的安装和敷设之用。配电间内的电缆和管线全部为明敷设，用管卡固定在铁支架上，或用电缆托沿墙敷设。

每层的配电间之间以楼板分隔，以满足电气防火的要求。为了维修方便，每层均应设置向外开的小门。为了供电方便，配电间一般设在电梯间旁或墙角，最好在建筑物的中部，如果建筑物太长，可在两端各设一个配电间。

7.3　高层民用建筑的接地保护

接地就是将电力系统或电气装置中某一正常运行时不带电、而故障时可能带电的金属部分或电气装置外露可导电部分经接地线连接到接地极。

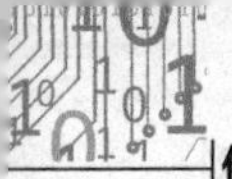

7.3.1　接地的类型和作用

接地的类型和作用

电气接地按其接地的作用，可分为两大类：电气功能性接地和电气保护性接地。电气功能性接地，主要包括工作接地、直接接地、屏蔽接地及信号接地等。电气保护性接地主要包括保护接地、防电击接地、防雷接地、防静电接地、等电位接地及防电化学腐蚀接地等。

1．工作接地

为了保证电力系统的正常运行，防止系统振荡，保证继电保护的可靠性，在交直流电力系统的适当位置进行接地称为工作接地。

2．保护接地

各种电气设备的金属外壳、线路的金属管、电缆的金属保护层及安装电气设备的金属支架等，可能会由于导体的绝缘损坏带电。为了防止这些金属带电而产生过高的对地电压，危及人身安全，所设置的接地称为保护接地。

3．防雷接地

将雷电流导入大地，防止建筑物遭到雷电流的破坏，防止人身遭受雷击，此类接地称为防雷接地。

4．屏蔽接地

抑制外来电磁干扰对信息设备的影响，同时减少自身信息设备产生干扰，影响其他设备，将电气干扰源引入大地，此类接地称为屏蔽接地。

5．防静电接地

将静电荷引入大地，防止由于静电积聚而对设备造成危害，此类接地称为防静电接地。

6．信号接地

为了保证信号有稳定的基准电路，不致引起信号量的误差，信号回路中的电子设备，如放大器、混频器、扫描电路等，统一基准电位接地，此类接地称为信号接地。

7．等电位接地

高层建筑中为了减少雷电流造成的电位差，将每层的钢筋网及大型金属物体连接成一体并接地，此类接地称为等电位接地。某些重要场所，如医院的治疗室、手术室，为了防止发生触电危险，将所能接触到的金属部分，相互连接成等电位体，并予以接地，此类接地称为局部等电位接地。

7.3.2　保护接地方式

保护接地方式

供电系统中，不论其系统电压等级如何，一般均有两种接地系统。一种接地是系统内带电导体的接地，即电源工作接地。另一种接地为负荷侧电气装置外露可导电部分的接地，称为保护接地。

我国低压系统接地制式，采用 IEC 标准，即 TN、TT、IT 3 种接地制式系统。其字母含义如下。

第一个字母表示电源端与地的关系：T 表示电源端有一点直接接地；I 表示电源端所有带电部分不接地或有一点通过阻抗接地。

第二个字母表示电气装置的外露可导电部分与地的关系：T 表示电气装置的外露可导电

部分直接接地，此接地点在电气上独立于电源端的接地点；N 表示电气装置的外露可导电部分与电源端接地点有直接电气连接。

在 TN 接地制式系统中，因 N 线（中性导体）和 PE 线（保护导体）的组合方式的不同，又分为 TN-C、TN-S、TN-C-S 3 种。后续字母的含义如下。

C 表示中性导体 N 和保护导体 PE 是合一的，合并成 PEN 线。

S 表示中性导体 N 和保护导体 PE 是分开的。

1．TN 接地制式系统

在建筑电气中应用较多的是 TN 接地制式系统。

（1）TN-C 接地制式系统。这种系统的 N 线和 PE 线合二为一，节省了一根导线。但当三相负载不平衡或中性线断开时，会使所有设备的金属外壳都带上危险电压。一般情况下，若保护装置和导线截面选择适当，该系统是能够满足要求的。

（2）TN-S 接地制式系统。这种制式系统的 N 线和 PE 线是分开的，N 相断线不会影响 PE 线的保护作用，常用于安全可靠性要求较高的场所。如新建的民用建筑、住宅小区，推荐使用 TN-S 接地制式系统。

（3）TN-C-S 接地制式系统。这种接地制式系统的 N 线和 PE 线有的部分是合一的，有的部分是分开的，兼有 TN-C 和 TN-S 两种接地制式系统的特点，常用于配电系统末端环境较差或对电磁干扰要求较严的场所。

2．TT 接地制式系统

系统的电源端有一点直接接地，电气装置的外露可导电部分直接接地，此接地点在电气上独立于电源端的接地点。

当相线对设备外露可导电部分或保护导体发生故障时，其电流较小，不能起动过电流保护电器动作，故应采用漏电保护器保护。

TT 接地制式系统适用于以低压供电、远离变电站的建筑物，对环境要求防火防爆的场所，以及对接地要求高的精密电子设备和数据处理设备等。如我国低压公用电，推荐采用 TT 接地制式系统。

3．IT 接地制式系统

系统的电源端带电部分不接地或有一点通过阻抗接地，电气装置的外露可导电部分直接接地。

因为 IT 接地制式系统为电源端不直接接地系统，故当发生相对其设备外露可导电部分短路时，短路电源为该相对地电容电流，其值很难计算，不能准确确定其漏电动作电流值，故不应该使用漏电开关作为接地保护。

IT 接地制式系统适用于有不间断供电要求的场所和对环境有防火防爆要求的场所。

7.3.3 低压接地制式对接地安全技术的基本要求

低压接地制式对接地安全技术的基本要求如下。

（1）系统接地后提供了采用自动切断供电电源这一间接接触防护措施的必要条件。

（2）系统中应实施总电位连接。在局部区域，当自动切断供电电源的条件得不到满足时，应实施辅助等电位连接。

（3）不得在保护回路中装设保护电器或开关，但允许装设只有用工具才能断开的连接点。

（4）严禁将可燃液体、可燃气体管道用作保护导体。

（5）电气装置的外露可导电部分不得用作保护导体的串联过渡接点。

（6）保护导体必须有足够的截面。

7.3.4 接地系统实例分析

【例 7-1】 某楼内附 10kV/0.4kV 变电站，本楼采用 TN-S 接地制式，该站供给与其相距 100m 的后院中一幢多层住宅楼 380V/220V 电源，因主楼采用了 TN-S 接地制式，故该住宅楼也只能采用 TN-S 接地制式，是否正确？

分析：无论该住宅楼的供电采用何种接地制式，都是为了安全，为电气保护性接地。如图 7.2 所示的 3 种接地形式配上相应保护设备均可行。图 7.2（b）所示为 TN-C-S 接地制式，比较经济，同时在总 N 线因故折断时，其 N 线已接地，不会因相负荷不平衡而造成基准电位大的漂浮，而烧坏家电；图 7.2（c）所示为 TT 接地制式，也是经济可行的，但必须设置漏电保护。

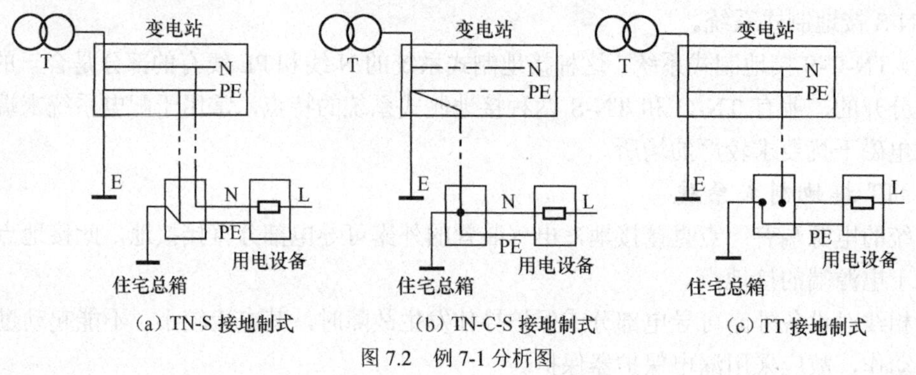

图 7.2 例 7-1 分析图

根据以上分析可知，认为该住宅楼只能采用 TN-S 接地制式是不全面的，亦可采用 TN-C-S 或 TT 接地制式。

【例 7-2】 在 TT 接地制式中，N 线和 PE 线接错后的危害是什么？

分析：在 TT 接地制式中，N 线和 PE 线的接地是互相独立的，因此绝对不允许接错。

如图 7.3 所示，假设在 1#设备处接错，2#设备接法正确，其结果是 1#设备为一相一地运行，这是不允许的。如果在 N 线 F 点处断开，将造成 1#设备金属外壳对地呈现危险电压，极不安全。

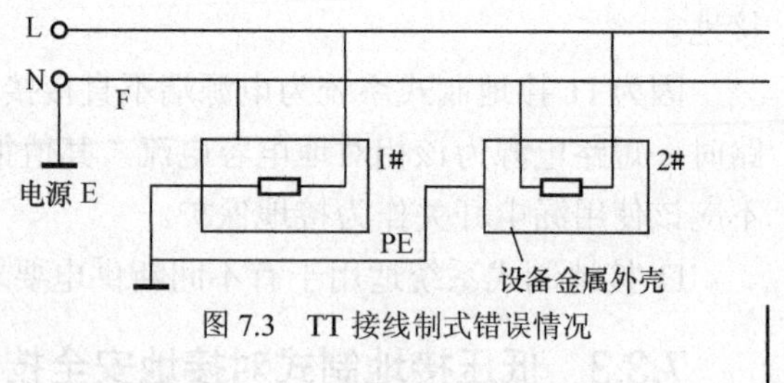

图 7.3 TT 接线制式错误情况

7.4 建筑电气安全技术

高层民用建筑的电气安全技术主要包括防雷保护技术、电涌保护技术和漏电保护技术。

7.4.1　防雷保护技术

高层民用建筑的外部防雷系统装置与工厂供电系统的防雷装置基本相同，都是由接闪器、引下线、接地装置、过电压保护器及其他连接导体组成的，是传统的避雷装置。内部防雷装置则主要用来减小高层民用建筑内部的雷电流及其电磁效应。例如装设避雷器和采用电磁屏蔽、等电位连接等措施，以防止接触电压、跨步电压及雷电电磁脉冲所造成的危害。高层民用建筑的防雷设计必须将外部防雷装置和内部防雷装置视为整体统一考虑。

1．接闪器、避雷针、引下线

（1）接闪器。接闪器是专门用来接收雷电的金属物体。接闪的金属杆称为避雷针。接闪的金属线，称为避雷线或架空地线。接闪的金属带、金属网，称为避雷带、避雷网。特殊情况下也可用金属屋面和金属构件作为接闪器，所有的接闪器都必须经过上、下线与接地装置相连。

（2）避雷针。避雷针一般用镀锌圆钢或镀锌焊接钢管制成。它通常安装在构架、支柱或建筑物上，其下端经引下线与接地装置焊接。

由于避雷针高出被保护物，又和大地直接相连，当雷云先导接近时，它与雷云之间的电场强度最大，因而可将雷云放电的通路吸引到避雷针本身，并经引下线和接地装置将雷电流安全地泄放到大地中去，使被保护建筑物免受直接雷击。所以，避雷针的作用实质上是引雷，它把雷电波引入地下，从而保护了附近的线路、设备及建筑等。

避雷针的保护范围，以它能防护直击雷的空间来表示，是人们根据雷电理论、模拟试验和雷击事故统计 3 种研究结果进行分析而规定的。

我国过去的防雷设计规范或过电压保护规程对避雷针或避雷线的保护范围是按“折线法”确定的，而目前现行的国家标准 GB 50057—2010《建筑物防雷设计规范》则参照 IEC 标准规定，采用“滚球法”来确定。

滚球法就是选择一个半径为 h 的球体，沿需要防护直击雷的部位滚动，如果球体只触及接闪器或者接闪器和地面，而不触及需要保护的部位时，则该部位就在这个接闪器的保护范围内。滚球半径 h 就相当于闪击距离。滚球半径较小，相当于模拟雷电流幅值较小的雷击，保护概率就较高。滚球半径是按建筑物的防雷类别确定的。第一类防雷建筑物滚球半径为 30m，第二类防雷建筑物滚球半径为 45m，第三类防雷建筑物滚球半径为 60m。

接闪器布置规定及滚球半径的确定如表 7-1 所示。

表 7-1　　接闪器布置规定及滚球半径的确定

建筑物防雷类别	滚球半径 h（m）	避雷网网格尺寸（m×m）
第一类防雷建筑物	30	≤5×5 或≤6×4
第二类防雷建筑物	45	≤10×10 或≤12×8
第三类防雷建筑物	60	≤20×20 或≤24×16

（3）引下线。引下线若采用独立的圆钢或扁钢时，圆钢直径应不小于 8mm；扁钢截面应不小于 45mm^2，厚度应不小于 4mm。而利用建筑物钢筋混凝土中的钢筋作引下线时应注意考虑以下两点。

① 当钢筋直径为 16mm 及以上时，应利用两根绑扎或焊接在一起的钢筋作为一组引下线。

② 当钢筋直径为 10mm 及以上时，应利用 4 根绑扎或焊接在一起的钢筋作为一组引下线。

2．建筑防雷设计应考虑的主要因素

（1）接闪功能。在进行防雷设计时，除考虑接闪器部分外，还要根据建筑物的性质、构造、地区环境条件和内部存放的设备与物品等来全面考虑防雷方式。

（2）分流影响。设置引下线的数量及其位置，是关系到建筑物是否产生扩大雷击的重要因素。

（3）屏蔽作用。建筑物的屏蔽，不仅可保护室内的各种通信设备、精密仪器和电子计算机等，而且可防止球雷和侧击雷。

（4）等电位。为保证人身安全和各种金属设备不受损坏，建筑物内部不产生反击和危险的接触电压及跨步电压，应当使建筑物的地面、墙面和人们能接触到的部分金属设备及管、线路等，都能达到同一个电位。

（5）接地效果。好的接地效果，也是防雷安全的重要保证。

（6）合理布线。必须考虑建筑物内部的电力系统、照明系统、弱电系统等各种金属管线的布线位置、走向和防雷系统的关系。

3．高层民用建筑防雷分级

高层民用建筑的防雷按行业标准可分为3级。

一级防雷建筑：特别重要用途的建筑，如国家级会堂、大型铁路客运站、国际性航空港等；国家重点文物保护的建筑和构筑；高度超过100m的建筑。

二级防雷建筑：重要的或人员密集的大型建筑；省级重点文物保护的建筑和构筑；19层以上住宅建筑和高度超过50m的民用建筑；省级及以上的大型计算中心和装有重要电子设备的建筑。

三级防雷建筑：当年雷击次数大于或等于0.05时，确认需要防雷的建筑；高度超过20m的建筑；雷害事故较多地区的重要建筑。

4．防雷措施

从防雷要求来说，建筑应具备防直击雷、感应雷和防雷电波侵入的措施。一、二级民用建筑应具备这3种防雷措施，三级民用建筑主要应具备防直击雷和防雷电波侵入的措施。

一级民用建筑防直击雷一般采用装设避雷网或避雷带的方法，二、三级民用建筑一般在建筑易受雷击的部位装设避雷带。防雷装置应符合下列要求。

（1）屋面上的任意一点距避雷带或避雷网的最大距离须达到以下要求。

① 一级民用建筑5m。

② 二级民用建筑10m。

③ 三级民用建筑10m。

（2）当有3条及以上的平行避雷带时，连接距离须达到以下要求。

① 一级民用建筑，每隔不大于24m处需相互连接。

② 二级民用建筑，每隔不大于30m处需相互连接。

③ 三级民用建筑，每隔不大于30～40m处需相互连接。

（3）冲击接地电阻（指冲击电流流过接地装置时，假定接地装置对地电位峰值与通过接地体流入地中电流的比值，用R_{ch}表示）须达到以下要求。

① 一级民用建筑，$R_{ch}≤10Ω$，雷电活动强烈地区，$R_{ch}≤5Ω$。

② 二级民用建筑，$R_{ch}≤10Ω$。

③ 三级民用建筑，$R_{ch} \leqslant 30\Omega$。

7.4.2 电涌保护技术

信息技术的发展和普及促使我国智能建筑不断发展。智能建筑中各智能化仪器普遍存在绝缘强度低、过电压与过电流耐受能力差及对雷电引起的外部侵入造成的电磁干扰敏感等弱点，如不加以有效防范，则无法保证智能化系统及设备的正常运行。

1. 电涌及其危害

电涌是微秒量级的异常大电流脉冲。如果一个电涌导致的瞬态过电压超过一个电子设备的承受能力，则可使电子设备受到破坏。半导体器件的集成化逐年提高、元件的间距减小，导致半导体的厚度变薄，使得电子设备受到瞬态过电破坏的可能性越来越大。

雷电是导致电涌最明显的原因，建筑物顶部的避雷针在遇直击雷时可将大部分雷电流分流入地，避免建筑物的燃烧和爆炸，但不能保护计算机免受电涌的破坏。电力公司每一次切换负载而引起的电涌，同样会缩短各种计算机、通信设备、仪器仪表和可编程序控制器（PLC）的寿命。另外，大型电机设备、电梯、发电机、空调、制冷设备等也会引发电涌。

2. 电涌保护器

电涌保护器也叫防雷器，是为各种电子设备、仪器仪表、通信线路提供安全防护的电子装置。当电气回路或者通信线路中因为外界的干扰突然产生尖峰电流或者电压时，电涌保护器能在极短的时间内导通分流，从而避免电涌对回路中其他设备的损害。

SPD 是电子设备雷电防护中不可缺少的一种装置，其作用是把窜入电力线、信号传输线的瞬时过电压限制在设备或系统所能承受的电压范围，或将强大的雷电流泄流入地，保护被保护的设备或系统不受冲击。

SPD 的工作取决于施加在其两端的电压 U 和触发电压 U_d 值的大小，对不同产品，U_d 值为标准给定值，如图 7.4 所示。

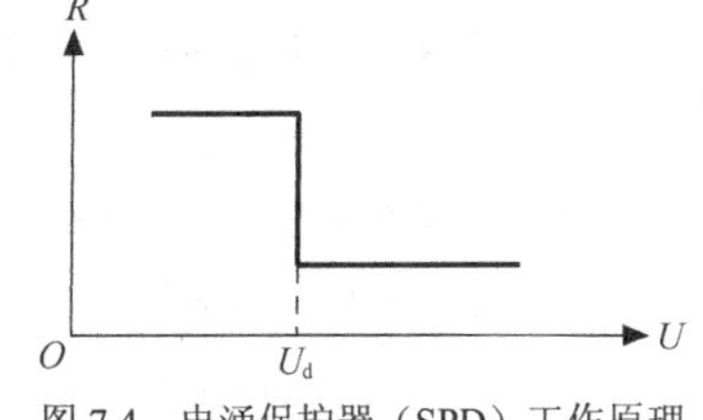

图 7.4 电涌保护器（SPD）工作原理

以开关型 SPD 为例，当 $U>U_d$ 时，SPD 的电阻减小到几欧姆，瞬间泄放过电流，使电压突降。当 $U<U_d$ 时，SPD 又呈高阻性。

根据上述原理，SPD 广泛应用于低压配电系统，用来限制电网中的大气过电压，使其不超过各种电气设备及配电装置所能承受的冲击电压，保护设备免受由于雷电造成的危害，但不能保护暂时性的工频过电压。

3. 电涌保护器的类别

（1）电压开关型 SPD。这类 SPD 当无电涌时为高阻抗，有电压电涌时突变为低阻抗，有时也把这类 SPD 称为“短路开关型”，如放电间隙、充气管以及可控硅和三端双向可控硅开关。

（2）限压型 SPD。这类 SPD 当无瞬时过电压时为高阻抗，但高阻抗将随电涌电流和电压的加大而连续不断地减小，其电流、电压特性为强烈非线性，有时被称为“强压型 SPD”。

（3）混合型 SPD。这类 SPD 将电压开关型元件和限压型元件合并在一起，可以显示开关行为、限压行为或电压开关和限压这两者的行为，这取决于“它们的混合参数”和所加电压的特性。

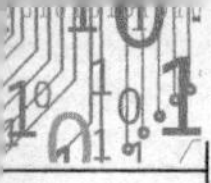

4．选择和安装电涌保护器

在选择和安装电涌保护器时应考虑以下几个方面。

（1）电涌保护器必须能承受通过它们的雷电流，并应符合通过电涌时的最大限压有能力切断在雷电流通过后产生的工频续流等要求。

（2）在建筑物进线处和其他防雷区界面处的最大电涌电压，即电涌保护器的最大限压加上其两端引线的感应电压，应与所属系统的基本绝缘水平和设备允许的最大电涌电压协调一致。为使最大电涌电压足够低，其两端的引线应做到最短。

（3）不同界面上的各电涌保护器还应与其相应的能量承受能力相一致。

（4）在一般情况下，线路上多处安装了 SPD 且无准确数据时，电压开关型 SPD 与限压型 SPD 之间的线路长度不宜小于 10m，限压型 SPD 之间的线路长度不宜小于 5m。

7.4.3 漏电保护技术

1．漏电保护器的应用

近年来，国内有相当数量的火灾事故是由于电气故障引起的，有关数据统计表明，电气设备或线路着火已经成为火灾发生的主要因素之一。漏电保护器可以检测正常泄漏电流和故障时的接地故障电流，因此能有效地预防人身电击或接地电弧等引起的电气火灾。

漏电保护器按动作原理可以分为电压动作型和电流动作型两大类，电流动作型又可再分为电磁式、电子式和中性点接地式 3 类；按工作性质可分为漏电断路器和漏电断电器两大类；按动作值可分为高速型、延时型和反时限型 3 类。

电压动作型漏电保护器，是最先发展起来的一种漏电保护器，其结构简单、价格低廉，但在长期应用中，暴露出许多难以克服的缺点，故现已逐渐被淘汰。

2．漏电保护器的选用和设计应用

（1）漏电保护器的选用应当考虑以下因素。

① 正确选择漏电保护器的漏电动作电流。例如，在浴室、游泳池、隧道等触电危险性很大的场所，应选用高灵敏度、快速型的漏电保护装置，其动作电流不宜超过 10mA。

② 用于防止漏电火灾的漏电报警器，宜采用中灵敏度漏电保护器。其动作电流可在 25～1 000mA 内选择。

③ 连接室外架空线路的电气设备，应装用冲击电压不动作型漏电保护器。

④ 对于电动机，漏电保护器应能躲过电动机的起动漏电电流而不动作（100kW 的电动机起动漏电电流可达 15mA）。

（2）漏电保护器在设计应用中应当考虑以下因素。

① 对直接接触的防护。

a．漏电保护器只作为直接接触防护中基本保护措施的附加保护。

b．用于直接接触电击防护时，应选用高灵敏度、快速动作型的漏电保护器，动作电流不超过 30mA。

② 对间接接触的防护。

a．在间接接触的防护中，采用自动切断电源的漏电保护器。应正确地与电网系统接地制式相配合。

b．用于间接接触电击防护时，漏电保护器在各类系统接地制式中的正确使用方法如下。

TN 系统：当电路发生绝缘损坏故障，其故障电流值小于过电流保护装置的动作电流值时，需装漏电保护器。在采用漏电保护器的 TN 系统中，使用的电气设备外露可导电部分可根据电击防护措施具体情况，采用单独接地，形成 TT 系统。

TT 系统：电气线路或电气设备，应优先考虑设置漏电保护器，作为防电击的保护措施。

③ 对电气火灾的防护。

a．为了防止电气设备与线路因绝缘损坏引起的电气火灾，宜装设当漏电电流超过预定值时，能发出声光信号报警或自动切断电源的漏电保护器。

b．为了防止电气火灾而安装的漏电保护器、漏电继电器或报警装置，与末端保护的关系宜形成分级保护。

④ 必须安装漏电保护器的设备和场所。

a．属于 I 类的移动式电气设备及手持式电动工具。

b．建筑施工工地的电气施工机械设备。

c．安装在潮湿、强腐蚀性等恶劣场所的电气设备。

d．暂设临时用电的电气设备。

e．宾馆、饭店及招待所的客房内的插座回路。

f．机关、学校、企业、住宅等建筑物内的插座回路。

g．游泳池、喷水池、浴池的水中照明设备。

h．安装在水中的供电线路和设备。

i．医院中直接接触人体的医用电气设备。

j．其他需要安装漏电保护器的场所。

7.5　火灾自动报警与消防联动控制系统

工程案例

2017 年，英国伦敦高层公寓楼格兰菲尔塔由于四层一房间内老冰箱自燃引发了一场大火，这场大火共出动了 45 辆消防车、200 多名消防员，但仍造成 81 人遇难，烧毁了 151 个家庭，是伦敦 29 年以来最惨重的火灾。

据报道，楼内灭火器已经超过一年没接受检验。一些消防设备自 2009 年后就没接受年检，有的还贴有检查不合格的标签，格兰菲尔塔着火前就已存在较大的消防安全隐患!。同时，调查发现，格兰菲尔塔的外墙保温材料在防火方面存在严重问题，成为事故中火灾蔓延的帮凶。

从上述高层建筑火灾案例中其实可以看出，高层建筑火灾一般有以下几个特点：1.起火因素复杂，可燃、易燃物多；2.火势蔓延途径多、速度快；3.安全疏散困难；4.扑救难度大。

因此，面对高层建筑消防安全这一世界难题时，以预防为主，一定要做好日常消防安全管理，及时消除火灾隐患，坚决防范和遏制有影响的火灾事故发生。

如今高层民用建筑的装修用料趋于多样化，用电负荷及燃料消耗量越来越大，随之而来的是火灾发生的次数呈逐年上升趋势，这对火灾自动报警系统的设计也提出了更高、更严格的要求。

7.5.1 火灾自动报警系统的组成及工作原理

火灾报警系统的组成和原理

火灾自动报警系统设计已成为高层民用建筑设计中最重要的设计内容之一。完善的消防安全报警和灭火设备，在火灾即将发生时就能发出警报，使相关人员能够及时将火势扑灭在萌芽之中，最大限度地减少人员伤亡和财产损失。

1．火灾自动报警系统的组成

火灾自动报警系统由火灾区域自动报警器系统、消防末端设备联动控制系统、灭火控制系统、消防用电设备的双电源配电系统、事故照明与疏散照明系统和紧急广播与通信系统组成。火灾自动报警系统的主要设备包括火灾自动报警控制器、各种类型的火灾探测器和联动控制器。

2．火灾自动报警系统的工作原理

火灾自动报警控制器是报警系统的心脏，它接收各种类型探测器、手动报警按钮、水流指示器的信号进行判断，发出声光报警信号，并向末端设备发出指令，阻止火灾蔓延直至灭火。各种类型的火灾探测器感测到烟、热、火焰或有害气体时，自动向火灾自动报警控制器反馈报警信号。手动报警按钮需人工按动向消防值班人员报警。水流指示器动作反馈信号至火灾自动报警控制器，显示某区域喷淋头动作灭火。

火灾自动报警控制器接收各种信号后，联动控制器向消防末端设备发出指令，如起动消防泵、开启防烟风阀、联动防烟风机、迫降升降梯、切断非消防电源和降下防火卷帘或关闭防火门等。

火灾报警系统的设备设置

7.5.2 火灾自动报警系统的设备设置

1．火灾探测器的设置

敞开或封闭的空间以及楼梯间均应单独划分探测区域，并每隔 2～3 层设置一个火灾探测器。包括防烟楼梯间前室、消防电梯前室、消防电梯、防烟楼梯间合用的前室和走道均应单独划分探测区域，特别是前室与电梯竖井、疏散楼梯间及走道相通，发生火灾时的烟气更容易聚集或流过，又是人员疏散和消防扑救的必经之地，故装设火灾探测器十分必要。

在电缆竖井装设火灾探测器十分必要，并应配合竖井的防火分隔要求，每隔 2～3 层或每层安装一个火灾探测器。电缆竖井容易形成拔烟的通道，发生火灾时火势不易沿电缆延燃，GB 50016—2014《建筑设计防火规范（2018 年版）》及 JGJ 16—2008《民用建筑电气设计规范》分别在建筑上和在电线或电缆的选型上提出了详细的规定。

在电梯机房设置火灾探测器十分必要，电梯竖井顶部也须设置火灾探测器。电梯是重要的垂直交通工具，电梯机房有发生火灾的危险性，电梯竖井应存在必要的开孔，如层门开孔、通风孔、与电梯机房或滑轮间之间的永久性开孔等，在发生火灾时，电梯竖井往往成为火势蔓延的通道，威胁电梯机房的设施安全。

2．手动火灾报警按钮的设置

各楼层的防烟楼梯间前室、消防电梯前室、消防电梯与防烟楼梯间合用的前室等，是发生火灾时人员疏散和消防扑救的必经之地，因此要作为设置手动火灾报警按钮的首选区域。

此外，一般电梯前室也应设置手动火灾报警按钮。

在大厅、过厅、餐厅、多功能厅等人员比较集中的公共活动场所及主要通道处，均应在其主要出入口设置手动火灾报警按钮，保证“从一个防火分区内的任何位置到最邻近的一个手动火灾报警按钮的距离不应大于 30m”。

3．火灾应急广播扬声器的设置

大厅、餐厅、走道等公共场所人员相对集中，是主要的疏散通道，因此在这些公共场所应按“从一个防火分区内的任何位置到最邻近的一个扬声器的距离不大于 25m”及“走道内最后一个扬声器至走道末端的距离不应大于 12.5m”的原则设置火灾应急广播扬声器。而且还要在公共卫生间设置火灾应急广播扬声器。

防烟楼梯间的前室、消防电梯的前室、消防电梯与防烟楼梯间合用的前室等是发生火灾时人员疏散和消防扑救的必经之地，并有防火门分隔且人声嘈杂，所以也必须设置火灾应急广播扬声器。

4．火灾警报装置的设置

设置火灾应急广播的火灾自动报警系统，包括装设火灾警报装置。火灾警报装置控制程序：警报装置在火灾确认后，采用手动或自动的控制方式统一对火灾相关区域发送警报，在规定的时间内停止警报装置工作，迅速联动火灾应急广播及向人们播放疏散指令。

火灾警报装置的设置位置，应与手动火灾报警按钮的位置相同，其墙面安装高度为距离地面 1.8m 处。

7.5.3 火灾探测器

火灾探测器

火灾探测器是火灾自动报警系统的“感觉器官”，是消防火灾自动报警系统中对现场进行探查、发现火灾的设备。环境中一旦有了火情，火灾探测器就会将火灾的特征物理量，如温度、烟雾、气体和辐射光强等转换成电信号，并立即动作向火灾报警控制器发送报警信号。

1．火灾探测器的形式

火灾探测器有以下几种形式。

（1）感烟探测器分为离子式编码型和类比型、光电式编码型和类比型，包括光电式感烟分离探测器，感烟分离式光电探测器、红外光速线型感烟探测器等。

（2）感温探测器分为差定温式编码型和类比型、定温式编码型和类比型，包括烟温组合式探测器，线型感温探测器，缆式感温火灾探测器，分布光纤温度传感器，空气管差温火灾探测器等。

其他还有火焰探测器和可燃气体探测器等。

2．探测区域的划分

探测区域的划分应符合下列几方面要求。

（1）探测区域应按独立房间划分，一个探测区域不超过 500m^2。

（2）红外光速线型感烟火灾探测器的探测区域长度不宜超过 100m。缆式感温火灾探测器的探测区域长度不宜超过 200m。空气管差温火灾探测器探测区域长度宜为 20～100m。

（3）下列场所应分别单独划分探测区域。

① 敞开或封闭的楼梯间。

② 防烟楼梯间的前室、消防电梯的前室、消防电梯与防烟楼梯间合用的前室。

③ 走道、坡道、管道井、电缆隧道。

④ 建筑物闷顶、夹层。

3．火灾探测器的分类及选择

根据监测的火灾特性不同，火灾探测器可分为感烟探测器、感温探测器、感光探测器、复合探测器和可燃气体探测器5种类型，每个类型又根据其工作原理的不同可分为若干种。

火灾探测器的选择应符合下列要求。

（1）对火灾初期有阴燃阶段，产生大量的烟和少量的热，很少或没有火焰辐射的场所，应选择感烟探测器。

（2）对火灾发展迅速，可产生大量烟和火焰辐射的场所，可选择感温探测器、感烟探测器、火焰探测器或其组合。

（3）对火灾发展迅速，有强烈的火焰辐射和少量烟、热的场所，应选择火焰探测器。

（4）对火灾形成特征不可预料的场所，可根据模拟试验的结果选择探测器。

（5）对使用、生产或聚集可燃气体或可燃液体蒸气的场所，应选择可燃气体探测器。

4．典型火灾探测器的设置数量和布置

（1）探测区域内的每个层间至少应设置一只火灾探测器。

（2）感烟探测器、感温探测器的安装，应根据GB 50116—2013《火灾自动报警系统设计规范》中的规定，再根据探测器的保护面积和保护半径来确定。

（3）一个探测区域内所需设置的探测器数量，不应小于该探测区域面积与探测器保护面积乘以修正系数K的比值。其中特级保护对象的修正系数K宜取0.7～0.8，一级保护对象的修正系数K宜取0.8～0.9，二级保护对象的修正系数K宜取0.9～1.0。

（4）在有梁的顶棚上设置感烟探测器、感温探测器，应按GB 50116—2013《火灾自动报警系统设计规范》，根据具体情况确定。

7.5.4 火灾自动报警系统

火灾自动报警系统

火灾自动报警系统有3种基本形式。

1．区域火灾报警系统

区域火灾报警系统适用于建筑面积较小、规模小、消防末端设备较少的系统中，是一个结构简单且应用广泛的系统，系统中可设置简单的消防联动控制设备，一般应用于工矿企业的重要单位及公寓、写字间等二级保护对象的火灾自动报警。其系统结构组成框图如图7.5所示。

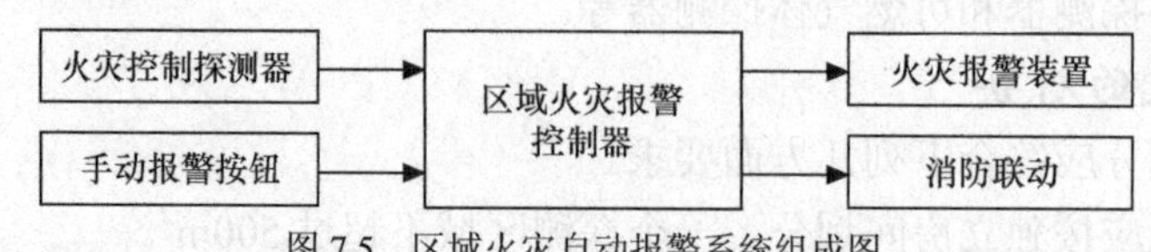

图7.5 区域火灾自动报警系统组成图

2．集中火灾报警系统

集中火灾报警系统设有一台集中火灾报警控制器和两台以上区域火灾报警控制器。集中报警控制器设在消防室，区域火灾报警控制器设在各楼层。系统中应设置消防联动控制设备。

其适用于有服务台的综合办公楼、写字楼等二级保护对象的火灾自动报警。

3．控制中心火灾报警系统

控制中心火灾报警系统是由集中火灾报警控制系统加消防联动控制设备构成的，其消防末端设备较多，系统中至少应设置一台集中火灾报警控制器、一台专用消防联动控制设备和两台及以上的区域火灾报警控制器，以及图形显示器、打印机、记录器等必要设备。其适用于特级和一级保护对象的火灾自动报警。

7.5.5　消防联动控制系统

消防联动控制系统

1．消防联动控制要求

（1）消防联动控制应包括控制消防水泵的起、停，且应显示起动按钮的位置和消防水泵的工作与故障状态。消火栓设有消火栓按钮时，其电气装置的工作部位也应显示消防水泵的工作状态。

（2）消防联动控制应包括控制喷水和水喷雾灭火系统的起、停，且应显示消防水泵的工作与故障状态和水流指示器、报警阀、安全信号阀的工作状态。此外，对水池、水箱的水位也应进行显示监测。为防止检修信号阀被关闭，应采用带电气信号的控制信号阀以显示其开启状态。

（3）消防联动控制的其他控制及显示功能，应符合国家现行有关标准及规范的具体规定。

2．消防联动控制应包括的内容

（1）消火栓水泵的手动、自动控制。

（2）喷淋水泵的手动、自动控制。

（3）防烟卷帘和防火门的手动、自动控制。

（4）防烟排烟风机与风阀门的手动、自动控制。

（5）280℃防火阀、70℃防火阀，水流指示器，信号闸阀反馈信号。

（6）强切非消防电源的控制。

（7）升降机迫降控制。

（8）手动遥控操作控制。

（9）末端设备控制应符合下列要求。

① 凡起动水泵、防烟排烟风机时，联动控制盘上应有控制水泵、风机的按钮，并显示水泵、风机的工作与故障状态。

② 防火卷帘、防火门、防火阀、水流指示器、信号闸阀、非消防电源断电、升降梯迫降至首层等，应反馈显示信号至主控制室。

3．消防联动控制设备

消防联动控制设备和火灾自动报警设备是一个整体，又各有区别。火灾自动报警设备主要由电子设备组成，属于电子技术范畴。消防联动控制设备的控制对象大多是工作电压为380V/220V 的电气设备，属于电气技术范畴。消防联动控制设备从报警系统或联动系统内部接收信号，向消防设备输出控制信号。

（1）消防控制设备的基本要求。

① 控制消防设备的起、停，并显示其工作状态。

② 除自动控制外，还应能手动直接控制消防水泵、防烟排烟风机的起、停，上述设备的

控制线路应单独敷设，不宜与报警的模块装在同一回路上。

③ 显示供电电源的工作状态。

（2）消防联动设备的种类有以下几类。

① 自动灭火控制系统的控制装置。

② 室内消火栓系统的控制装置。

③ 防烟、排烟系统及空调通风系统的控制装置。

④ 常开防火门、防火卷帘的控制装置。

⑤ 电梯回降控制装置。

⑥ 火灾应急广播。

⑦ 火灾报警装置。

⑧ 消防通信设备。

⑨ 火灾应急照明与疏散指示标志。

⑩ 火灾着火区域非消防电源切除装置。

上述 10 类设备因建筑物的不同而不同，不一定全部配置。

（3）消防联动控制设备的电源。控制电源及信号回路电压应采用直流 24V。消防联动设备的输入信号有两个来源：一是火灾报警控制器输出的信号；二是消防联动系统中的控制信号，如消火栓中的起泵手动按钮信号、水喷淋系统中的水流指示器等。

（4）消防联动控制设备的制式。消防联动控制设备制式可分为多线性和总线性，其制式的选择对系统的成本有很大影响。消防联动控制系统制式的选择要在布线数量、模块价格及可靠性各方面认真平衡。

① 多线制联动控制设备是指多条控制线与联动设备直接相连。其控制线根据设备的不同可有 2～4 根，其中有一根为公共线，其他 1～3 根可完成起动、停止、接收信号 3 种功能或其中一种功能。多线制联动控制设备主要由继电器、开关、指示灯等常规电气元件组成。设备简单、可靠，适用于 1.5 万平方米以下的建筑物。

② 总线制联动控制设备通过模块将总线和联动设备连接在一起，在总线联动系统中各种模块起着重要的作用。总线制联动系统包括总线—多线联动系统、全总线联动系统、报警/联动合一系统，其在大的系统中得到了普遍采用。

技能训练　接地电阻测量实训

1．实训地点及内容

选择具有接地电阻的户外地点，如教学楼、实验楼等处接地网的接地电阻。测量时可把两位同学分为一组，采用接地电阻测试仪对接地电阻进行测量。

2．ZC-8 型接地电阻测试仪简介

ZC-8 型接地电阻测试仪包括手摇发电机、电流互感器、滑线电阻及检流计等部件，全部机构装于铝合金铸的携带式外壳内，附件有接地探测针及连接导线等。其实物图如图 7.6 所示。

图 7.6　ZC-8 型接地电阻测试仪

ZC-8 型接地电阻测试仪专供测量各种电力系统、电气设备、避雷针等接地装置的接地电阻，亦可测量低电阻导体的电阻值，还可测量土壤电阻率。其使用环境温度条件为−20～40℃，相对湿度小于或等于 80%。

ZC-8 型接地电阻测试仪测量接地电阻时，为了使电流能从接地体流入大地，除了被测接地体外，还要另外加设一个辅助接地体，称为电流极，这样才能构成电流回路。而为了测得被测接地体与大地零电位的电压，必须再设一个测量电压用的测量电极，称为电压极。电压极和电流极必须恰当布置，否则测得的接地电阻误差较大，甚至完全不能反映被测接地体的接地电阻。

ZC-8 型接地电阻测试仪的工作原理采用基准电压比较式。

摇测时，仪表连线与接地极 E′、电位探针 P′和电流探针 C′牢固接触。仪表放置水平后，调整检流计的机械零位，归零。再将“倍率开关”置于最大倍率，逐渐加快摇柄转速，使其达到 150r/min。当检流计指针向某一方向偏转时，旋动刻度盘，使检流计指针恢复到“0”点。此时刻度盘上的读数乘以倍率挡即为被测电阻值。如果刻度盘读数小于 1，检流计指针仍未取得平衡，可将倍率开关置于小一挡的倍率，直至调节到完全平衡为止。如果发现仪表检流计指针有抖动现象，可变化摇柄转速，以消除抖动现象。

3. 实训方法和步骤

（1）将被测接地极 E′、电位探针 P′和电流探针 C′依直线彼此相距 20m，且电位探针 P′要插在接地极 E′和电流探针 C′之间。

（2）用导线将接地极 E′、电位探针 P′和电流探针 C′连接于仪表相应端钮 E、P、C。

（3）将仪表放置在水平位置，检查检流计的指针是否处于中心线上，否则用零位调整器调整，使其指针指于中心线。

（4）将“倍率标度”置于最大倍数，慢慢转动发电机摇把，同时旋动“测量标度盘”使检流计指针指于中心线。

（5）当检流计指针接近于平衡量时，加快发电机摇把的转速使其达到 120r/min 以上，调整“测量标度盘”，使指针指于中心线。

（6）当“测量标度盘”的读数小于 1 时，应将“倍率标度”置于较小的位数，再重新调整“测量标度盘”，使其指针指于中心线，以便得到正确的读数。

（7）用“测量标度盘”的读数乘以“倍率标度”的倍数，即为所测的接地电阻值。

（8）反复测量 3 次，取平均值。

4. 实训注意事项

（1）当检流计灵敏度过高时，可将电位探针 P′和电流探针 C′的位置处注水，使其湿润，以减小其接地电阻。

（2）当接地极 E′和电流探针 C′之间直线距离大于 20m 时，电位探针 P′偏离 E′C′直线几米，可不计误差。但接地极 E′和电流探针 C′之间直线距离小于 20m 时，则必须将电位探针 P′插在 E′C′直线上，否则将影响测量结果。

5. 实训结果

将实训测试的数据记录于表 7-2 中。

6. 问题与思考

（1）接地电阻实测结果大小是多少？能否满足一般建筑物的接地电阻规程要求？

（2）为满足接地电阻要求，可采取什么改善措施？

表 7-2　　实训测试数据记录

建筑物接地网名称	规程规定值	实测值			倍率标度数
		1	2	3	测量标度盘读数

检　测　题

一、填空题

1. 高层建筑物中 19 层和 19 层以上的高级住宅属于________建筑，10 ~ 18 层的普通住宅属于________建筑；公共建筑中若建筑高度超过 50m 也属于________建筑，建筑高度不超过 50m 的属于________建筑。

2. 高层民用建筑中一类建筑的消防用电设备为________负荷，二类建筑的消防用电设备为________负荷，其余的为________负荷。

3. 照明负荷的计算采用需要系数法确定。需要系数的选择原则为：20 户以下需要系数取 0.6 以上；20～50 户取________～________；50～100 户取________～________；100 户以上取 0.4 以下。功率因数可综合考虑在________～________范围内选取。

4. 高层民用建筑的一级负荷采用________供电；二级负荷采用________供电。为保证高层民用建筑供电的可靠性，通常采用________个高压电源供电，电源电压多为________。

5. 高层民用建筑的变电站一般有________条进线、________条出线，变电站一般设在________建筑物内，也可设在裙房内。变电站主变容量一般为________ kV·A，最大不超过________ kV·A。

6. 设在主体建筑物内的变电站主变压器，应选择________变压器或________变压器，以降低引发火灾的可能性。

7. 高层建筑为了减少雷电流造成的电位差，将每层的钢筋网及大型金属物体连接成一体并接地，此类接地称作________接地；为防止建筑物遭到雷电流的破坏，防止人身遭受雷击，将雷电流导入大地的接地称为________接地。

8. 我国低压系统接地制式，采用国际电工委员会（IEC）标准，即________、________和________3 种接地制式系统。

9. 第一类防雷建筑物滚球半径为________m，第二类防雷建筑物滚球半径为________m，第三类防雷建筑物滚球半径为________ m。

10. 屋面上的任意一点距避雷带或避雷网的最大距离为：一级民用建筑________m；二级民用建筑________m；三级民用建筑________m。

二、判断正误题

1. 高层建筑一般在每层设置有 2 ~ 3 个配电小间，专供配电设备安放之用。（　　）

2. 供配电系统不论系统电压等级如何，一般均有两个接地系统。（　　）

3. TN-S 制式系统的 N 线和 PE 线合二为一，节省了一根导线。（　　）

4. 当年雷击次数大于或等于 0.05，高度超过 20m 的建筑属于二级防雷建筑。（　　）

5. 避雷针、避雷线、避雷带和避雷网都是接闪的金属构件。（　　）

6. 高层民用建筑可分为照明负荷和动力负荷两大类，均为三级负荷。（　　）

7. 高层民用建筑中一级负荷采用双电源供电，二级负荷采用单电源供电。（　　）

三、单项选择题

1. 电涌是（　　）量级的异常大电流脉冲。

A. μs　　B. ps　　C. ms　　D. s

2. 漏电保护器可以检测（　　）泄漏电流和接地故障电流，有效地预防人身电击事故。

A. 接地　　B. 正常　　C. 故障　　D. 非正常

3. 一级民用建筑，在雷电活动强烈的地区，冲击接地电阻 R_{ch} 须小于或等于（　　）。

A. 15Ω　　B. 10Ω　　C. 5Ω　　D. 2Ω

4. 第二类防雷建筑物滚球半径为（　　）。

A. 60m　　B. 55m　　C. 50m　　D. 45m

5.（　　）制式系统的 N 线和 PE 线合二为一，节省了一根导线。

A. TN-C　　B. TN-S　　C. TN-C-S　　D. 以上 3 种都是

6. 设在主体建筑物内的变电站主变压器，通常选择（　　）变压器。

A. 油浸式　　B. 干式　　C. 充气式　　D. 以上 3 种均可

四、简答题

1. 双电源供电和双回路供电有哪些区别？

2. 何谓保护接地？为什么要采取保护接地措施？

3. 某车间供电采用 TN-C 接地制式。为节省投资，使用车间内固定安装的压缩空气管作为 PEN 线，此方案有何错误？

4. 对高层民用建筑配电系统的配电方式有哪些要求？

5. 电涌带来的损害主要针对哪些电气设备？

6. 采用漏电保护开关与熔断器、断路器的保护形式有何不同？必须安装漏电保护开关的设备和场所有哪些？

7. 火灾自动报警系统供电有哪些要求？其保护对象如何分级？

8. 消防控制设备应具有哪些功能？消防联动控制设计有什么要求？

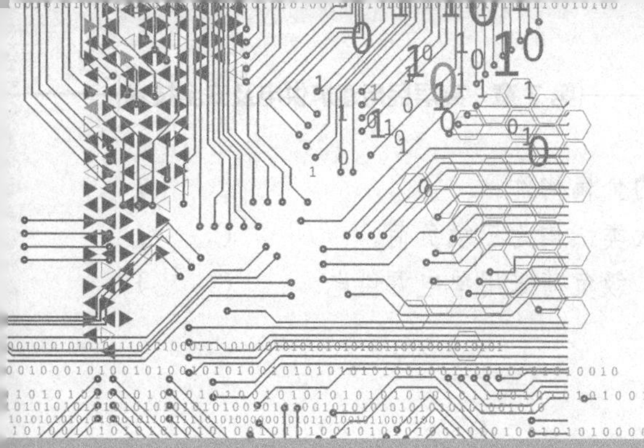

第 8 章 变电站综合自动化

知识目标

通过对本章的学习，希望学习者能够初步了解变电站综合自动化系统的基本概念及特征；理解变电站综合自动化体系结构及各部分功能；了解并熟悉无人值守变电站的运行及管理模式。

能力目标

具有应用计算机技术、现代通信技术，对变电站的二次设备进行功能组合和优化设计的综合能力。

素养目标

通过对变电站综合自动化的剖析及工程案例，培养学生严谨治学的学习态度、辩证统一的哲学思维，以及精益求精、一丝不苟的工匠精神。

随着供配电系统综合自动化程度的不断发展和提高，利用先进的计算机技术、现代电子技术、通信技术和信号处理技术，实现对供配电系统的输、配电线路及主要设备的自动监视、测量、自动控制、微机保护和调度通信等综合性的自动化功能，进而向智能化发展的趋势，已成为电力系统综合自动化的必然。

8.1 变电站综合自动化系统

变电站综合自动化系统概述

8.1.1 变电站综合自动化系统概述

1. 变电站综合自动化系统的基本概念

变电站的综合自动化系统是应用控制技术、信息处理技术和通信技术，利用计算机硬件和软件系统技术将变电站的二次设备，包括控制、信号、测量、保护、自动装置、远动装置等进行功能的重新组合和结构的优化设计，以实现对变电站主要设备和输、配电线路进行自动监视、测量、控制、保护及与调度通信功能的一种综合性的自动化系统。变电站综合自动化系统替代了常规的二次设备，它将传统变电站内各种分立的自动装置集成在一个综合系统内实现，具有采集变电站内所有模拟量和各种状态量的能力，具有对各种设备的控制能力，并具有运行管理上的制表、分析统计、防误操作、生成实时和历史数据流、安全运行监视、事故顺序记录、事故追忆、实现就地及远方监控等功能，可实现信息共享、不重复采集等功能。变电站的综合自动化系统，是简化变电站二次接线、提高变电站安全稳定运行水平、降低运行维护成本、提高经济效益、向用户提供高质量电能的一项重要技术措施。

近年来，随着光电式互感器和电子式互感器等数字化电气量测系统、智能电气设备及相关通信技术的发展，变电站综合自动化系统正朝着数字化、智能化方向迈进。

2．变电站综合自动化系统的基本特征

变电站综合自动化系统是基于微电子技术的智能电子装置（IED）和后台控制系统组成的变电站运行及控制系统，其基本特征如下。

（1）功能实现综合化。

（2）系统构成模块化。

（3）结构分布、分层、分散化。

（4）通信局域网络化、光缆化。

（5）操作监视屏幕化。

（6）测量显示数字化。

（7）运行管理智能化。

3．变电站综合自动化系统的优越性

变电站综合自动化系统的优越性如下。

（1）控制和调节由计算机完成，降低了劳动强度，避免了误操作。

（2）简化了二次接线，使整体布局紧凑，减少了占地面积，降低了变电站建设投资。

（3）通过设备监视和自诊断，延长了设备检修周期，提高了运行可靠性。

（4）变电站综合自动化系统以计算机技术为核心，具有发展、扩充的余地。

（5）减少了人的干预，使人为事故大大减少。

（6）提高了经济效益。

8.1.2 变电站综合自动化系统的功能

变电站综合自动化系统的功能

1．变电站综合自动化系统的功能

变电站综合自动化系统可以完成多种功能，我国变电站综合自动化系统的基本功能体现在以下 5 个方面。

（1）监控子系统。

监控子系统是完成模拟量输入、数字量输入、控制输出等功能的子系统，它取代了常规的测量系统、指针式仪表、常规的报警、中央信号和光字牌及常规的远动装置等，改变了常规的操作机构和模拟盘。监控子系统的功能包括以下几个方面。

① 数据采集。变电站的数据包括模拟量、开关量和电能量。

a．模拟量的采集。变电站采集的模拟量包括：各段母线电压、线路电压、电流、有功功率和无功功率，主变压器电流、有功功率和无功功率，电容器的电流、无功功率，各出线的电流、电压、功率以及频率、相位和功率因数，主变压器油温、直流电源电压和站用变压器电压等。对模拟量的采集，通常有直流采样和交流采样两种方式。

b．开关量的采集。变电站采集的开关量包括断路器的状态、隔离开关状态、有载调压变压器分接头的位置、同期检测状态、继电保护动作信号和运行告警信号等。这些信号都以开关量的形式，通过光电隔离电路以不同的方式输入计算机。例如，断路器的状态通常采用中断输入方式或快速扫描方式，以保证对断路器变位的采样分辨率在5ms之内。对于隔离开关状态和分接头位置等开关信号，通常采用定期查询方式读入计算机进行判断。继电保护的动作信息输入计算机的方式分两种情况，对常规的保护装置和前些年研制成功的微机保护装置来说，由于它们不具备串行通信能力，故其保护动作信息往往取自信号继电器的辅助触点，也以开关量的形式读入计算机中；而近年来新研制成功的微机继电保护装置，大多数具有串行通信功能，因此其保护动作信号可通过串行口或局域网络通信方式输入计算机。

c．电能量的采集。变电站的电能量包括有功电能和无功电能等。

电能量采集的传统方法是采用机械式电能表，但机械式电能表采集电能量的最大缺陷就是无法和计算机直接连接，而综合自动化系统的电能量采集则改善了这种情况。综合自动化系统采集电能量的方法有以下两种。

电能脉冲计量法：该方法的实质是把传统的感应式电能表与电子技术相结合，即对原来感应式的电能表加以改造，使电能表转盘每转一圈便输出一个或两个脉冲，用输出的脉冲数代替转盘转动的圈数，计算机对输出的脉冲进行计数，将脉冲数乘以标度系数［与电能表常数、电压互感器（TV）和电流互感器（TA）的变比有关］，从而获得电能量。这种脉冲计量法采用的仪表类型通常是脉冲电能表和机电一体化电能计量仪表。

软件计算法：根据数据采集系统利用交流采样得到的电流值 i、电压值 u，通过软件计算出有功电能和无功电能。由于 u、i 的采集是监控系统或数据采集系统必需的基本量，因此利用所采集的 u、i 值计算出电能量，无须增加专门的硬件投资，而只需设计好计算程序，故称之为软件计算法。

② 事件顺序记录。事件顺序记录包括断路器跳、合闸记录和保护动作顺序记录。

微机保护或监控系统采集环节必须有足够的内存，能存放足够数量或足够长时间段的事件顺序记录，确保当后台监控系统或远方集中控制主站通信中断时，不丢失事件信息，并应记录事件发生的时间（一般应精确至毫秒级）。

③ 故障录波和测距、故障记录。变电站的故障录波和测距可采用两种方法实现。一是由微机保护装置兼作故障记录和测距，再将记录和测距的结果送监控机存储及打印输出，或直接送调度主站，这种方法可节约投资，减少硬件设备，但故障记录的量有限。另一种方法是采用专用的微机故障录波器，并且故障录波器应具有串行通信功能，可以与监控系统通信。

故障记录通常记录继电保护动作前后与故障有关的电流量和母线电压，记录时间一般可考虑保护启动前（即发现故障前）的两个周波、保护启动后的10个周波、保护动作和重合闸等全过程的情况。

④ 操作控制功能。无论是无人值班变电站还是少人值班变电站，在允许电动操作的情况下，操作人员都可通过阴极射线管（CRT）屏幕对断路器和隔离开关进行分、合操作，对变压器分接开关位置进行调节控制，对电容器进行投切控制，同时能够接受遥控操作命令和进行远方操作。

为防止计算机系统故障时无法操作被控设备，设计时应保留人工直接拉、合闸方式。断路器操作应具有断路器操作时的自动重合闸闭锁功能、断路器在当地和远方操作时互相闭锁功能以及断路器与隔离开关间的闭锁功能等。

⑤ 安全监视功能。监控系统在运行过程中，对采集的电流、电压、主变压器温度和频率等量要不断进行越限监视，如发现越限，则立刻发出告警信号，同时记录和显示越限时间和

越限值。另外，还要监视保护装置是否失电，自控装置工作是否正常等。

⑥ 人机联系功能。人机联系的桥梁是 CRT 显示器、鼠标和键盘。变电站采用微型计算机监控系统后，无论是有人值班变电站还是无人值班变电站，最大的特点之一是操作人员或调度员只要面对 CRT 显示器的屏幕，通过操作鼠标或键盘，就可对全站的运行工况和运行参数一目了然，并对全站的断路器和隔离开关等进行分、合操作，彻底改变了传统的依靠指针式仪表和模拟屏或操作屏等手段的操作方式。

CRT 显示画面具有以下几个方面的内容。

a. 显示采集和计算的实时运行参数。监控系统所采集和通过采集信息所计算出来的电压、电流、有功功率、无功功率、功率因数、有功电能、无功电能以及主变压器温度 T 和系统频率 f 等，都可在 CRT 的屏幕上实时显示出来，同时在潮流等运行参数的显示画面上，应显示出日期和时间（年、月、日、时、分、秒）。屏幕刷新周期为 2～10s（可调）。

b. 显示实时主接线图。主接线图上断路器和隔离开关的位置要与实际状态相对应。进行对断路器或隔离开关的操作时，显示的主接线图上对操作对象应有明显的标记（如闪烁等），且各项操作都应有汉字提示。

c. 显示事件顺序记录（SOE）。显示所发生事件的内容和时间。

d. 显示越限报警。显示越限设备名、越限值和发生越限的时间。

e. 显示值班记录。

f. 显示历史趋势。显示主变压器负荷曲线和母线电压曲线等。

g. 显示保护定值和自控装置的设定值。

h. 其他。包括显示故障记录和设备运行状况等。

变电站投入运行后，随着送电量的变化，保护定值、越限值等需要修改，甚至由于负荷的增长，需要更换原有设备，例如更换 TA 变比。因此在人机联系中，必须有输入数据的功能。需要输入的数据应包括：TA 和 TV 变比、保护定值和越限报警定值、自控装置的设定值、运行人员密码等。

⑦ 打印功能。对于有人值班的变电站，监控系统可以配备打印机，完成报表和运行日志定时打印、开关操作记录打印、事件顺序记录打印、越限打印、召唤打印、抄屏打印和事故追忆打印等打印记录功能。

对于无人值班的变电站，可不设当地打印功能，各变电站的运行报表集中在控制中心打印输出。

⑧ 数据处理与记录功能。监控系统的数据处理和记录是很重要的环节。历史数据的形成和存储是数据处理的主要内容。此外，为满足继电保护专业和变电站管理的需要，必须记录主变压器和输电线路有功功率和无功功率每天的最大值和最小值以及相应的时间，每天定时记录母线电压的最高值和最低值以及相应的时间，计算受、配电电能平衡率，统计断路器动作次数，断路器切除故障电流和跳闸次数的累计数，统计控制操作和修改定值记录等数据。

⑨ 谐波分析与监视。随着非线性器件和设备的广泛应用，电气化铁路的发展和家用电器的不断增加，电力系统的谐波含量显著增加，并且有越来越严重的趋势。目前，谐波“污染”已成为电力系统的公害之一。为保证电力系统的谐波在国标规定的范围内，变电站综合自动化系统十分重视对谐波含量的分析和监视。对谐波污染严重的变电站，应采取适当的抑制措施，降低谐波含量，这是一个不容忽视的问题。

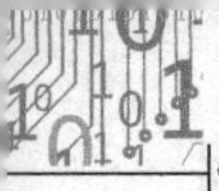

（2）保护子系统。

在综合自动化系统中，继电保护由微机保护所替代，保护系统是变电站综合自动化系统最基本、最重要的系统。微机保护包括变电站的主要设备和输电线路的全套保护，具有高压线路、主变压器、无功综合补偿装置、母线和配电线路的成套微机保护及故障录波装置等。微机保护在被保护线路和设备故障下，动作于断路器跳闸；线路故障消除后则执行自动重合闸。微机保护与故障测距录波装置都挂在综合系统网络总线上，通过串口与监控主机通信，召唤传送线路和设备经处理运算后的输入模拟量，故障跳闸后传送故障参数与重合闸信息，保护动作信息等。

微机保护的各保护单元除应具备独立、完整的保护功能外，还应具备以下附加功能。

① 具有满足系统的快速性、选择性、灵敏性和可靠性要求的功能。保护装置必须不受监控系统和其他子系统的影响，因此其软、硬件结构要相对独立，而且各保护单元必须有各自独立的中央处理器（CPU），组成模块化结构；主保护和后备保护由不同的 CPU 实现，重要设备的保护，采用双 CPU 的冗余结构，保证在保护系统中一个功能部件模块损坏时，只影响局部保护功能而不影响其他设备的保护功能。

② 具有故障记录功能。当被保护对象发生事故时，能自动记录保护动作前后有关的故障信息，包括短路电流、故障发生时间和保护出口时间等，以利于分析故障。

③ 具有与统一时钟对时的功能，以便准确记录发生故障和保护动作的时间。

④ 具有存储多种保护整定值的功能。

⑤ 具有当地显示、多处观察和授权修改保护整定值的功能。对保护整定值的检查与修改要直观、方便、可靠。除了在各保护单元上能够显示和修改保护定值外，考虑到无人值班的需要，通过当地的监控系统和远方调度端，应能观察和修改保护定值。同时为了加强对定值的管理，修改定值要有校对密码措施，并记录最后一个修改定值者的密码。

⑥ 设置保护管理机或通信控制机，负责对各保护单元的管理。保护管理机或通信控制机把保护系统与监控系统联系起来，向下负责管理和监视保护系统中各保护单元的工作状态，并下达由调度或监控系统发来的保护类型配置或整定值修改等信息。如果发现某个保护单元出现故障或工作异常以及有保护动作的信息，应立刻上传给监控系统或上传至远方调度端。

⑦ 具有与保护管理机等连接的通信功能。变电站综合自动化系统中，为保证保护管理机或通信控制器与各保护单元之间的通信畅通，各保护单元均设置有能直接与保护管理机和通信控制器之间的通信接口。

⑧ 具有故障自诊断、自闭锁和自恢复功能。每个保护单元应有完善的故障自诊断功能，发现内部故障时能自动报警，并能指明故障部位，以利于查找故障和缩短维修时间。对于关键部位的故障，系统应能自动闭锁保护出口。如果是软件受干扰，造成“飞车”的软故障，应有自启动功能，以提高保护装置的可靠性。

（3）电压和无功综合控制子系统。

电力系统为维持供电电压在规定的范围内，保持电力系统稳定和无功功率的平衡，必须对电压进行调节，对无功功率进行补偿，以保证在电压合格的前提下电能损耗最小。

变电站综合自动化系统必须具有保证安全、可靠供电和提高电能质量的自动控制功能。对电压和无功功率进行合理的调节，不仅可以提高电能质量，提高电压合格率，而且可以降低网损。电力系统中电压和无功功率的调整对提高电网的输电能力、安全稳定运行水平和降

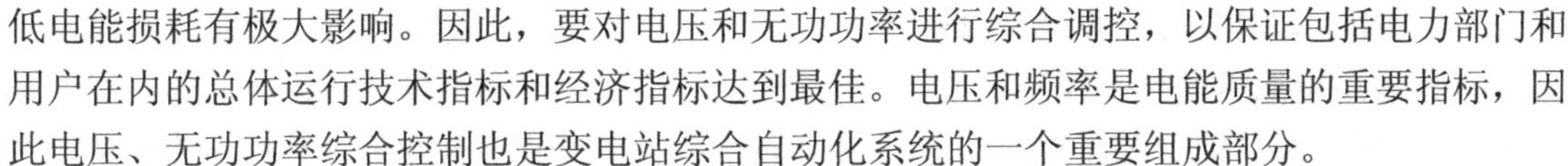

低电能损耗有极大影响。因此，要对电压和无功功率进行综合调控，以保证包括电力部门和用户在内的总体运行技术指标和经济指标达到最佳。电压和频率是电能质量的重要指标，因此电压、无功功率综合控制也是变电站综合自动化系统的一个重要组成部分。

（4）低频减负荷控制。

① 低频减负荷控制的概念。电力系统的频率是电能质量重要的指标之一。电力系统正常运行时，必须维持频率在 50Hz±（0.1～0.2）Hz 的范围内。系统频率偏移过大时，发电设备和用电设备都会受到不良影响：轻则影响工农业生产中的产品质量和产量；重则损坏汽轮机、水轮机等重要设备，甚至引起系统的“频率崩溃”，致使大面积停电，造成巨大的经济损失。

系统发生故障时，有功功率严重缺额，系统频率急剧下降，为使频率回升，需要有计划、有次序地切除部分负荷。为尽量减少切除负荷后所造成的经济损失，应保证所切负荷的数量合适，这也是低频减负荷装置的任务。

例如，某变电站馈电母线上有多条配电线路，根据这些线路所供负荷的重要程度，分为基本级和特殊级两大类。通常一般负荷的馈电线路放在基本级里，供给重要负荷的线路划在特殊级里。一般低频减负荷装置基本级可以设定五轮或八轮，随用户选用。安排在基本级中的配电级路，也按重要程度分为一轮，二轮，三轮，……，八轮。当系统发生功率严重缺额并造成频率下降至第一轮的启动值延时时限已到时，低频减负荷装置就会动作，切除第一轮的线路。此时如果频率恢复，则切除动作成功。但若频率还不能恢复，则说明功率仍缺额。当频率低于第二轮整定值且动作延时时限已到时，低频减负荷装置将再次启动，切除第二轮的负荷。如此反复对频率进行采样、计算和判断，直至频率恢复正常或基本级的一至八轮的负荷全部切完。

当基本级的线路全部切除后，如果频率仍停留在较低的水平上，则经过一定时间的延时后，将切除特殊轮负荷。对于特别重要的用户，应设为零轮，即低频减负荷装置不会对它们发出切负荷的指令。

可见，实现低频减负荷的关键在于测频。

随着电力系统的发展，电网运行方式日益复杂和多样化，供电可靠性的问题更加突出，因此对低频减负荷装置的性能指标要求也相应提高。采用传统的频率继电器构成的低频减负荷装置，已不能适应系统中出现的不同功率缺额情况，它不能有效地防止系统的频率下降并恢复频率，难以实现重合闸等功能，以致造成频率的悬停和超调现象。

② 低频减负荷的微机控制。随着变电站综合自动化程度的不断提高，各种类型的微机低频减负荷装置应运而生。目前，用微机实现低频减负荷的方法大体有两种。

a. 采用专用低频减负荷装置实现减负荷。这种低频减负荷装置的控制方式如前所述，将全部馈电线路分为一至八轮（也可根据用户需要设置低于八轮）的基本级和特殊级，然后根据系统频率下降的情况逐轮切除负荷。

b. 把低频减负荷的控制分散装设在每回馈电线路的保护装置中。现在微机保护装置几乎都是面向对象设置的，每回线路增加一个测频环节，配一套保护装置，即可实现低频减负荷控制功能。对各回线路轮次的安排原则同上所述。只要将第 n 轮动作的频率和延时定值，事先在某回线路的保护装置中设置好，则该回线路便属于第 n 轮切除的负荷。

一般第一轮的频率整定为 47.5～48.5Hz，最末轮频率整定为 46～46.5Hz。采用微机低频减负荷装置，相邻两轮间的整定频率差＜0.5Hz，时限差＜0.5s。特殊轮的动作频率可取

47.5～48.5Hz，动作时限可取 15～25s。

（5）备用电源自动投入控制。

① 备用电源自动投入控制的概念。备用电源自动投入是保证配电系统连续可靠供电的重要措施。备用电源自投装置是因电力系统故障或其他原因使工作电源被断开后，能迅速将备用电源、备用设备或其他正常工作的电源自动投入工作，使原来工作电源被断开的用户能迅速恢复供电的一种自动控制装置。

② 微机型备用电源自投装置。传统的备用电源自投装置是晶体管型或电磁型的自控装置。随着微处理技术、网络技术和通信技术的发展，微机型的备用电源自投装置已基本取代了常规的自投装置。

微机型备用电源自投装置具有以下特点。

a. 综合功能比较齐全，适应面广。

b. 备用电源自投装置具有串行通信功能，可以像微机保护装置一样，方便地与保护管理机或综合自动化系统接口连接，且适用于无人值班变电站。

c. 体积小，性能价格比高。

d. 故障自诊断能力强，可靠性高且便于维护和检修。微机备用电源自投装置，像微机保护装置一样，其动作判别依据主要取决于软件，因此工作性能稳定。

2. 变电站综合自动化系统的结构形式

变电站综合自动化的结构形式

自 1987 年在山东省威海市的望岛变电站成功投运以来，变电站综合自动化系统在国内电网已得到广泛的应用，由此促进了自动化技术突飞猛进的发展，其结构体系也日趋完善。从变电站综合自动化系统的发展来看，其从结构形式上可分为集中式、分布式及分散和集中相结合式 3 种。

（1）集中式结构。

集中式结构的变电站综合自动化系统，是指采用不同档次的计算机，扩展其外围接口电路，集中采集变电站的模拟量、开关量和数字量等信息，集中进行计算与处理，分别完成微机监控、微机保护和一些自动控制等功能。集中式结构不是指由一台计算机完成保护、监控等全部功能。多数集中式结构的微机保护、微机监控与调度等通信的功能也是由不同的微型计算机完成的。

如图 8.1 所示的集中式结构的变电站综合自动化系统，根据变电站的规模配置相应容量的集中式保护装置、监控主机及数据采集系统，并安装在变电站中央控制室内。

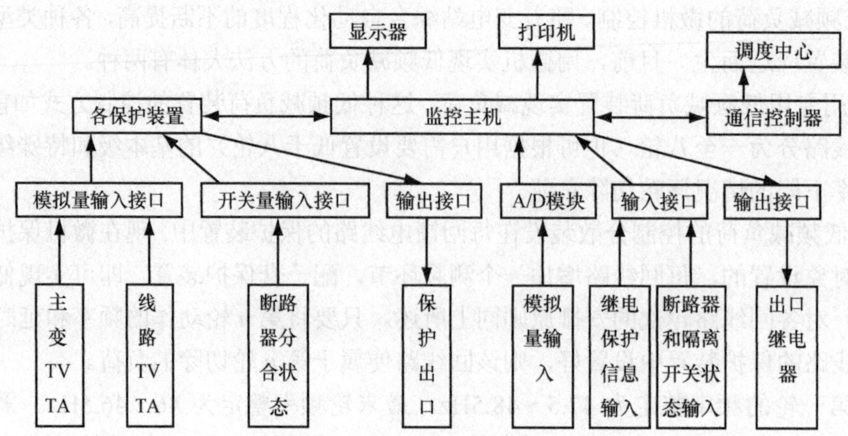

图 8.1 集中式结构的变电站综合自动化系统框图

集中式的主变压器和各进出线及站内所有电气设备的运行状态，通过 TA、TV 经电缆传送到中央控制室的保护装置、监控主机或远动装置。继电保护动作信息往往是取保护装置中信号继电器的辅助触点，通过电缆送给监控主机或远动装置。

集中式结构的变电站综合自动化系统的主要功能和特点如下。

① 实时采集变电站中各种模拟量、开关量的信息，完成对变电站数据的采集和实时监控、制表、打印和事件顺序记录等功能。

② 完成对变电站主要设备和进、出线的保护任务。

③ 系统具有自诊断和自恢复功能。

④ 结构紧凑，体积小，可大大减少占地面积。

⑤ 造价低，实用性强，尤其对 35kV 或规模较小的变电站更为有利。

集中式结构的变电站综合自动化系统也存在一些不足，比如只用一台计算机时，功能相对比较集中，出故障时影响范围会很大，因此须采用双机并联运行的结构才能提高可靠性。另外，集中式结构的软件复杂，修改工作量较大，系统调试烦琐。另外，集中式结构组态不灵活，对不同主接线或规模不同的变电站，软、硬件都必须另行设计，工作量大。与传统的保护相比，集中式结构的综合自动化系统调试和维护不方便，程序设计麻烦，因此只适用于保护算法比较简单的场合。

（2）分布式结构。

分布式结构的变电站综合自动化系统是把整套系统按其不同的功能组装成多个屏（柜）。这些屏都集中安装在主控室中，这种形式被称为“分布式结构”。分布式结构的典型结构框图如图 8.2 所示。

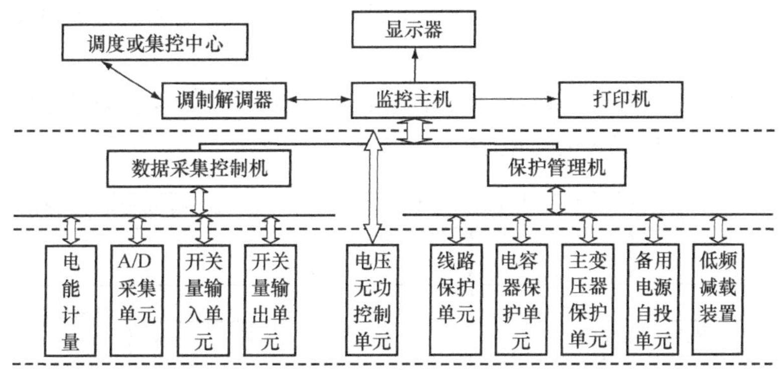

图 8.2 分布式结构的变电站综合自动化系统框图

图 8.2 所示的分布式结构的变电站综合自动化系统，适用于中、小规模的变电站，其保护单元是按对象划分的，即一回线路或一组电容器各用一台单片机，再把各保护单元和数据采集单元分别安装在各保护屏和数据采集屏上，由监控主机集中对各屏进行管理，然后通过调制解调器与调度中心联系。

分布式结构通常采用按功能划分的分布式多 CPU 系统，其功能单元有：各种高、低压线路保护单元；电容器保护单元；主变压器保护单元；备用电源自投控制单元；低频减负荷控制单元；电压、无功综合控制单元；数据采集与处理单元；电能计量单元等，每个功能单元基本上由一个 CPU 组成。这种结构的系统也有一个功能单元的功能由多个 CPU 完成的，例如主变压器保护，有主保护和多种后备保护，因此往往由两个或两个以上的 CPU 完成不同的保护功能。

分布式结构的变电站综合自动化系统具有以下特点。

① 分布式结构的变电站综合自动化系统的继电保护相对独立。继电保护装置是电力系统中对可靠性要求非常严格的设备。在综合自动化系统中，继电保护单元宜相对独立，其功能不依赖于通信网络或其他设备。各保护单元要有独立的电源，保护的输入应由 TA 和 TV 通过电缆连接，输出跳闸命令也要通过常规的控制电缆送至断路器的跳闸线圈，保护的启动、测量和逻辑功能独立实现，不依赖通信网络交换信息。保护装置通过通信网络与保护管理机传输的只是保护动作信息或记录数据。为了无人值班的需要，也可通过通信接口实现远方读取和修改保护整定值。

② 分布式结构的变电站综合自动化系统具有与系统控制中心通信的功能。综合自动化系统本身已具有对模拟量、开关量、电能脉冲量进行数据采集和数据处理的功能，也具有收集继电保护动作信息、事件顺序记录等功能，因此不必另设独立的远程终端控制（RTU）装置，不必为调度中心单独采集信息。综合自动化系统将采集的信息直接传送给调度中心，同时也接受调度中心下达的控制、操作命令和在线修改保护定值命令。

③ 分布式结构的综合自动化系统具有模块化结构，可靠性高。由于各功能模块都由独立的电源供电，输入/输出回路都相互独立，任何一个模块故障只影响局部功能而不影响全局，而且由于各功能模块基本上是面向对象设计的，因而其软件结构相对集中式来说简单，调试方便，也便于扩充。

④ 管理维护方便。分层分布式系统采用集中组屏结构，全部屏（柜）安放在室内，工作环境较好，电磁干扰相对较弱，管理和维护方便。

分布式结构的变电站综合自动化系统的主要缺点是安装时需要的控制电缆数量较多，相对电缆投资较大。

图 8.3 所示为分层分布式系统集中组屏结构的变电站综合自动化系统框图。这种综合自动化系统比较适用于规模较大的变电站。

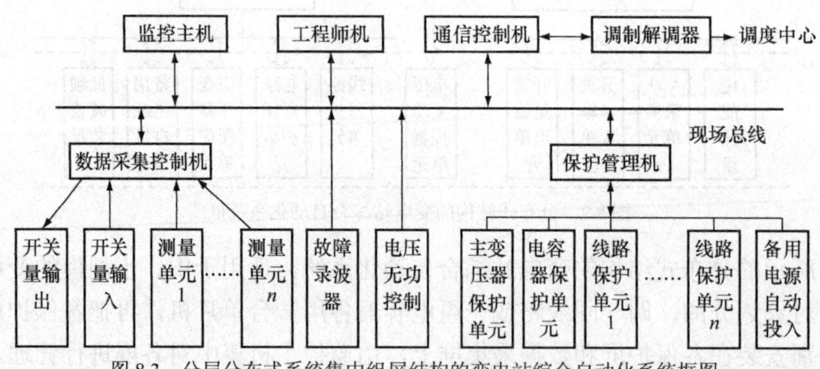

图 8.3 分层分布式系统集中组屏结构的变电站综合自动化系统框图

分层分布式集中组屏结构的变电站综合自动化系统，实质上是一个分布式的计算机系统，其中的各个计算机可以独立工作，分别完成分配给各自的任务，又可以彼此之间相互协调合作，在通信协调的基础上实现系统的全局管理。

分层分布式系统集中组屏结构的变电站综合自动化系统，采取了分层管理的模式，第一层变电站层中的监控主机通过局部网络与保护管理机和数据采集控制机通信。在无人值班的变电站，监控主机主要负责与调度中心的通信，使变电站综合自动化系统具有 RTU 功能，完成“四遥”（遥信、遥测、遥控和遥调）任务。第二层结构的保护管理机和数据采集控制机处于变电站级和功能单元之间，其中保护管理机管理各保护功能单元，一台保护管理机可以管理 32 个单元模块，这些模块之间可以采用双绞线用 RS-485 接口连接，也可通过现场总线连接；数据采集控制机负责管理系统中的模拟开关量输入/输出单元和测量单元，负责将各数据采集单元所采集的数据和开关状态送往监控机和调度中心，并接受由调度或监控机下达的命令。系统正常运行时，保护管理机监视各保护单元的工作情况，一旦发现某一单元工作不正常，立即报告监控主机，并报告调度中心，如果某一保护单元有保护动作信息，可通过保护管理机，将保护动作信息送往监控主机，再送往调度中心，调度中心或监控主机也可通过保护管理机下达修改保护定值等命令。总之，第二层管理机的作用是减轻监控主机的负担，协助监控主机承担对单元层的管理。

（3）分散和集中相结合结构。

由于分布集中式的结构，虽具备分层分布式、模块化结构的优点，但因为采用集中组屏结构，因此需要较多的电缆。随着单片机技术和通信技术的发展，特别是现场总线和局部网络技术的应用，以及变电站综合自动化技术的不断提高，现对全微机化的变电站二次系统进行优化设计。一种方法是按一条出线、一台变压器、一组电容器等每个电网元件为对象，集测量、保护、控制为一体，设计在同一机箱中。对于配电线路，可以将这个一体化的保护、测量、控制单元分散安装在各个开关柜中，然后由监控主机通过光缆或电缆网络，对这些单元进行管理和交换信息，这就是分层式结构。对于高压线路保护装置和变压器保护装置，仍采用集中组屏安装在控制室内。这种将配电线路的保护和测控单元分层安装在开关柜内，而高压线路保护和主变压器保护装置等采用集中组屏的系统结构，称为分散和集中相结合的结构，其框图如图 8.4 所示，这是当前变电站综合自动化系统的主要结构形式。

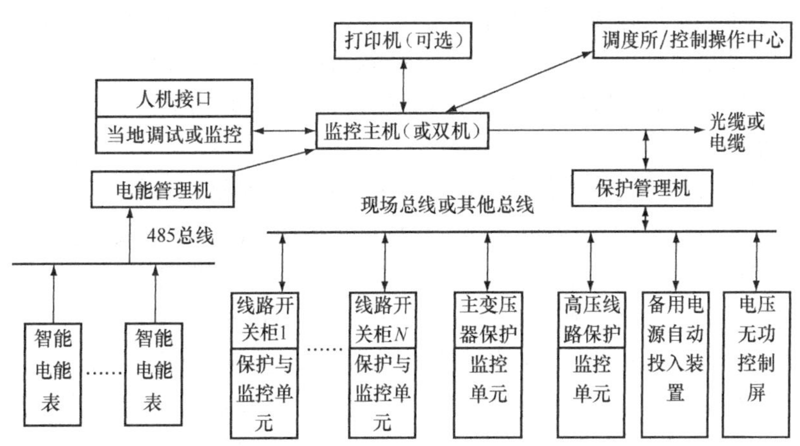

图 8.4 分散和集中相结合的变电站综合自动化系统框图

分散和集中相结合结构的变电站综合自动化系统，通过现场总线与保护管理机交换信息，节约控制电缆，简化了变电站二次设备之间的互连线，缩小了控制室的面积；其抗干扰能力强，工作可靠性高，而且组态灵活，检修方便，还能减少施工和设备安装工程量。

由于采用分散式的结构可以降低总投资，所以全分散式的结构是变电站综合自动化系统的发展方向。这一方面是由于分散式的自动化系统具有上述的突出优点；另一方面是由于电-

光传感器和光纤通信技术的发展，为分散式的综合自动化系统的研制和应用提供了有力的技术支持。

8.1.3 变电站综合自动化系统的配置

目前，变电站综合自动化系统的配置最常采用的结构模式是分层分布式的多 CPU 体系结构，其体系结构示意图如图 8.5 所示。

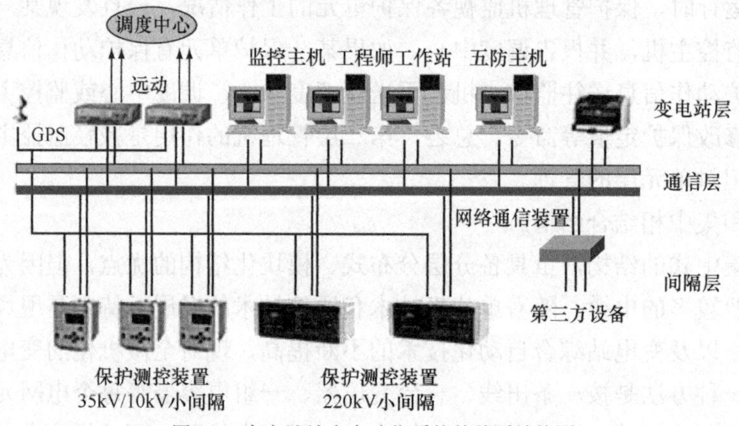

图 8.5 变电站综合自动化系统的体系结构图

该结构从逻辑上将变电站综合自动化系统划分为 3 层，即变电站层、通信层和间隔层（单元层），并通过现场总线连接成一个整体，每层由不同设备或不同的子系统组成，完成不同的功能。

1．变电站层

变电站层通常由操作工作站（监控主机）、五防主机、远动主站及工程师工作站组成。变电站层中的监控主机根据接收到的数据按预定程序进行实时计算、分析、处理和逻辑判断，确定一次系统是否正常运行和发生故障，一旦一次系统故障，则发出相应的报警和显示，并发出执行命令，使继电保护和自动装置动作，对设备进行控制和调节。

为保证系统整体的可靠性及功能配置的灵活性、合理性，变电站层设备可采用多种配置模式。

2．间隔层

间隔层主要完成相关设备的保护、测量和控制功能，是继电保护、测控装置层。

间隔层分单元进行设计。间隔单元通过数据采集模块实时采集各设备的模拟量输入信号，并经离散化和模数转换成数字量；通过开关量采集模块采集断路器的开合、电流脉冲量等信息并经电平变换、隔离处理得到开关量信息。这些数字量和开关量将上传给通信层。

当通信层接收到从间隔层发送上来的信息时，会将信息通过网络传送到变电站层监控主机的存储器或数据库中进行处理。同时也将该信息传送至上级调度中心，使得上级调度中心实时掌握该变电站各设备的运行情况，也可由调度中心直接对设备进行远动终端控制和“四遥”功能。

3．通信层

通信层主要完成变电站层和间隔层之间的通信。

通信层支持单网或双网结构，支持全以太网，也支持其他网络。双网采用均衡流量管理，有效地保证了网络传输的实时性和可靠性；通信协议采用电力行业标准规约，可方便地实现不同厂家的设备互连；可选用光纤组网，增强通信抗电磁干扰能力；提供远动通信功能，可以用不同的规约向不同的调度所或集控站转发不同的信息报文；利用 GPS 支持硬件对时网络，减少了 GPS 与设备之间的连线，方便可靠，对时准确。在通信层，可选用屏蔽双绞线、光纤或其他通信介质联网，采用网关代替某些自动化系统中常用的通信控制器。

8.1.4　变电站综合自动化的通信系统

变电站综合自动化的通信系统

通信是变电站综合自动化系统非常重要的基础功能。借助于通信，各断路器间隔中保护测控单元、变电站计算机系统、电网控制中心自动化系统得以相互交换信息和共享信息，提高了变电站运行的可靠性，减少了连接电缆和设备数量，实现了变电站远方监视和控制。

变电站向控制中心传送的信息称为“上行信息”；而由控制中心向变电站发送的信息通常称为“下行信息”。

1．数据远传信息的通道

变电站中的各种信息源和开关信号等，经过相关元件处理转换成计算机易处理的信号后，在远距离传输时容易发生衰减和失真。为了增加传输距离，必须对上述信号进行调制以后传送。远距离传输信号的载体称为“信道”。电力系统中远动通信的信道类型较多，一般分为有线信道和无线信道两大类。有线信道包括明线、电缆、电力线载波和光纤通信；无线信道包括短波、散射、微波中继和卫星通信等。

2．通信系统的内容

变电站综合自动化通信系统主要涉及以下几个方面的内容。

（1）各保护测控单元与变电站计算机系统通信。

（2）各保护测控单元之间互通信。

（3）变电站自动化系统与电网自动化系统通信。

（4）变电站计算机系统内部计算机间相互通信。

实现变电站综合自动化的主要目的不仅仅是用以微机为核心的保护和控制装置来代替传统变电站的保护和控制装置，关键在于实现信息交换。通过控制和保护互连、相互协调，允许数据在各功能块之间相互交换，可以提高它们的性能。通过信息交换、互相通信，实现信息共享，提供常规的变电站二次设备所不能提供的功能，减少变电站设备的重复配置，简化设备之间的互连，可从整体上提高自动化系统的安全性和经济性，从而提高整个电网的自动化水平。因此，在变电站综合自动化系统中，网络技术、通信协议标准、数据共享等问题是综合自动化系统的关键问题。

通信的基本目的是在信息源和受信者之间交换信息。信息源，指产生和发送信息的地方，如保护、测控单元。受信者指接收和使用信息的地方，如计算机监控系统、调度中心数据采集与监控（SCADA）系统。

要实现信息源和受信者之间相互通信，两者之间必须有信息传输路径。如电话线、无线电通道等。信息源、受信者和传输路径是通信的三要素。实现和完成通信，需要信息源和受信者合作。如，信息源必须在受信者准备好接收信息时，才能发送信息。受信者一方必须准确知道通信何时开始，何时结束。信息的发送速度必须与受信者接收信息的速度相匹配，否则，可能会造成接收信息混乱。除此之外，信息源和受信者之间还必须制定某些约定。

3．信息传输的通信规约

约定可能包括：信息源和受信者间的传输是否可以同时还是必须轮流，一次发送的信息总量，信息格式，以及如果出现意外（或出现差错时）该做什么。在通信过程中，所传输的信息不可避免地会受到干扰和破坏，为了保证信息传输准确、无误，要求有检错和抗干扰措施。通信规约必须符合规定，目前国内电网监控系统中，主要采用两类通信规约。

（1）循环式数据传送（Cyclic Digital Transmission）规约，简称 CDT 规约。

（2）问答式（Polling）传送规约，简称 POLLING 规约。

4．几种通信方式

数字通信系统工作方式按照信息传送的方向和时间，可分为单工通信、半双工通信、全双工通信3种。

（1）单工通信是指消息只能按一个方向传送的工作方式。

（2）半双工通信是指消息可以双方向传送，但两个方向的传输不能同时进行，只能交替进行。

（3）全双工通信是指通信双方同时进行双方向传送消息的工作方式。

为完成数据通信，两个计算机系统之间必须高度协调。计算机之间为协调动作而进行的信息交换一般称为计算机通信。类似地，当两个或更多的计算机通过一个通信网相互连接时，计算机站的集合称为计算机网络。

5．通信的任务

变电站综合自动化系统通信包括两个方面的内容：一是变电站内部各部分之间的信息传递，如保护动作信号传递给中央信号系统报警，这也称现场级通信；二是变电站与操作控制中心的信息传递，即远动通信。如向操作控制中心传送变电站的电压、电流、功率的数值大小、断路器位置状态、事件记录等实时信息；接受控制中心下发的断路器操作控制命令以及查询其他操作控制命令。

（1）综合自动化系统的现场级通信。

综合自动化系统的现场级通信，主要解决综合自动化系统内部各子系统与上位机（监控主机）之间的数据通信和信息交换问题，其通信范围是在变电站内部。对于集中组屏的综合自动化系统来说，实际是在主控室内部。对于分散安装的综合自动化系统来说，其通信范围扩大至主控室与子系统的安装地（如断路器屏柜间），通信距离有所加长。综合自动化系统现场级的通信方式有并行数据通信、串行数据通信、局域网络和现场总线等。

（2）综合自动化系统与上级调度的通信。

综合自动化系统必须兼有 RTU 的全部功能，应能够将所采集的模拟量、断路器状态信息及事件顺序记录等远传至调度端；应能接收调度下达的各种操作、控制、修改定值等命令。即完成新型 RTU 的全部“四遥”功能。

6．数据通信的传输方式

（1）并行数据通信。

并行数据通信是指数据的各位同时传送，可以字节为单位（8 位数据总线）并行传送，也可以字为单位（16位数据总线）通过专用或通用的并行接口电路传送，各位数据同时发送，同时接收，其特点如下。

① 传输速度快。有时可高达每秒几十兆甚至几百兆字节。

② 并行数据传送的软件和通信规约简单。

③ 并行传输需要的传输信号线多，成本高，因此只适用于传输距离较短且传输速度较高的场合。

在早期的变电站综合自动化系统中，由于受当时通信技术和网络技术的限制，变电站内部通信大多采用并行数据通信方式，而在综合自动化系统的结构上多采用集中组屏的方式。

（2）串行数据通信。

串行通信即数据一位一位顺序地传送，串行通信有以下特点。

① 串行通信的最大优点是串行通信数据的各不同位，可以分时使用同一传输线，这样可以节约传输线，减少投资，并且可以简化接线。特别是当位数很多和远距离传送时，其优点更为突出。

② 串行通信的速度慢，且通信软件相对复杂，因此适合于远距离传输，数据串行传输距离可达数千千米。

在变电站综合自动化系统内部，各种自动装置间或继电保护装置与监控系统间，为了减少连接电缆，简化接线，降低成本，常采用串行数据通信。

7．局域网络通信

局域网络是一种在小区域内使各种数据通信设备互连在一起的通信网络。

（1）局部网络可分为以下两种类型。

① 局部区域网络，简称局域网（LAN）。

② 计算机交换机（CBX）。

局域网是局部网络中最普遍的一种。局域网络为分散式的系统提供通信介质、传输控制和通信功能。

（2）局域网络的典型特性如下。

① 数据传输速率高（0.1～100Mbit/s）。

② 距离短（0.1～25km）。

③ 误码率低。

工程案例

现以某公司研制生产的变电站综合自动化系统 DF3300 为例，简要介绍其结构组成和特点。

DF3300 变电站自动化系统是一个综合的有机设备系统，它集电力系统、电子技术、自动化、继电保护之大成，以计算机和网络技术为依托，面对变电站通盘设计、优化功能和简化系统，用分散、分层、分布式结构实现面向对象的思想。它用简洁的、利用高性能单片机构成的数字智能电子设备（IED）和计算机主机替代了数量大、功能结构单一的继电器、仪表、信号灯、自动装置、控制屏。用计算机局域网络（LAN）替代了大量复杂的连接电缆和二次电缆。它在遵循数据信息共享、减少硬件重复配置的原则下，做到继电保护相对独立并有一定的冗余，提高了变电站运行的可靠性，减小了维护工作量并提高了维护管理水平。

DF3300 变电站自动化系统可满足国际大型电网会议对变电站自动化所提出的 7 个功能要求，即远动功能、自动控制功能（电压无功综合控制、低周减载、静止无功补偿器控制等）、测量表计功能和继电保护功能，还有与继电保护相配套的功能（故障录波、测距、小电流接地选线等），接口功能（与微机五防、电源、电能表计、全球定位装置等电子集成驱动器（IED）的接口），系统功能（与主站通信、当地 SCADA 等）。

显然，DF3300 变电站自动化系统可以实现遥测信息、遥信信息、遥控信息、遥调信息的四遥功能。

DF3300 变电站自动化系统具有以下特点。

（1）统一的新型结构工艺设计，采用嵌入式结构，可以集中组屏，也可以就地安装。

（2）模块支持 IRIG-B 格式硬时钟。

（3）交流采样插件采用 DSP 处理器，可实现高次谐波分析、自动准同期、故障录波等功能。

（4）采用 14 位高性能 A/D 采集芯片，提高了数据采集的分辨率和测量精度。

（5）各装置通信接口采用插卡式，可以保证系统的平滑升级，不同的通信处理插板，可完成 FDKBUS、CANBUS、串行口等不同的接口形式，可适应双绞线、光纤等不同通信介质。

（6）采用先进的工业级芯片，各装置的 CPU 均采用摩托罗拉的 32 位芯片，提高了数据采集的分辨率和测量精度。

（7）采用的保护原理成熟可靠，并且已经有丰富的现场运行经验。

（8）模块内的智能处理（可编程逻辑控制）功能。

（9）面向对象软件平台及开放式监控应用平台，内置完善的通信规约库，支持用户控制语言，提供应用程序接口（API）用户应用编程接口。

（10）采用大屏幕液晶显示，汉化菜单操作，使用方便。

该变电站自动化系统采用 3 级分层，按对象设计相对分散的网络构架。针对不同变电站电压等级、规模及具体要求的不同，系统可灵活组成不同的网络结构及应用方案，采用现场总线网络和以太网连接。

DF3300 变电站自动化系统的配置结构如图 8.6 所示。

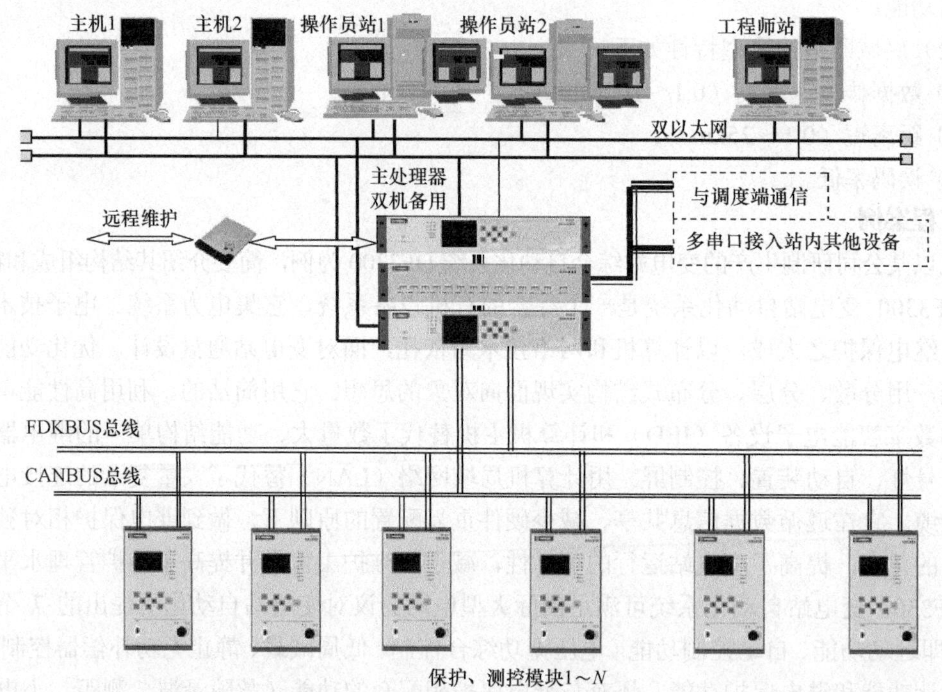

图 8.6　DF3300 变电站自动化系统配置

间隔级通信网有两种通信方式：一种采用 CANBUS 现场总线，其最大通信速率为 1.5MB/s；另一种采用 FDKBUS 现场总线，其最大通信速率为 187.5kB/s，最大通信距离为 1 200m（加中继可扩充到 5km），最大连接接点数为 127 个，通信介质为屏蔽双绞线或光纤。站级通信网采用以太网，速率为 10MB/s 或 100MB/s，通信媒介采用光纤，通信协议采用 TCP/IP 协议。

系统采用管理单元同保护、控制、测量模块构成最小单元的自动化系统，并同远方调度主站通信完成运行管理，以满足中小型变电站自动化的需要。系统特别适用于 110kV 及以下无人值班变电站的需要，也可兼容当地单设监控系统。后台机、维护工作站可通过以太网口与通信处理单元相连。

8.2　无人值班变电站

无人值班变电站

随着变电站综合自动化技术的不断发展与进步，变电站综合自动化系统取代或更新了传统的变电站二次系统，继而实现无人值班变电站。无人值班变电站已成为 21 世纪电力系统发展的方向与趋势。实施变电站的无人值班工作，是电力工业转换机制，改革挖潜，实现减人增效，提高劳动生产率的有效途径，是电力行业建立现代企业制度的内在要求，是大、中型电力企业进一步解放和发展生产力的重要途径，世界各国特别是发达国家 220kV 及以下电压等级的变电站广泛采用了无人值班。图 8.7 所示为 CBZ-100 型无人值班变电站主控室示意图。

图 8.7　CBZ-100 型无人值班变电站主控室

8.2.1　无人值班变电站在配电自动化中的地位和作用

配电自动化以提高供电可靠性、缩短事故恢复时间为目的。而实现综合自动化的无人值班变电站不仅减少了值班人员，更主要的是通过变电站综合自动化的先进技术，可减少和避免误操作、误判断，缩短事故处理时间，提高供电质量和供电可靠性。

实现综合自动化的无人值班变电站集微机监控、数据采集、故障录波及微机保护为一体。实现变电站实时数据采集、电气设备运行监控、开关闭锁、防误操作、小电流接地选线、远动通信、监测保护设备状态、检查和修改保护整定值等功能，解决了各环节在技术上保持相对独立而造成的各行其是、重复投资甚至影响运行可靠性的弊端。

1. 变电站实施无人值班有利于提高电网管理水平

以湖南省电力系统为例，湖南省属发电装机容量在“八五”和“九五”期间，以前所未有的速度发展，其配套输变电容量和变电站座数也急剧增加。以全省年平均投产 30 座变电站的速度计算，如不实现变电站无人值班，则每年需增加变电运行人员 3 000 人左右，而且这些人员在正式加入运行岗位前，均必须经过较长时间的技术学习和培训。这从客观上要求新建 110kV 及以下变电站必须实行无人值班，500kV 及以上变电站的运行人员便能从已运行的和已改造为无人值班的 110kV 及以下变电站中调整。依靠科技进步，走变电站无人值班的道路，是实现电网可持续发展，保证电网稳定、可靠、安全供电的必由之路。

2. 变电站实施无人值班有利于提高电网的安全、经济运行水平

遥控操作具有较高的可靠性和安全性，可以满足电网安全、稳定运行的要求，并大大减少运行人员人为的误操作事故。变电站实现无人值班，实施远方遥控操作，加快了变压、输送负荷的速度，实现了多售电的目标，有利于提高电网的整体经济效益。电网及变电站实施遥控操作，并且与保护测控系统、配网自动化等协同使用，在保持电网安全、稳定、可靠的前提下，必将使电网的安全、优质、经济运行水平达到一个崭新的高度。

3. 变电站实施无人值班有利于提高电力企业经济效益

随着电网技术及电网设备的进步与发展，变电站管理必须也应该脱离传统的管理模式，把110kV及以下变电站的变电运行人员、甚至于终端变电站的变电运行人员，从简单的、重复的劳动中解放出来，充实和补充到更高电压等级的变电站的运行值班工作中，或从事电力行业以外的新的经济活动，培植新的经济增长点，以实现电力系统综合效益最大化。

8.2.2 无人值班变电站的几种常规模式

目前，国内外对无人值班变电站常采用下列几种模式。

（1）传统控制方式不动，常规保护不动，新增变送器屏、远动装置屏、故障录波屏、遥控执行屏，或将这些屏组合成一块远动设备综合屏，并在常规开关跳、合闸回路加遥控分合按钮。

（2）改变传统控制方式，采用集测量、控制、信号接点为一体的电气集控接口柜，加上远动装置柜，常规保护改为微机保护。

（3）集测量、监控、保护、远动信号以及开关联锁于一体的全分布式系统，反映了变电站的最新水平，也是今后的发展方向。早期的集控台，测量、信号由互补金属氧化物半导体（CMOS）电路完成，控制部分由系统微机完成，保护由 CMOS 电路构成，直流采样，没有考虑远动。现在国内少数厂家和国外厂商推出的集控台，其控制、保护、测量、信号、远动功能全由微机完成，保护也由微机构成，并采用交流采样。目前交流采样多采用标准数据（STD）总线方式构成系统。

8.2.3 无人值班变电站的应用特点

无人值班变电站的应用特点

无人值班变电站是通过变电站综合自动化实现的，变电站综合自动化是由变电站内微机实现运行功能的多机系统，包括测量、监控、保护、远动、信号等部分，实现变电站的日常运行和事故处理，其范围包含所有的二次部分。它利用计算机的技术综合，统一进行处理，促进各环节的功能协调，主要特点有以下几点。

（1）克服了传统变电站信息容量大、速度慢的缺点，其微机系统保护信息串行通信采用交流采样，大大提高了信息总量，能够根据事件优先级迅速远传变电信息。

（2）实现综合自动化后的无人值班变电站占地面积小，基建投资省。对变电站实现综合自动化可以极大地减小主控室面积，取消传统变电站必需的值班室、更衣室，取消模拟屏、控制台和单独的小电流接地系统与无功电压自动调节装置等，既减小了占地面积，也大大减少了投资。

（3）变电站综合自动化采用交流采样，速度快、精度高，并且克服了直流变送器的弱点。变电站综合自动化系统采用微机采样，微机变送器输入由CT、PT提供，直接输入计算机编码，与数据采集微机通信，可传送多种计算量，速度较快、精度较高，是目前数据采集的最佳选择。

（4）变电站综合自动化采用微机保护与监控部分通信，可在调度端查看和修改保护整定值。微机保护与监控部分串行通信不仅可传送保护信息，而且还可以传送保护整定值和测量值，并可由调度端远方修改和下发保护定值。

（5）变电站综合自动化具有对装置本身实时自检的功能，方便维护与维修。综合自动化系统可对其各部分采用查询标准输入检测等方法实时检查，能快速发现装置内部的故障及缺陷，并给出提示，指出故障位置。

8.2.4　实现无人值班变电站必须采取的措施

分析无人值班变电站的特点和实际经验，我们可以总结出实现无人值班变电站须采取的技术措施，主要包括以下几点。

（1）简化一次主接线。目前新建的城市或企业中 110kV 或 35kV 变电站多为终端变，高压侧（110kV 或 35kV）应尽可能采用简化主接线方式，如采用线路-变压器组或内、外桥形接线方式，低压侧（6kV 或 10kV）采用单母线分段并配置备用电源自投（BZT）装置。

（2）提高一次设备可靠性。开关应按无油化选型，110kV 设备可以采用 GIS 和 SF_6 开关；10kV 采用真空断路器，以保证一次设备安全可靠运行，减少检修时间；主变压器选用动作可靠性高和电气寿命较长的有载调压开关。为了减少 10kV 母线的火灾事故，站用变压器选用干式变压器。

（3）直流电源系统应做成免维护的，有条件的地方建议采用免维护电池。控制部分应能自动进行主充、浮充自动切换，并能将电源部分的信号远传到监控系统。目前的可控硅充电方式存在体积大、重量大、效率低、纹波大、响应速度慢等缺点，建议不要采用。

（4）慎重选用继电保护和控制设备。变电站微机综合自动化是今后的发展方向，目前宜选用保护和遥测分用 CPU 的方式，以提高系统的安全性，就地控制选用当地监控机和就地控制开关相配合的方式。

（5）对特殊的信号进行必要的监视。这些信号包括：交直流操作电源信号；远方、就地控制的切换信号；主变压器增设油枕油位信号；防盗消防安全信号；其他需要调整和控制的信号；PT 断线信号；10kV 接地信号以及火警信号等。

（6）配备合理、足够的消防保卫措施。对无人值班变电站，可设置工业电视及烟雾报警系统，一般只报警，不进行自动控制。

8.2.5　无人值班变电站应具有的基本条件

无人值班变电站的基本条件

1．优化的设计

要实施变电站的无人值班，必须有优秀的设计及最优化的方案，以实现电网的安全、可靠、经济运行为基本出发点，保持对变电站运行参数（潮流、电压、主要设备运行状况）的监视。无论是对新建或是对运行中变电站改造为无人值班的变电站设计，都必须贯穿于设计阶段，纳入技术经济比较的范畴。运行中变电站实现无人值班，绝不是一项简单的技术改造工作，而是与变电站运行管理方式、电网调度自动化的分层控制以及变电站的自动化水平等一系列问题相互关联的系统工程，必须做好一个地区或一个网络内无人值班变电站工作的总体设计。总体设计工作的第一步，要进行可行性研究和规划，进行技术条件的论证，对管理方式和管理制度进行定位，进行效益分析；第二步，要确定控制方式和管理方式，即由调度控制还是由监控中心（基地站）分层分区控制；第三步，要确定实施变电站无人值班的技术装备，包括一次设备、二次设备、监控设备、调度自动化和通信设备等。新建无人值班变电站的设计，除应按照总体方案中所确定的原则外，还必须考虑与电网（主网、配网）的配合，继电保护、自动装置、直流（操作和控制）

回路、一次设备等必须满足运行方式的要求。

2. 要有可靠的一、二次设备

常规变电站改造为无人值班变电站时，既要考虑现有设备资源的有效利用，还必须考虑原有保护及自动装置与远动的接口、信号的复归，变压器中性点的改造（使之能够实现远方改变接地方式），有载调压分接开关分接位置的监视和控制等。在撤人之前，应进行全面、彻底的检修或技术改造，使设备的性能满足变电站无人值班的要求。新建无人值班变电站，在设计时必须考虑选用性能优良、维护工作量小、可靠性高的产品。

3. 可靠的通信通道及站内通信系统

无人值班变电站其通信通道条件及站内通信系统要求更高。反映变电站运行状态的遥测、遥信、事故报警信息要及时发送到集控站，集控站的命令要准确地下发执行，因此必须有可靠的通信通道作保障。选择先进可靠的通信方式及站内通信系统，保证通信质量，提高遥控可靠性，是无人值班变电站建设的重要基础工作。

4. 调度自动化要求

要实现变电站的无人值班，必须有一个能实现远方监视和操作、稳定性好、可靠性高的调度自动化系统，用于完成遥控命令的发送、传输、执行、结果反馈，这是决定变电站能否实现无人值班的关键条件。

5. 行之有效的管理制度

无人值班变电站撤人前，必须建立一套行之有效的运行管理制度，并以此来规约与变电站运行相关的调度部门、集控站、运行部门、检修部门，建立无人值班变电站的正常巡视、维护、倒闸操作及事故处理等与之相适应的运行管理机制。

6. 要有一支招之即来、来之能战的专业队伍

变电站从有人值班转变到无人值班，为了保证变电站的安全、稳定运行，必须有一支高素质的专业队伍。

（1）训练有素的运行人员。运行人员必须按规定周期对无人值班变电站进行巡视，恶劣天气及重要节假日要增加巡视次数，站内设备出现故障时，运行人员必须立即到现场处理，检查设备，恢复送电。运行人员必须掌握所管辖范围内所有设备的运行、操作、事故处理等技能，这就对运行人员业务素质提出了更高的要求。

（2）合格的变电设备检修队伍。无人值班变电站的变电设备，必须保持良好的健康状态。大修或预试后，必须保证设备良好。

7. 外界环境条件的要求

为使无人值班变电站安全运行，必须保证变电站不致发生设备偷盗事故、火灾事故，新建站可按防火防盗的高标准建设，改造的常规站可设专人巡查来解决这个问题。

8.2.6 无人值班变电站的发展方向

1. 功能分散型向单元分散发展

无人值班变电站的发展方向

早期微机保护、微机监控、故障录波、事件顺序记录、微机远动装置是按功能分散考虑的，一个功能模块管理很多设备，多个单元。近年采用一个模块管理一个电气单元，实现了地理位置的高度分散，更能满足工业生产现场的需要，系统分散度高，危险性更小，适应性更强。

2．集中控制向分布式网络型发展

它摒弃了传统的 I/O 总线插板结构，采用现场的单元控制装置，将现场信号就近处理和运用数字通信方式，将所有单元控制装置联成网络，经现场总线和适配器与计算机相连进行运算处理，协调控制和监视管理。网络在技术上一般采用总线型结构，也可采用环形结构。单元控制、网络、主机之间实现严格的电气隔离，使网络处于“浮空”状态，彻底解决了传统的“计算机总线”与过程 I/O 之间“共地”引起的地线回流干扰导致可靠性差等问题，并节省了大量的电线电缆，同时使主机负荷率大为减小，使系统对主机的依赖和要求大大降低。目前采用的 RS485 通信网络使分散的单元控制装置之间的通信距离可达 1.2km。

3．键盘向鼠标控制操作发展

对主站端（或上位机系统），发展的方向是采用汉化 Windows 高速窗口软件，它具有友好的人机界面，具体表现为画面丰富多彩，操作直观形象，一致性好，运行人员使用方便（只需使用鼠标的一个按键，就可进行全部操作）。

4．小型化向机电一体化方向发展

大规模集成电路技术的发展，使控制设备逐步趋向小型化，为机电一体化创造了有利条件，控制系统可以与一次设备装在一起，朝着机电一体化方向发展。

5．智能电子装置方向的发展

智能电子装置（IED）是指一台具有微处理器、输入输出部件及串行通信接口，并能满足不同工业应用环境的装置。典型的智能电子装置有电子电能表、智能电量传感器、可编程逻辑控制器（PLC）等。随着变电站综合自动化程度的不断提高，其间隔层的测控单元、继电保护装置、测控保护综合装置、并行传输设备（PTU）等都可发展成 IED 部件，各 IED 部件之间采用工业现场总线或以太网接口。

6．非常规互感器的发展

与传统的互感器相比，非常规互感器结构简单、体积小、质量轻、易于安装、不含油、无易燃易爆危险。

非常规互感器包括电子式互感器和光电式互感器两种基本类型，其最大特点就是可以输出低电平模拟量和数字信号，可直接用于微机保护和电子式计量设备，省去了很多中间环节。它能够适应变电站综合自动化系统的数字化、智能化和网络化需要，而且动态范围大，适用于保护和测量功能。

8.3 变电站无人值班管理

变电站无人值班管理

在变电站控制方面，综合自动化功能的不断实施和完善，为实现变电站无人值班提供了很好的基础。变电站无人值班管理是不同于传统变电管理的一个全新概念，它不仅要求现行的管理方式要发生一定的变化，而且，对变电站的各种硬件设施，特别是新投变电站的选择也提出了更高的要求。

8.3.1 变电站无人值班管理模式

变电站无人值班在我国电力系统中处于起步和发展阶段，由于各地区的经济基础不同、设备水平不同、管理理念不同，形成了变电站无人值班管理的不同模式，概括起来主要有下列 3 种。

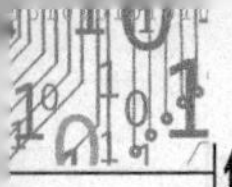

1．少人值班，集中操作

为了弥补运行人员的不足，将一些负荷不重、操作较少的变电站的一部分值班人员集中于附近某一大变电站，负责周围几个分站的倒闸操作，驻守变电站的人负责站内设备巡视、检查和维护工作，但变电站发生事故时，应集中全站人员迅速赶赴现场会同驻守人员一起处理事故。

2．分层管理，分级控制

这种模式适用于较大规模电网，并且已经实现了多个变电站的无人值班。这种管理模式的特点是除总调度中心外，还在区域或供电区设立若干分区调度，无人值班变电站的监视和操作由分区调度完成。

3．无人值班，集控操作

这种管理模式即建立一个或若干个集控站，它所辐射的各变电站均采用无人值班方式，在集控站就可以对无人变电站实施遥控和遥调。无人值班变电站的倒闸操作由专人进行，操作人员可以设在集控站，也可以设在其他地方。集控站负责某一区域的无人值班变电站的监视和巡视维护，并根据调度命令完成对无人值班变电站的遥控操作。该管理模式下变电站的工作主要由集控中心指挥操作维护队，继而由操作维护队具体执行对无人值班变电站的运行管理和检修维护工作。

（1）集控中心的设立。集控中心和操作维护队为班站建制，在行政管理上受变电站工区领导，在倒闸操作上、事故及异常处理上受当值调度员领导。生产技术、安全监管、调度等有关部门对无人值班变电站、集控中心和操作维护队的安全生产、设备管理、运行管理、运行操作及维护、培训、定员定岗等工作实行专业管理。

集控中心应对各无人值班变电站实现必要的“四遥”功能。集控中心的运行值由正值、副值组成，站长领导全站工作，由技术专责负责技术管理工作。

（2）操作维护队的设立。操作维护队的设立原则应与集控中心相对应，可根据实际情况设立在枢纽变电站或本部。操作维护队的运行值由值班长、正值、副值组成，队长领导全站工作，由技术专责负责技术管理工作，根据工作需要可设副队长。操作维护队应配备必要的交通、通信等工具，各无人值班变电站的现场工作由操作维护队负责管理。

8.3.2 调度关系和职责划分

1．调度关系

调度关系就是电力系统中命令调遣的一种上下级关系，如图 8.8 所示。各供电局应根据有关规定，详细划分电气设备调管范围。各级调度和集控中心对各自调管的设备具有调管权，电气设备的倒闸操作、事故处理应由相应设备所属者指挥。

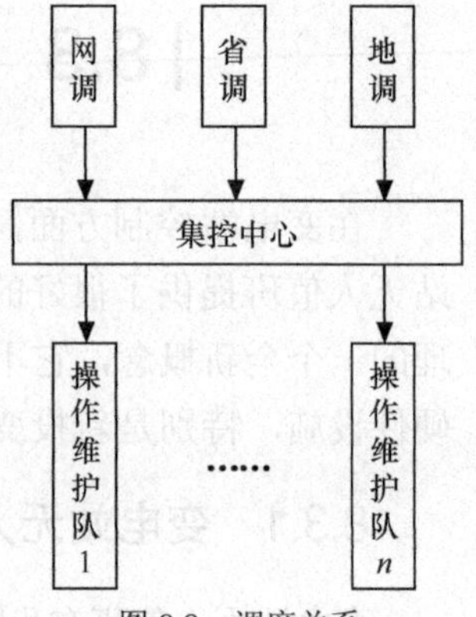

图 8.8 调度关系

集控中心和操作维护队在电网倒闸操作、事故或异常处理上受当值调度员业务指导，调度命令由集控中心负责执行、回复。操作维护队在倒闸操作、事故及异常处理上受集控中心指挥，负责执行调度和集控中心调令的相关部分。在特殊异常情况下，为加快处理速度，调度也可以直接指挥操作维护队进行倒闸操作，但处理完毕后应向集控中心说明情况。

2．集控中心职责

集控中心负责所属变电站的电气设备运行管理工作，具体职责有以下几条。

（1）集控中心负责接发、执行调度下达的倒闸操作、事故处理命令，并指挥操作维护队进行倒闸操作和事故处理。

（2）集控中心负责对各变电站电气设备的运行状况进行监测，及时发现设备异常，并执行遥控设备的倒闸操作任务。

（3）负责集控中心的设备运行状况监视及缺陷管理工作。

（4）按时对所属变电站进行运行分析，查找并积极消除电网、电气设备的薄弱环节。

（5）受理操作维护队的工作申请并向调度申请工作。

（6）按时完成各种报表的报送工作。

3．操作维护队职责

操作维护队的职责主要是遵照集控中心下达的命令，对所辖无人值班变电站的电气设备进行倒闸操作、事故处理，具体职责有以下几条。

（1）定期巡视、维护、清扫设备，消除设备缺陷，提高设备健康水平。负责设备缺陷管理，向有关部门上报设备缺陷，进行设备定级，对所管设备进行定期运行分析。

（2）受理工作班组工作票，到现场许可工作票，布置安全措施，并验收修试后的设备，终结工作票。

（3）受理修试班及专线用户的工作申请并向集控中心申请工作。

（4）负责各变电站资料的整理及补充工作，负责各变电站设备及厂房的大修，更改工作，反馈计划及上报各种报表。

（5）负责维护各变电站环境。

集控中心运行管理

8.3.3　集控中心运行管理

无人值班变电站的设备运行主要受集控中心管理时，其管理内容有以下 8 个方面。

1．交接班

交接班是集控中心管理人员的一项重要工作，必须严格认真履行交接手续，按时交接。

交班值应提前对本值内的工作进行全面检查和总结，整理各种记录，做好清洁工作，填好交班总结。接班值应提前 10min 进入集控室准时交接班，待巡视检查无误且情况全部清楚后，由交接班人员共同在交班总结上签字，交接方告结束。交接班内容如下。

（1）设备的运行方式。

（2）设备操作、检修、试验、事故处理等情况。

（3）继电保护、自动装置、远动通信的变更情况。

（4）停、复电申请，新收及尚未结束的工作、工作票和未拆除的安全措施，新发现的设备缺陷及处理情况。

（5）上级指示及文件，工作的进展和通知情况，调度已批准和未批准的停电申请，调度命令和限电方案等。

（6）图纸、资料、记录、工器具应齐全，测试音响和报警系统、通信信号、通道、录音装置及工业电视监视系统应良好。

交接班过程中若发生事故应停止交接，由交班值负责处理，接班值予以协助。交接班时，两值意见不统一，由站长解决，双方必须服从。

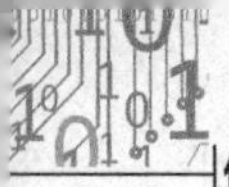

2．设备巡视

设备巡视是集控中心值班员的一项主要工作，巡视设备时按以下要求执行。

（1）每班两次将各变电站的接线图和遥测表调出来查看一遍，对设备运行状况、主变压器负荷、温度、重要馈线负荷、母线电压、通信通道等要重点查看。

（2）对微机打出的报文，应及时查看和询问。

（3）对装有工业电视监视装置的变电站，每班观察不得少于两次，对重要设备和区域还应加强监视，有异常情况应做记录，并及时汇报有关部门。

（4）对重要节日、重大活动、恶劣天气、特殊运行方式、交通早晚高峰、重要的或大负荷馈路应进行特殊巡视。

3．操作

无人值班变电站的设备在运行期间需要进行某种操作时，集控中心的值班员必须严格按照操作规程，由值长和正值两人共同执行操作，操作步骤如下。

（1）操作前由正值调出操作程序，值长审核，无误后方能操作。

（2）操作时值长监护，正值操作，严格按照操作规程一步一步进行。

另外，电容器应每天在8：00～22：00时投入运行，如一次没有合好再次投入时，应间隔3min。值班员应熟悉继电保护和自动装置的投撤情况，如有变动应及时记录。

4．接令、下令和回令

供配电自动化系统的正常运行依赖于各种信息的畅通，这使得正确传递命令成为集控中心管理工作的一个关键环节。集控中心必须对接令、下令和回令人员进行严格的训练，通过上级部门考试的方可授权。在传递上级命令时，按以下要求执行。

（1）接令、下令和回令时必须记录双方姓名、命令号和准备时间。

（2）值班长接受调度员命令，首先要互通姓名，根据所下命令做好记录，然后向发令人复诵一遍，无误后执行。

（3）副值根据值长的安排拟令，值长审核后签字，副值下令；下令前必须问清对方姓名，下令时值长应在一旁监听，下令后待接令人重复一遍，无误后方许可执行。

（4）调度下的命令应仔细审核预演后再下令，下令时坚持监护制度。

（5）集控中心的命令实行连续编号，每月初从一号命令开始；事故令冠以值班员的姓氏，个人连续编号，以月为单位。

5．缺陷管理

变电站的电气设备在运行的过程中可能出现某种缺陷，虽然设备在缺陷状态下仍能坚持运行，但是若设备长期带缺陷运行将导致系统事故。因此集控中心在对设备进行运行管理时，需要对设备的缺陷及时进行记录、处理和汇报。

（1）发现一般缺陷能处理的应自己处理，不能处理的可记在缺陷记录本内，按值移交并汇报站长。发现重大缺陷应立即报告站长和工区，立即处理。

（2）站长和专责工程师应经常翻阅设备缺陷记录，每月按时汇报。

（3）对已上报而未消除的缺陷，应督促上级尽快处理。对已消除的缺陷应及时在记录本上消除。

6．新间隔投运注意事项

变电站综合自动化系统常采用分布分散式结构体系，它是一种开放式结构，根据用户需要可以增加新间隔，扩充容量。但是新间隔在投运前需要注意以下几个方面。

（1）应接到生产技术部门和运行管理部门的正式通知。

（2）用户必须持有用电管理部门签字的供电申请。

（3）必须与集控中心签订调管协议。

（4）操作维护队向调度中心书面汇报有关设备名称参数。

（5）需要有下列班组配合并出示报告记录。

① 操作维护队验收、操作。

② 开关班做断路器调试。

③ 试验班做断路器试验。

④ 电缆班组敷设和试验电缆。

⑤ 保护班校验保护。

⑥ 远动班重建一次系统图，对数据库进行调试。

⑦ 计量班校验变电站电能表。

（6）应做好遥控试验，并检查遥测、报文、一次图编号名称是否齐全正确。

（7）把新投间隔的设备参数输入计算机的设备单元、设备配置和设备台账里。

7．申请、受理和批准工作

集控中心对无人值班变电站进行管理时所做的工作都应按计划进行，操作维护队应于前一天 10：30 以前向集控中心申请工作，集控中心在 11：00 前向上级调度中心申请。得到上级批准后集控中心在 17：00 前通知操作维护队和各班组并汇报工区运行办，属集控中心自己调管的设备可不申请调度。临时工作应由站长批准或请示工区。

专线用户的设备需要停电检修时，用户应于工作前 3 日向操作维护队和集控中心提出申请，一式两份，由集控中心批准，操作维护队和用户分别收执，作为停送电联系的凭证。申请停电检修应包括以下内容。

（1）设备检修的日期和时间。

（2）工作内容和停电范围。因供电局的工作给用户停电的，应于前一日白班给用户通知，互报姓名，做好记录。本月的停电计划下来以后，站长和专责工程师应把本中心的工作详细汇总，安排人员输入微机，当值值班员在每天申请工作以前，应调出停电计划查看，该过问的要过问，做到心中有数，但计划停电也应以调度批准或通知为准。

集控中心接到检修负责人因故不能工作的消息时，应及时通知操作维护队。

8．断路器加入运行（加运）前的注意事项

断路器经过检修以后将投入运行，在投入运行前必须注意以下事项。

（1）断路器检修完毕，集控人员应做好遥控试验，并检查遥测、报文、音响是否反应正常。

（2）断路器加运前应得到操作维护队的汇报，汇报内容：检修工作已结束、地线拆除、网门锁好、人员已撤离、可以供电。

（3）断路器加运前应考虑到，配合此项工作的各个班组是否全部报完工，用户侧或 110kV 线路的另一端地线是否拆除。

9．微机管理

无人值班变电站自动化系统的各项工作都是通过微机具体执行的，不同的微机担负着不同的工作，如监控系统、站内日常管理工作等。对微机的正确管理关系到整个系统的正常、

安全、稳定运行，是相当重要的一项工作。对微机管理须遵循以下原则。

（1）监控机正常运行时，运行人员不得私自遥控设备，也不得私自使用磁盘运行其他程序，严防将病毒带入系统。监控机只做遥控、遥信、遥测、遥调、输送电量报表等工作，运行人员无权改动软件及配置，只有系统管理员有权修改系统配置。监控机上严禁做其他工作。

（2）系统管理机用于系统管理，只用于调度命令的传输、记录收发电文、交接班、操作命令以及各种会议记录，严禁做其他工作。

（3）微机室及监控机必须清洁，每周必须彻底打扫微机室，微机的键盘、显示器必须保持清洁。

（4）值班人员应对自己的操作密码和口令保密，以免造成不应有的损失。

操作维护队运行管理

8.3.4 操作维护队运行管理

1．操作维护队工作的一般要求

（1）上班期间必须穿工作服，进入变电站内必须戴安全帽。

（2）车辆运行，必须严格控制，未经上级同意，任何人不得私自开车，不得动用公车办私事。

（3）每人的通信设备必须保证24h开启，不得随意关机，以便应急。

（4）操作维护队的工作，均需通过队长或技安员许可，经两交底后方可开工，各项工作负责人应在现场再次两交底。

（5）坚决杜绝无票工作、无票操作、有票不用、错票工作，操作及操作中漏项、越项、加项；杜绝单人工作、不检查设备位置、不核对设备名称、不核对设备屏头、不验电、只短路不接地或接地不短路等情况。

（6）交接班必须按时进行，交接班是否结束以双方签名为准，不清楚时可询问交班值，必要时要求补交，否则由接班值负全部责任，每日运行方式必须和现场相符。

2．无人值班变电站设备巡视

设备巡视是操作维护队人员的主要工作，巡视设备时应做到以下几点。

（1）操作维护队值班人员必须认真地按时巡视设备，对设备异常状态要做到及时发现、认真分析、正确处理、做好记录，对于自己能处理的缺陷应及时处理，对于自己无能力处理的重要或危机缺陷应及时向队长或工区汇报。

（2）对所辖变电站的巡视应按规定的时间、路线进行，一般应包括以下几点。

① 每3天至少一次巡视。

② 每半月至少一次熄灯巡视。

（3）值班人员进行巡视后，应及时将各站的检查情况及巡视时间记录下来。

（4）单人巡视设备时，必须遵守GB 26860—2006《电力安全工作规程 发电厂和变电站电气部分》中的有关规定。

（5）正常设备巡视应同设备检测等工作相结合。

3．设备验收制度

（1）凡新建、扩建、大小建、预试的一、二次变电设备，必须经验收合格，手续完备，方可投入系统运行。

（2）凡新建、扩建、大小建、预试的一、二次变电设备验收，均应按有关规定的技术标准进行。

（3）设备的安装或检修。在施工过程中，需要中间验收时操作维护队应指派专人配合进行，其隐蔽部分，施工单位应做好记录，中间验收项目应由操作维护队与施工检修单位共同商定。

（4）设备大小修、预试、继电保护校验、更改及仪表校验后，由有关修试人员应将修试内容、结果记入上述有关记录，并经双方签字后方可结束工作。

4．设备缺陷管理

设备缺陷是一种隐患，必须及时发现、记录和处理，故要求操作维护队值班员在巡视设备时做到以下几点。

（1）对于自己能处理的缺陷应及时处理，不能处理的缺陷应及时上报工区。一般缺陷做好记录，月底统一上报，对于影响安全经济运行的重大及危急缺陷，还应及时向集控中心汇报，并监控其发展情况。

（2）缺陷在未处理时，应加强运行监视，随时报告其发展情况，缺陷处理后应及时做好记录。各操作小组应根据所辖站的设备缺陷状态，每季度进行一次设备定级和运行分析。

（3）操作维护队应督促有关专业班组及时消除缺陷，并对处理结论进行验收。对于危急缺陷，需进行停电或改变运行方式，降低负荷时，操作维护队应及时与集控中心取得联系，以免造成事故。

5．无人值班变电站的设备检修管理

（1）设备检修需要停电时，工作负责人应在工作前一日将工作票送到操作维护队各相关组，并向集控中心提出申请，对于自己调管的设备若停电，对调管的设备及运行方式有影响时，集控中心亦应向调度提出申请，集控中心应在工作前一日将停电申请批复情况及时通知操作维护队有关人员。

（2）专线用户的设备需要检修时，用户应于工作前 3 日向操作维护队提出书面申请，一式两份。由操作维护队队长及集控站长共同签字审批，用户留一份，在工作前一天通过电话同相关组长联系，工作当日停电前将另一份交由相关组长，作为停电凭证。专线用户在工作完，需要恢复供电时，亦应持加盖单位印章的供电申请书申请供电，其上应注明送电线路名称。申请供电人员必须是原要求停电的负责人。

（3）凡遇周一、周休日或节假日的通电工作，工作负责人均应在星期五或节前 3 日 10 时前办理停电申请。

（4）已停电的设备，只有得到集控中心许可开工的通知后，操作维护队方可装设自理安全措施，并由操作维护队在现场履行工作许可手续。检修工作结束后，操作维护队到现场验收，办理工作终结手续，拆除自理安全措施，方可向集控中心报完工。汇报内容为“××变电站××工作已全部结束，人员已撤离现场，自理安全措施已拆除，常设遮挡已恢复，可以供电”。

（5）集控中心批复的开工时间、内容及许可开工的工作票和报完工的时间，均应记入运行记录内。

（6）已批复的检修申请，因故不能工作时，操作维护队应提前同集控中心联系。

（7）停电检修工作因故不能按时完成时，操作维护队应在原计划检修工期未过半时，向集控中心提前说明情况，工作需要延期时，应由检修负责人向集控中心提出申请。

（8）不需停电的修试工作，由工作负责人在工作前一日联系集控中心，集控中心通知相关操作维护队组长，妥善安排此项工作。凡当日提出的临时申请，即使不需停电，操作维护队亦不予受理。

（9）设备检修时，操作维护队应主动向修试班组介绍设备缺陷，必要时操作维护队应予以配合。

6．操作维护队设备维护

操作维护队应按所辖变电站的设备情况和运行规律，制定本年度、本月的设备维护工作计划，并使其成为程序化。设备维护工作应包括以下几点。

（1）一、二次设备的定期清扫、维护，一、二次标志的补充和检查。

（2）蓄电池及直流设备的定期维护、检查、消缺。

（3）带电测温。

（4）通风系统的维护、检查、消缺。

（5）交、直流保险的定期检查，所用低压系统的检查、消缺。

（6）辅助设备的维护、检查、消缺，灯具、把手及室内外照明的检查、维护、消缺。

（7）消防器材机系统的检查、维护。

（8）安全工器具、仪器、接地线定期试验、检查。

（9）防小动物措施的检查、完善、环境整治。

操作维护队人员应掌握变电站设置的各种防护用具和消防器材的使用方法，定期进行反事故演习。

7．操作维护队事故及异常处理

系统事故时，要求对事故尽快处理以恢复系统正常供电，为此，操作维护队人员应做到以下几点。

（1）熟悉和掌握所管辖变电站一、二次设备的结构、工作原理和运行情况，以便及时发现设备隐患。

（2）当发生系统事故时，由集控中心立即汇报调度。属调度的管理，依调管命令及时进行处理。属集控中心调管范围，则马上自行处理，并通知操作维护队到现场对有关设备进行处理。

（3）操作维护队接到事故指令后，任何人均应无条件地以最快速度赶赴事故现场，根据现场制定处理方案，防止事故扩大，尽快恢复供电。

（4）当设备发生异常时，集控中心应立即通知操作维护队和有关专业班组。操作维护队应根据设备异常情况，具体分析，尽快赶赴现场进行检查处理。当需要专业班组处理时，集控中心应尽快与其取得联系，使操作维护队协同有关专业人员共同到现场及时处理。

事故异常处理时，可以不用工作票和操作票，但操作维护队应指派专人监护，并做好必要的安全措施。

技能训练　参观实习

1．参观目的

通过参观，使学生初步了解变电站的结构及设备布置形式，辨识变电站电气设备的外形和名称，对变电站形成初步的感性认识。

2．参观内容

（1）由变电站电气工程师或技术人员介绍变电站的整体布置情况及电气一次系统图，说明参观过程中的注意事项。

（2）由变电站电气工程师或技术人员带领参观主控制室、变电区、配电室等供配电系统一次设备的工作情况，了解微机监控系统和微机保护系统的工作原理。

（3）由变电站电气工程师或技术人员介绍变电站的管理和运行方式。

（4）由集控中心的电气工程师或技术人员介绍无人值班变电站的结构配置情况，以及各层的作用和功能。

3．注意事项

参观时一定要服从指挥注意安全，未经许可不得进入禁区，不允许随便触摸任何电气按钮，以防发生意外。

检　测　题

一、填空题

1. 变电站综合自动化系统是基于微电子技术的________和________系统组成的变电站运行及控制系统。

2. 我国变电站综合自动化系统的基本功能体现在________子系统、________子系统、________子系统、________控制和________控制 5 个方面。

3. 变电站综合自动化系统按逻辑划分为________层、________层和________层，通过现场总线连接成一个整体，每层由不同设备或不同的________组成，完成不同的功能。

4. 把整套综合自动化系统按其不同的功能组装成多个屏柜，并集中安放在主控室中，这种布置形式称为________结构。

5. 变电站综合自动化通信系统的工作方式按照信息传送的方向和时间，可分为________通信、________通信和________通信 3 种方式。

6. 变电站综合自动化的数据通信传输方式分为________通信方式和________通信方式两种，其中________通信方式传输速度快。

二、简答题

1. 变电站综合自动化系统从其测量控制、安全等方面考虑，可划分为哪几个系统？
2. 何谓变电站综合自动化系统？其结构体系由哪几部分组成？各部分的作用是什么？
3. 变电站综合自动化系统的基本功能有哪些？
4. 变电站综合自动化系统中通信系统的任务和作用是什么？系统中传输数据的方式有哪几种？
5. 什么是无人值班变电站？实现无人值班变电站的优点有哪些？
6. 无人值班变电站应具备的基本条件是什么？
7. 为什么要实现变电站的无人值班？
8. 什么是变电站的发展方向？
9. 集控中心对接令、下令和回令管理的要求是什么？
10. 操作维护队的设备维护工作应包括哪些内容？
11. 无人值班变电站要求实现的“四遥”功能是指什么？
12. 当系统发生事故时集控中心和操作维护队应如何反应？

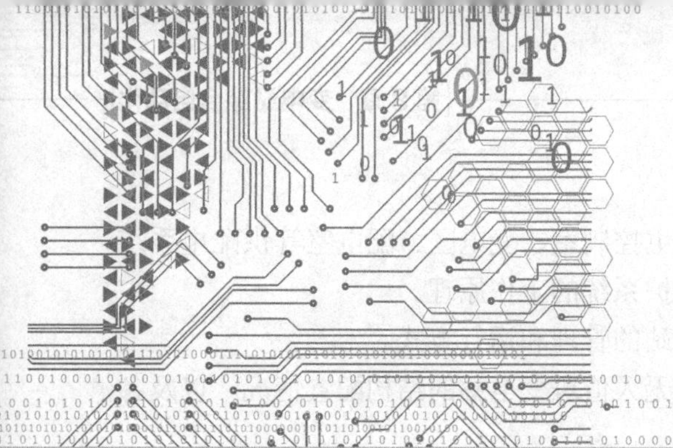

第9章 工厂电气照明

知识目标

通过对本章的学习，希望学习者能够了解生产和生活中的电气照明发展概况，理解照明技术的有关概念，熟悉照明质量；了解常用照明光源和灯具的一些特点及功能；了解工厂照明的供电方式，熟悉工厂照明的控制。

能力目标

具有工厂灯具布置的基本素养和技能；具有对工厂照明供电方式的判别和选择能力；具有对工厂照明的控制能力。

素养目标

通过本章教学，将课程德育与教学有机结合，将社会主义核心价值观与当前教学内容相融合，培养学生的社会责任感，造就严谨细致的工作作风、认真负责的工作态度和团队合作精神。

在能源日益短缺的形势下，高效节能绿色照明电光源及绿色照明工程成为当前照明电路的最大改革课题。“绿色照明”是旨在发展和推广高效照明产品，节约用电、保护环境的节能环保行动，是国际社会实施可持续发展战略普遍推行并取得成功的范例。改善照明质量，节约照明用电，建立优质高效、经济舒适、安全可靠的照明环境，促进经济社会可持续发展，已成为全球照明电路设计中必须遵循的规则。

本章主要介绍工厂照明系统的光源、灯具及其布置方式。首先介绍照明技术的基本知识，其次介绍常用灯具的类型、选择与布置，介绍工厂的电气照明负荷的供电方式。讨论“绿色照明”应采用什么样的电光源，电光源应采用什么样的照明电路，照明电路又是如何提高照明质量和减少对电源及环境的污染的。这些是本章内容的核心。

9.1 电气照明和电光源

电气照明与安全生产、保证产品质量、提高劳动生产率、保证职工视力健康有密切关系，因此，电气照明设计是工厂供电系统设计的组成部分。

9.1.1 电气照明发展概况

电气照明由于具有灯光稳定、控制调节方便和安全经济等优点，因而成为现代人工照明中应用最为广泛的一种照明方式。随着科学技术水平的迅猛发展、人民的生活日益改善，电气照明水平和照明质量也在不断提高。

1．电气照明的发展方向

传统电气照明系统中电源线路的敷设与灯具是分开的。照明电源线路敷在钢管、塑料管、蛇皮软管或线槽内，然后引入到每一套灯具。尤其在商场、多层厂房、停车场等场所，由于照度要求高，所需要的荧光灯数量很多，使得施工管线纵横交错、安装麻烦、工期长，既不美观，又浪费了大量管线，造成金属消耗量大，综合投资额高。这种灯的位置、亮度和控制一经确定就成为固定不变的“刚性”照明方式，在 “绿色照明”要求节约能源的今天，已经不相适应了。

近年来，人们越来越重视节能，而且意识到了节能不单是节省有限的自然资源，还可以减少因耗能而引起的环境污染，高效节能成为当今照明光源开发的主题。为此，一种新型的“柔性”照明应运而生。所谓“柔性”照明，就是指电气照明中灯的位置、亮度和控制都可以随着周围环境变化而改变的照明。例如，“线槽型轨道式组合荧光灯具”就是新型的“柔性”照明装置，它打破了单纯的传统“灯具”概念，把配线的线槽与灯具融为一体，并且在实际中可以按用户的需要及工艺要求，组成千姿百态的集照明与装饰为一体的新颖灯具。

这种新型线槽体内部每隔 1m 左右就有一个可开启的塑料线夹，电源线路可以放在其内部。当然也可以敷设少量其他用途的电源线路，如机床、插座、信号灯的电源线路，这样灯具既起到了原来灯架的作用，又起到了线槽的作用。而且，线槽型轨道式组合荧光灯具配以细管径荧光灯和小型高效镇流器，比传统荧光灯节电 30%。

随着绿色照明工程的发展，适合“柔性”照明的电气照明设备已成为当前研究和设计的主题，“柔性”照明因具有高效、节能、美观、价廉、方便等特点，必将得到越来越广泛的应用。

2．绿色照明的发展对灯具的要求

（1）选择使用电子镇流器的节能型灯具设备。

（2）选用的照明灯具要易于进行清扫灰尘和更换光源等维护，同时考虑照明设备的设置场所和设置方法应易于维护保养。

（3）对灯具的选择不仅要考虑光源的发光效率，还应包含照明电路和灯具的效率、照射到照明场所的照射效率等综合照明效率。

3．绿色照明对照明设备电能效率的要求

（1）照明设备要求使用高频点灯方式的荧光灯管和氙灯（HID）等高发光效率的光源。要研究最佳照明设备，要有包含利用系数的综合照明效率。该利用系数除了包含光源的发光效率外，还要由照明灯具及其场所的大小以及室内墙面的装修（光的反射率）来决定。

（2）根据节能要求，既要采用能调光的照明灯具，又要进一步研制出符合用户需求的各种照明自动控制装置。

（3）在有时不需要照明以及在某个时间要熄灭灯光或减光的场所，需要使用带有人体感应传感器和定时计的照明灯具。

4．绿色照明发展中的建筑电气

建筑电气主体设计需要结构、设备和电气等诸方面的配合，结构可实现可靠的硬件设施和搭架；设备和电气方面完成软件设施。建筑电气的任务是以现代电工学和电子学为理论和

技术基础，人为地创造和改善并合理保持建筑物内外的电、光、热、声的环境。建筑电气在建筑装饰中是一种延伸。在室外装饰装潢中，建筑电气主要完成立面照明、广告照明、环境及道路照明等功能，而在室内环境设计中，建筑电气的功能应用就复杂得多。

我国电气照明在实施“绿色照明工程”以来，在住宅室内环境设计中，突出了装饰主题和理念，建筑电气专业所采用的照明方案，包括照度、电光源、配光方式等的准确选择和照明器具的合理应用，有效地加强了装饰效果，渲染了空间的环境气氛。同时，随着各种装饰材料的不断更新以及新型材料的不断涌现，大批具有装饰表现力的开关、各种用途的终端插座以及其他暴露于室内的电气附件也朝着美观、安全、安装维修方便和多功能的方向发展。这些新型的电气照明设备，既能满足电气系统对它们的功能要求，又能在室内起到一定的点缀作用。

另外，随着人们对建筑现代化要求的不断提高，包括通信、有线广播、有线电视、防盗保安以及火灾自动报警装置在内的弱电，还有计算机多媒体以及网络技术的发展和应用，都增强了现代电气照明设计的适用性、安全性、现代性和可拓展性，使其向着符合以人为本的宗旨稳步发展。

照明技术的有关概念

9.1.2 照明技术的有关概念

照明按光源方式可分为自然照明和人工照明两类。自然照明就是利用天然采光，而本章讨论的重点是电气照明，它则是人工照明中应用范围最广的一种照明方式。为理解电光源的性能，首先介绍光源的相关概念。

1．光和光谱

（1）光。

光是物质的一种形态，在空间以电磁波的形式传播，其波长比无线电波短，但比X射线长，具有辐射能。

光的电磁波频谱范围很广，波长不同时其特性也截然不同。

（2）光谱。

可见光可分为红、橙、黄、绿、青、蓝和紫7种单色光，把光线中不同强度的单色光按波长的长短依次排列，称为光源的光谱。

在光的电磁波辐射谱中，光谱的大致范围包括以下几种。

① 红外线：波长为780nm～1mm。

② 可见光：波长为380～780nm。

③ 紫外线：波长为1～380nm。

可见，波长为380～780nm的辐射能为可见光，它作用于人的眼睛就能产生视觉。但人眼对各种波长的可见光，具有不同的敏感性。实验证明：正常人眼对于波长为555nm的黄绿色光最敏感，即黄绿色光的辐射能引起人眼的最大视觉。因此，波长越偏离555nm的光辐射，可见度越小。

2．发光强度和光通量

（1）发光强度。

发光强度是指光源向空间某一方向辐射的光通密度。发光强度简称光强，对于向各个方向均匀辐射光通量的光源，其各个方向的光强均等。

光强代表了光源在不同方向上的辐射能力，用符号 I 表示，国际单位是坎德拉（cd），简称“坎”。

光强的大小反映了光源所发出光的强弱程度。可参看图 9.1 加以理解。

（2）光通量。

光源在单位时间内向周围空间辐射出的使人眼产生光感的能量，称为光通量。通俗地讲，光通量是人眼能够感觉到的光亮。

人眼对不同波段的光，视见率不同；故不同波段的光辐射功率相等，而光通量不等。

光通量的符号用 Φ 表示，单位为流明（lm）。

数值上，光通量等于单位时间内某一辐射能量（光强）和该波段的相对视见率（光源发光范围的立体角 ω）的乘积。即：

$$\Phi = I\omega \tag{9-1}$$

式中：光强的单位是 cd，光源发光范围立体角的单位为 sr，这是立体角的国际单位，如图 9.2 所示。

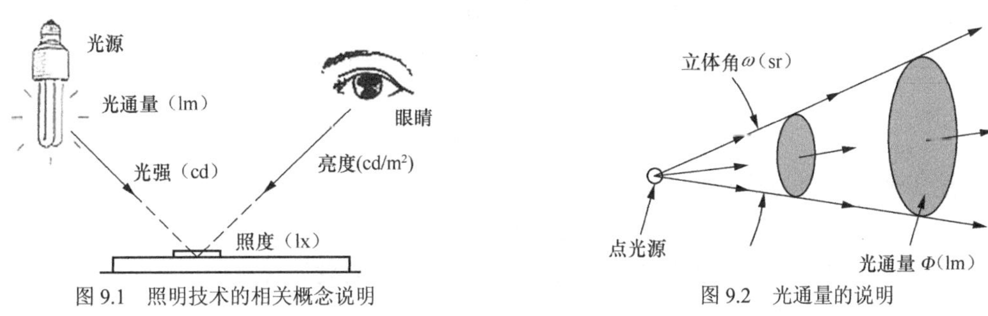

图 9.1　照明技术的相关概念说明　　图 9.2　光通量的说明

因此，光通量又可解释为：

① 光通量是每单位时间到达、离开或通过曲面的光能量；

② 光通量是灯泡发出亮光的比率。

例如：当波长为 555nm 的黄绿色光与波长为 650nm 的红光辐射功率相等时，前者的光通量为后者的 10 倍。

（3）发光效率。

发光效率指电光源消耗 1W 电功率发出的光通量。

3．照度和亮度

（1）照度。

受照物体表面单位面积投射的光通量，称为照度。照度的符号用 E 表示，单位是勒克斯（lx）。

当光通量 Φ 均匀地照射到某面积为 S 的物体表面上时，该平面的照度值为

$$E = \frac{\Phi}{S} \tag{9-2}$$

可参看图 9.1 对照度的概念加以理解。

（2）亮度。

发光体（不只是光源，受照物体对人眼来说也可以看作间接发光体）在视线方向单位投影面上的发光强度称为亮度。亮度符号用 L 表示，单位为 cd/mm^2。

如图 9.1 所示，当发光体表面法线方向的光强为 I，人眼视线与发光体表面法线成 α 角时，

视线方向的光强 $I_\alpha = I\cos\alpha$，视线方向的投影面 $S_\alpha = S\cos\alpha$，可得发光体在视线方向的亮度为：

$$L = \frac{I_\alpha}{S_\alpha} = \frac{I_\alpha \cos\alpha}{S_\alpha \cos\alpha} = \frac{I}{S} \tag{9-3}$$

可见，发光体的亮度值实际上与视线方向无关。

4．物体的光照性能和光源的显色性能

（1）物体的光照性能。

当光通量 Φ 投射到物体上时，一部分光通量从物体表面反射回去，一部分光通量被物体吸收，还有一部分光通量则透过物体。为了表征物体的上述光照性能，引入以下 3 个参数。

① 反射比：指反射光的光通量 Φ_ρ 与总投射光的光通量 Φ 之比，即

$$\rho = \frac{\Phi_\rho}{\Phi} \tag{9-4}$$

② 吸收比：指吸收光的光通量 Φ_α 与总投射光的光通量 Φ 之比，即

$$\alpha = \frac{\Phi_\alpha}{\Phi} \tag{9-5}$$

③ 透射比：指透射光的光通量 Φ_τ 与总投射光的光通量 Φ 之比，即

$$\tau = \frac{\Phi_\tau}{\Phi} \tag{9-6}$$

上述 3 个参数的关系为：

$$\rho + \alpha + \tau = 1 \tag{9-7}$$

在照明设计中，一般特别重视反射比 ρ，因为它与照明设计有直接关系。

（2）光源的显色性能。

光源的显色性能是光源对被照物体颜色显现的性能。物体的颜色以日光或与日光相当的参考光源照射下的颜色为准。如表征光源的显色性能，特引入光源的显色指数 R_a。光源的显色指数，是指由国际照明委员会（CIE）规定的 8 种试验色样，与日光照射下该物体的颜色相符合的程度，并把日光与其相当的参照光源显色指数定为 100。被测光源的显色指数越高，说明该光源的显色指数越好，物体颜色在该光源照明下的失真度越小。白炽灯的一般显色指数为 97～99，荧光灯的显色指数通常为 75～90。

5．眩光

眩光是指视野中由于不适宜亮度的分布，或在空间时间上存在极端的亮度对比，以致引起视觉不舒适和降低物体可见度的视觉条件。眩光可分为直接眩光、反射眩光和不舒适眩光。

在视野中，特别是在靠近视线方向存在的发光体所产生的眩光，称为直接眩光；由视觉中的反射引起的眩光，特别是在靠近视线方向看见反射像所产生的眩光，称为反射眩光；产生不舒适感觉，但并不一定降低视觉对象可见度的眩光，称为不舒适眩光。

眩光是人眼无法适应的光亮感觉，可能引起厌恶、不舒服甚至丧失视力，眩光也是引起视觉疲劳的重要原因之一。

9.1.3 照明质量

照明质量主要用照度水平、照度均匀度、眩光限制和光源颜色等指标来衡量。

1．照度水平

照度是决定物体明亮程度的直接指标。合适的照度有利于保护人的视力和提高生产效率。

2．照度均匀度

公共建筑的工作房间和工业建筑作业区域内的一般照明照度均匀度，不应小于 0.7，而作业面邻近周围的照度均匀度不应小于 0.5。房间或场所内的通道和其他非作业区域的一般照明的照度值不宜低于作业区域一般照明照度的 1/3。

3．眩光限制

直接型灯具的遮光角不应小于相关规定。公共建筑和工业建筑常用房间或场所的不舒适眩光应采用统一眩光值（UGR）评价，室外体育场所的不舒适眩光应采用眩光值（GR）评价，并符合相关规定。

4．光源颜色

光源颜色质量包括光的表观颜色及光源显色性能两个方面。

光的表观颜色，即色表，可用色温或相关色温描述。室内照明光源色表可按其相关色温分为三组，光源色表分组宜按表 9-1 确定。长期工作或生活的房间或场所，照明光源的显色指数 R_a 不宜小于 80。在灯具安装高度大于 6m 的工业建筑场所，R_a 可低于 80，但必须能够辨别安全色。

表 9-1　光源色表分组

色表分组	色表特征	相关色温（K）	适用场合举例
Ⅰ	暖	<3 300	客房、卧室、病房、酒吧、餐厅
Ⅱ	中间	3 300～5 300	办公室、教室、诊室、检验室、阅览室、机加工车间、仪器装配车间
Ⅲ	冷	>5 300	热加工车间、高照度场所

9.2　常用照明光源和灯具

工程案例

光伏产业是基于半导体技术和新能源需求而兴起的朝阳产业，也是未来全球先进产业竞争的制高点。太阳能光伏发电已被广泛应用于城市和乡村道路、高速公路照明，公园、小区的亮化工程中。

北京万科时代中心位于北京繁华的朝阳区十里堡，由丹麦 SHL 建筑事务所改造复兴后，它融合零售商铺、办公、绿色空间和活动场所，成为一个充满创意的全新城市综合体。灯光设计师结合项目周边的商业各业态、大量人群集聚等的整合情况，从多方综合价值的角度规划灯光设计，以更高品质的光影作品，启幕城市的另一面美好。

照明光源和灯具是电气照明的两个主要部件，照明光源提供发光源，灯具既起固定光源、保护光源及美化环境的作用，还对光源产生的光通量进行再分配、定向控制和防止光源产生眩光。

9.2.1　照明光源

工厂常用的照明光源按发光原理可分为热辐射光源和气体放电光源两大类。

1．热辐射光源

热辐射光源是利用物体加热时辐射发光的原理制成的，包括白炽灯、卤钨灯等。

（1）白炽灯。

白炽灯自发明到现在已有 100 多年的历史，尽管相继出现了许多新的电光源，但它仍然在人们的日常生活中、工厂照明中占据着重要的地位，是最常见的照明光源。

白炽灯又称钨丝灯泡，主要由灯丝、支架、泡壳、灯头 4 部分组成。白炽灯的灯泡里面被抽成真空或充入其他惰性气体，利用钨材料熔点高的特点，将钨制造成丝状作为白炽灯的灯丝，当电流通过灯泡中的钨丝时，灯丝高温到白炽程度而发光。白炽灯又分为真空灯泡和充气灯泡两种。容量在 25W 以下的一般为真空灯泡，40W 以上的充气式灯泡较多。灯泡充气除了增加压力使灯丝的蒸发和氧化较为缓慢外，还能提高灯丝使用温度和发光效率。

白炽灯的使用寿命和使用电压有关，在额定电压下使用，白炽灯的平均寿命为 1 000h 左右。当使用电压超过额定电压的 20%时，发光效率可增加 17%，但其寿命将缩短 28%。

白炽灯安装时应考虑照源的位置，使灯光照射均匀明亮，并且要保证使用安全、维护方便。安装时在吊线盒和灯座中的软线要打结。如果灯座是螺口的，应把电源的零线与灯头的螺旋铜圈相连；把火线由开关引入接到灯头的中心铜片上，灯头及灯泡金属部分不得外露，以保证安全。白炽灯安装在特别潮湿的危险场所时，电灯高度应距地面 2.5m 以上；生产车间内的白炽灯应距地面 2m 以上；干燥地面的一般车间、办公室、商店和居民住宅处的电灯高度，应距地 1.5m 以上。电灯开关应串联在火线上，距地高度一般在 1.3m 以上，插座至少离地 15cm。

白炽灯的主要优点如下。

① 成本低，结构简单，制造容易，品种规格多，安装、使用、维护方便。

② 适应性强，可分别采用交、直流供电，对电网电压无过高要求。

③ 发出的光具有连续光谱，即具备红、橙、黄、绿、青、蓝、紫 7 种颜色光的成分。

④ 具有热惰性，因此在工频供电时发出的光具有连续性，无频闪现象。

⑤ 光强度可连续改变。

白炽灯的缺点是光电转换效率低，输入电能大部分变成热能散发到空气中去，只能把小部分电能转换成光通，且寿命短。

白炽灯的发光效率和使用寿命相互矛盾，故在改造上针对这一对矛盾，采用了充气的方法，加大充入气体的压力，在一定程度上提高了白炽灯的性能。

随着我国绿色照明工程的深入发展，推进照明节电、严格限制使用低光效的普通白炽灯，推广 LED 高效节能照明灯，已成为灯具研究的目标。

（2）卤钨灯。

卤钨灯和白炽灯一样，都是利用电能使灯丝发热到白炽状态而发光的电光源。卤钨灯属于新型电光源，它较好地解决了白炽灯存在的发光效率与寿命之间的矛盾，具有较高的发光效率和较长的寿命。

当卤钨灯灯管点亮后，灯丝温度很高，一般在 1 700～2 800℃。从灯丝蒸发出来的钨分子积聚在温度较低的管壁附近（250～1 200℃），并与卤族元素化合成挥发性的卤化钨分子。当卤化钨分子扩散到温度极高的灯丝附近，就会被分解成钨分子和卤素分子，钨分子沉积在灯丝上，使灯丝不因蒸发而变细。卤素分子扩散到温度较低的泡壁附近，再继续与从灯丝蒸发出来的钨分子化合。这个过程便完成了钨分子的再生循环。这样既有效地消除了灯泡壁上钨的沉积物所引起的灯泡壳发黑现象，又延长了灯丝的使用寿命，提高了发光效率。

卤钨灯和白炽灯相比优点很多，主要有以下几个。

① 卤钨灯体积小，是同功率白炽灯体积的 0.5%～3%。

② 由于很好地克服了灯泡壳发黑问题，所以最终的光通量仍为开始时的 85%～98%，而白炽灯只为初始时的 60%，故卤钨灯光通量稳定，常称之为恒流明光源。

③ 卤钨灯发光效率是白炽灯的 3～4 倍。

④ 卤钨灯寿命长。

最常用的卤钨灯为碘钨灯。碘钨灯不允许采用任何人工冷却措施，碘钨灯工作时管壁温度很高，因此应与易燃物保持一定的距离。碘钨灯耐振性能差，不能用在振动较大的地方，更不能作为移动光源来使用。

2．气体放电光源

利用气体放电时发光的原理制成的光源称为气体放电光源，目前常用的气体放电光源包括日光灯、高压钠灯、金属卤化物灯和氙灯等。

（1）日光灯。

日光灯是一种典型的热阴极弧光放电型低压汞灯，也是应用最广泛、用量最大的气体放电光源。日光灯具有发光效率高、寿命长、光线柔和、光色好、品种规格多、使用方便等优点，因此广泛应用在家庭和工矿企业中作为照明光源。但日光灯具有频闪效应，且功率因数较低，只有 0.5 左右，因此，日光灯不适宜安装在频繁启动的场合。

（2）高压钠灯。

高压钠灯是利用高压钠蒸气放电工作的，光呈淡黄色。

高压钠灯照射范围广，光效高，寿命长，紫外线辐射少，透雾性好，色温和指数较优，但启动时间为 4～8min，再次启动时间为 10～29min，即启动时间较长，对电压波动较为敏感。

高压钠灯广泛应用于高大工业厂房、体育场馆、道路、广场、户外作业场所等处。

（3）金属卤化物灯。

金属卤化物灯是在高压汞灯的基础上，为改善光色而发展起来的新型光源，不仅光色好，而且光效高，受电压影响也较小，是目前比较理想的光源。

金属卤化物灯的发光原理是在高压汞灯内添加某些金属卤化物，靠金属卤化物的循环作用，不断向电弧提供相应的金属蒸气，金属原子在电弧中受电弧激发而辐射该金属的特征光谱线。选择适当的金属卤化物并控制它们的比例，可制成各种不同光色的金属卤化物灯。

金属卤化物灯具有体积小、效率高、功率集中、便于控制和价格便宜的优点，可用于商场、大型体育场和场馆等处。

（4）氙灯。

氙灯为惰性气体弧光放电灯，高压氙灯放电时能产生很强的白光，接近连续光谱，和太阳光十分相似，点燃方便，不需要镇流器，自然冷却能瞬时启动，是一种较为理想的光源，适用于广场、车站、机场等处。

（5）单灯混光灯。

单灯混光灯是一种高效节能灯，其在一个灯具内有两种不同光源，可吸取各光源的优点。

例如，金卤钠灯混光灯由一支金属卤化物灯管芯和一支中显钠灯管芯串联构成；中显钠灯混光灯由一支中显钠灯管芯和一支汞灯管芯串联构成；主要用于照度要求高的高大建筑室内照明。

3．各种照明光源的主要技术特性

照明光源的主要技术特性有光效、寿命、色温等，有时这些技术特性是相互矛盾的，在实际选用时，一般先考虑光效、寿命，其次再考虑显色指数、启动性能等。

4．新型照明光源

新型照明光源主要有以下几种。

（1）固体放电灯。如采用红外加热技术研制的耐高温陶瓷灯，采用聚碳酸酯塑料研制出的双重隔热塑料灯，利用化学蒸气沉积法研制出的回馈节能灯，表面温度仅40℃的冷光灯，具有发光和储能双重作用的储能灯泡等。

（2）高强度气体放电灯。如无电极放电灯使用寿命长、调光容易；氙气灯耐高温、节能；电子灯节能、使用寿命长。

（3）半导体节能灯。它是根据半导体的光敏特性研制出来的半导体节能灯，具有电压低、电流小、发光效率高等明显的节能效果。

（4）LED灯。LED灯寿命长、光效高，价格虽然略高，但发展前景广阔。

光源的选择

另外还有氙气准分子光源灯和微波硫分子灯等。氙气准分子光源灯是无极灯，寿命长、无污染；微波硫分子灯则高光效、无污染。

5．光源的选择

选择光源一般遵循如下原则。

（1）高度较低的房间，如办公室、教室、会议室及仪表、电子等生产车间宜采用≤26mm管径的细直管荧光灯。

（2）商店营业厅宜采用≤26mm管径的细直管荧光灯、紧凑型荧光灯或小功率的金属卤化物灯。

（3）较高的工业厂房，应按照生产使用要求，采用金属卤化物灯或高压钠灯，亦可采用大功率细管径荧光灯。

（4）选用高效、节能和环保的光源。荧光高压汞灯光效较低，寿命不长，显色指数也不高，故不宜采用。自镇流荧光高压汞灯光效更低，不宜采用。白炽灯光效低且寿命短，为节约能源，一般不也采用普通照明白炽灯。

为了节约电能，当灯具悬挂高度在4m以下时，宜采用荧光灯；在4m以上时，宜采用高强气体放电灯（高压钠灯等）。

9.2.2 常用照明灯具的类型

常用照明灯具的类型

按灯具的安装方式、光通量在空间的分布以及灯具的配光和结构，照明灯具可分为如下几类。

1．吸顶灯

吸顶灯朴实无华，价格比较便宜，照明范围大，适合于客厅、卧室、厨房、卫生间等处的照明。常用的吸顶灯有方罩吸顶灯、圆球吸顶灯、半圆球吸顶灯、半扁球吸顶灯、小长方形罩吸顶灯等。

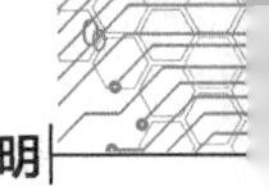

2．吊灯

吊灯适用于跃层的户型，灯的高度可以根据实际条件调节，比较灵活，通常也比较费电。吊灯的最低安装高度应该距离地面不小于 2.2m。

3．壁灯

壁灯一般作为辅助照明，用在客厅、卧室、走廊等场所，适于营造氛围，以造型美观为首要要求，不需要太亮。壁灯的灯泡高度离地面应大于 1.8m。

4．嵌入式灯

嵌入式灯具本体结构不外漏，嵌入到建筑物或其他物体内。射灯是嵌入式灯的实例，适合于做室内吊顶的用户。射灯虽功率不高，但由于是点光源，所以显得比较明亮。射灯的直径一般在 15～17.5cm，嵌入深度为 10cm 左右。射灯可配置彩色灯泡，普通灯泡不宜超过 40W，彩色灯泡不宜超过 25W。

5．台灯

台灯可用来作为书房或卧室中的照明灯具，应选用光线柔和的电光源台灯，以保护使用者的视力。

6．地脚灯

地脚灯供人夜间少量活动用，不但适合医院病房的夜间照明，同时还适用于广场、园林、街道等的角落照明。地脚灯目前大量采用 LED 灯作为照明光源，在室内安装时，距地 0.3m 较为适宜。

7．景观灯

景观灯利用不同的造型、相异的光色与亮度来造景，不仅自身具有较高的观赏性，还强调艺术灯的景观与景区历史文化、周围环境的协调统一性。景观灯适用于广场、居住区、公共绿地等景观场所。

8．庭院灯

庭院灯是户外照明灯具的一种，通常是指 6m 以下的户外道路照明灯具。庭院灯具有美化和装饰环境的特点，所以也被称为景观庭院灯，主要应用于城市慢车道、窄车道、居民小区、旅游景区、公园、广场等公共场所的室外照明。

9．道路灯

道路是城市的动脉，道路灯作为道路的主照明设施，给夜间车辆和行人提供必要的能见度照明。庭园灯、景观灯与道路灯形成立体的照明模式，能增强道路装饰效果，美化城市夜景，也可弥补道路灯照度的不足。

10．自动应急灯

自动应急照明系统为自带电源独立控制型，平时其电源接自普通照明供电回路中，对应急灯蓄电池充电。当正常电源断电时，备用电源即蓄电池自动供电。自动应急灯每个灯具内部都有变压、稳压、充电、逆变、蓄电池等大量的电子元器件，在使用、检修、故障时电池均需充放电。

9.2.3　灯具的布置

灯具的布置应使被照射工作面得到均匀的照度，应减少眩光和阴影的影响并尽量减少投资。

1．室内布置方案

室内布置要求是保证最低的照度及较好的均匀性，光线的射向适当，无眩光、阴影，安装维护方便，布置整齐美观，并与建筑空间协调，安全、经济等。

（1）正常照明的布置。正常的室内照明布置分均匀布置和选择布置两种：均匀布置指不考虑生产设备的位置，灯具均匀地分布在整个车间；选择布置指灯具按工作面布置，使工作面照度最强。

（2）应急照明的布置。供继续工作用的应急照明，在主要工作面上的照度，应尽可能保持原有照度的30%～50%。一般布置方案：若为一列灯具，可采用应急照明和正常照明相间布置，或与两个工作灯具相间布置；若为两列灯具，可选其中一列为应急照明，或每列均相间布置应急照明；若为3列灯具，可选其中一列作为应急照明或在旁边两列相间布置应急照明。

2．室内灯具的悬挂高度

室内灯具不宜悬挂过高或过低。过高会降低工作面上的照度且维修不方便；过低则容易碰撞且不安全，另外还会产生眩光，降低人眼的视力。表9-2给出了室内一般照明灯的最低悬挂高度值。

表9-2　室内照明灯具距地面的最低悬挂高度

光源种类	灯具形式	光源功率（W）	最低悬挂高度（m）
荧光灯	无罩	≤40	2.0
	带反射罩	≥40	2.0
卤钨灯	带反射罩	≤500	6.0
		1 000～2 000	7.0
高压钠灯	带反射罩	250	6.0
		400	7.0
金属卤化物灯	带反射罩	400	6.0
		1 000及以上	14.0以上

9.3　照明供电方式及线路控制

工厂照明的供电方式

9.3.1　工厂照明的供电方式

工厂电气照明与提高生产效率和产品质量、减少事故和保护工人视力等有着密切关系，因此研究工厂照明问题具有十分重要的现实意义。

工厂常用的照明方式有事故照明和工作照明两种。

1．事故照明

事故照明又称为应急照明，指的是在工作照明发生事故而中断时，供暂时工作或疏散人员用的照明。供继续工作用的事故照明通常设在可能引起事故或引起生产混乱及生产大量减产的场所。供疏散人员用的事故照明设在有大量人员聚集的场所或有大量人员出入的通道或出入口，并有明显的标志。

工厂的事故照明一般与工作照明同时投入，以提高照明的利用率。但事故照明装置的电源必须保持独立性，最好与正常工作照明的供电干线接自不同的变压器；也可接自蓄电池组，包括灯内自带蓄电池、集中设置或分区集中设置的蓄电池装置；还可接自应急发电机组。

2．工作照明

工作照明指的是在正常生产和工作的情况下而设置的照明。工作照明不仅要求照亮工作面，还要照亮整个房间。工作照明根据装设的方式分为一般照明、局部照明和混合照明。

一般照明通常把光源安装在足够高的地方，或是用磨砂灯罩或乳白灯罩罩上，使强烈的光源发射出来的光线不直接射入人眼，让光线能在各个方向均匀散射，成为柔和的照明。

机床工作面的照明或固定工作台的照明称为局部照明。固定式局部照明可接自动力线路，移动式局部照明应接自正常照明线路。

混合照明由一般照明与局部照明混合组成。混合照明采用顶部贴装控制器把太阳光收集到灵活的光纤中，并把它安装进大楼内部"混合"灯具和电热灯。混合照明技术比传统电热照明系统更加节能，可用于那些在建筑物内部利用了太阳光的场合。

工厂的工作照明一般由动力变压器供电，有特殊需要时可考虑专用变压器供电。

工厂照明的控制

9.3.2　工厂照明的控制

工厂照明控制是实现舒适照明的重要手段，也是节约电能的有效措施。常用的控制方式有开关控制、断路器控制、定时控制、光电感应开关控制和智能控制等方式。

1．公共场所照明控制

公共建筑和工业建筑的走廊、楼梯间、门厅等场所的照明，宜采用集中控制，并按建筑使用条件和天然采光状况采取分区、分组控制措施。

有天然采光的楼梯间、走道的照明，除应急照明外，宜采用光电感应开关控制，每个照明开关所控光源数不宜太多。

2．室内照明控制

电化教室、会议厅、多功能厅、报告厅等场所的灯具应按靠近或远离讲台采取分组控制；房间或场所装设有两列或多列灯具时，所控灯列应与侧窗平行；生产场所按车间、工段或工序分开控制，每个房间灯的开关数不宜少于2个（只设置1只光源的除外）。

检　测　题

一、填空题

1. 照明分为________照明和________照明两大类，而电气照明是________照明中应用范围最广泛的一种照明方式。

2. 光是物质的一种形态，是一种________能，在空间以________的形式传播，其波长比________波短，但比________长。

3. 人眼对各种波长的可见光敏感性不同，实验证明，正常人眼对于波长为________的光最敏感。因此，波长越偏离________的辐射，可见度越小。

4. 向空间某一方向辐射的光通密度称为________，用符号________表示，单位是________。

5. 受照物体表面的光通密度称为________，用符号________表示，单位是________。

6. 发光体在视线方向单位投影面上的发光强度称为________，用符号________表示，单位为________。

7. 为了表征物体的光照性能，引入3个参数，分别为________、________和________。这3个参数的关系为____。

8. 新型照明光源有________、________、________和________等。

9. 照明质量主要用________、________、________和________等指标衡量。

10. 照明光源根据光源的发光物质主要分为________发光光源和________发光光源两大类。

二、判断正误题

1. 我国照明供电一般采用380V/220V三相四线制中性点不接地的交流网络供电。（　）

2. 照度计算的基本方法有逐点照度计算法和平均照度计算法两类。（　）

3. 选择照明光源时，不宜采用小于和等于26mm直管荧光灯和高压钠灯。（　）

4. 氙灯为惰性气体弧光放电灯，和太阳光十分相似，适用于广场、车站、机场等场所。（　）

5. 气体放电灯中，氙灯属于弧光放电灯，荧光灯属于辉光放电灯。（　）

6. 发光体的亮度值实际上与视线方向有很大关系。（　）

7. 波长为380～780nm的辐射能为可见光，作用于人眼就能产生视觉。（　）

三、单项选择题

1. 紫外线的波长为（　）。

A. 1～380nm　B. 380～550nm　C. 380～780nm　D. 780nm～1mm

2. 表征物体光照性能的3个参数中，最重要的参数是（　）。

A. 吸收比　B. 反射比　C. 透射比　D. 3个参数重要性相同

3. 不属于照明质量指标的是（　）。

A. 照度水平　B. 照度均匀度　C. 光源显色性　D. 眩光限制

4. 属于热辐射光源的照明灯是（　）。

A. 荧光灯　B. 高压钠灯　C. 氙灯　D. 卤钨灯

5. 室内荧光灯不超过40W时，距地面的最低悬挂高度应为（　）。

A. 2m　B. 1.9m　C. 1.8m　D. 1.7m

6. 下列灯具中，没有频闪效应的是（　）。

A. 荧光灯　B. 卤钨灯　C. 高压钠灯　D. 管形氙灯

四、简答题

1. 电气照明具有什么优点？对工业生产有什么作用？

2. 可见光有哪些颜色？哪种颜色光的波长最长？哪种波长的光可引起人眼最大的视觉？

3. 什么叫光强、照度、亮度？

4. 何谓热辐射光源？何谓气体放电光源？

5. 试述日光灯电路中镇流器的功能。

6. 工厂中的照明通常采用哪些类型的光源？